全国优秀教材二等奖

"十四五"职业教育国家规划教材

清洁生产审核

朱邦辉　钟琼　谢武　主编

刘峰　副主编

化学工业出版社

·北京·

内容简介

本书为工作手册式教材，书中以二维码链接的形式配套了微课视频、教学课件、案例报告、实训素材等资源。全书一共设置2个阶段4个模块10个项目21个任务。

第1阶段为激浊——清洁化评估，包括模块1和模块2，共5个项目11个任务。模块1主要介绍如何检索审核信息、组建审核机构及开展审核培训；模块2围绕清洁生产潜力和机会，评价产排污现状、确定审核重点与目标、建立物料平衡；同时，开展中期审核评估。

第2阶段为扬清——绿色化改造，包括模块3和模块4，共5个项目10个任务。模块3主要介绍如何产生与筛选清洁生产方案，如何评价方案的可行性；模块4主要评价审核成效对企业的影响及做好持续清洁生产工作；同时，开展终期审核验收。

本教材可供高职专科、职业本科、应用型本科院校生态环境保护类专业的学生使用，也可作为清洁生产审核、评估与验收的工具书，指导开展清洁生产审核工作，还可作为清洁生产审核员继续教育和培训的教材。

图书在版编目（CIP）数据

清洁生产审核/朱邦辉，钟琼，谢武主编. —北京：化学工业出版社，2017.9（2025.2重印）

ISBN 978-7-122-30012-6

Ⅰ.①清… Ⅱ.①朱… ②钟… ③谢… Ⅲ.①无污染工艺-检查-教材 Ⅳ.①X383

中国版本图书馆CIP数据核字（2017）第148231号

责任编辑：蔡洪伟　　文字编辑：陈小滔　张　琳
责任校对：王　静　　装帧设计：关　飞

出版发行：化学工业出版社
（北京市东城区青年湖南街13号　邮政编码100011）
印　　装：河北延风印务有限公司
787mm×1092mm　1/16　印张$18^3/_4$　字数435千字
2025年2月北京第1版第11次印刷

购书咨询：010-64518888　　售后服务：010-64518899
网　　址：http://www.cip.com.cn
凡购买本书，如有缺损质量问题，本社销售中心负责调换。

定　　价：39.00元

编写人员名单

主　　编 朱邦辉　钟　琼　谢　武

副 主 编 刘　峰

编　　者（按姓氏笔画排序）

王　凡（长沙环境保护职业技术学院/湖南产学研环境技术有限公司）

朱邦辉（长沙环境保护职业技术学院）

刘　峰（江西科技师范大学）

刘维平（长沙环境保护职业技术学院）

杨　冰（长沙环境保护职业技术学院）

陈冉妮（长沙环境保护职业技术学院）

钟　琼（长沙环境保护职业技术学院）

曹　喆（长沙环境保护职业技术学院）

喻敏霞（长沙环境保护职业技术学院）

谢　武（长沙环境保护职业技术学院）

前言

PREFACE

党的二十大报告对“推动绿色发展，促进人与自然和谐共生”作出重要部署，提出“协同推进降碳、减污、扩绿、增长，推进生态优先、节约集约、绿色低碳发展”，为更好统筹生态文明建设和经济社会发展指明了方向。推行清洁生产是全面贯彻党的二十大精神和习近平生态文明思想的重要举措，是实现减污降碳协同增效的重要手段，是加快形成绿色生产方式、促进经济社会发展全面绿色转型的有效途径。随着“3060”双碳目标任务的推进和《“十四五”全国清洁生产推行方案》《“十四五”工业绿色发展规划》等政策的施行，清洁生产审核已成为企业实现绿色发展的关键环节。为配合清洁生产审核的宣传教育，加强清洁生产技术的推广应用，我们编写了此教材。

本教材对标清洁生产审核员的岗位标准，同时涵盖碳排放管理员的部分能力，经过广泛调研，采纳了众多技术专家、一线工作者的建议，融入了课程教学改革的成果，经多轮试用后形成。教材结构依次递进，符合《清洁生产审核办法》（国家发展和改革委员会、环境保护部令第38号）对清洁生产审核工作的程序要求。教材内容与时俱进，反映了企业清洁化评估的最新标准体系、绿色化改造的最优降碳技术，10个项目皆以真实审核案例、典型工作任务为载体，细化成为具体审核要点，聚焦对核心能力的培养。教材思政突显“激浊扬清”，强调新时代青年的使命与担当，以习近平生态文明思想坚定服务企业绿色低碳转型的信心与决心。

本教材由行业企业的技术专家和经验丰富的教师团队共同编写，通过政行企校共同体保持常规性对话，实现教材内容与岗位需求的动态对接。项目1至项目10依次由钟琼、陈冉妮、朱邦辉、刘峰、曹喆、刘维平、喻敏霞、谢武、杨冰、王凡编写，微课视频由朱邦辉、陈冉妮录制，案例素材等由朱邦辉、王凡整理。

本教材在编写过程中，得到长沙市望城经开区国家清洁生产审核创新试点项目、湖南省职业教育教学改革研究项目“‘课程思政’视域下高职环境类专业‘教材思政’设计路径研究”（ZJGB202232）的大力支持，在此表示感谢！

本教材的编写难免有不足之处，敬请广大师生、技术人员批评指正。

编　者

2024年1月

目录
CONTENTS

激浊——清洁化评估

模块1 建章立制——审核准备 / 001

扬清——绿色化改造

《清洁生产审核》教材二维码目录

序号	标题	类型	页码	序号	标题	类型	页码
1	课程概述	微课视频	—	25	课中实训-评价清洁生产水平	word	087
2	电子教案	PPT	001	26	课后拓展-评价清洁生产水平	word	090
3	课前导学-清洁生产内涵	微课视频	008	27	课后解析-企业案例解析	微课视频	091
4	课前导学-清洁生产发展	微课视频	009	28	课前导学-确定审核重点	微课视频	099
5	课前导学-清洁生产审核内涵	微课视频	012	29	课中解析-编写任务章节1	微课视频	100
6	课前导学-清洁生产审核程序	微课视频	012	30	课中解析-编写任务章节2	微课视频	103
7	课前导学-清洁生产推行方案	微课视频	014	31	课中解析-编写任务章节3	微课视频	106
8	课中解析-判定审核类型	微课视频	016	32	课中解析-企业案例解析	PDF	107
9	课中解析-梳理指标体系	微课视频	017	33	课后拓展-企业审核实训	word	116
10	课中解析-企业案例解析	微课视频	029	34	电子教案	PPT	117
11	课后拓展-企业审核实训	word	035	35	课前导学-准备资料	微课视频	121
12	电子教案	PPT	037	36	课前导学-实测物流	微课视频	125
13	课前导学-取得领导支持	微课视频	041	37	课中解析-编写任务章节	微课视频	126
14	课前导学-组建审核小组	微课视频	044	38	课前导学-建立平衡	微课视频	129
15	课前导学-制订工作计划	微课视频	047	39	课中解析-编写任务章节	微课视频	130
16	课前导学-开展宣传培训	微课视频	053	40	课前导学-查找潜力	微课视频	137
17	课中解析-编写项目章节	微课视频	057	41	课中解析-编写任务章节	微课视频	137
18	课中解析-企业案例解析	PDF	057	42	课中解析-编写任务章节	微课视频	140
19	课后拓展-企业审核实训	word	060	43	课中解析-企业案例解析	PDF	141
20	电子教案	PPT	063	44	课后拓展-企业审核实训	word	147
21	课前导学-调研与考察	微课视频	068	45	简易性清洁生产审核报告提纲	word	156
22	课中解析-编写任务章节1	微课视频	068	46	自愿性清洁生产审核报告提纲	word	161
23	课中解析-编写任务章节2	微课视频	075	47	清洁生产审核评估与验收指南	PDF	166
24	课前导学-评价产污排污状况	微课视频	081	48	电子教案	PPT	173

序号	标题	类型	页码	序号	标题	类型	页码
49	课前导学-产生方案	微课视频	178	62	电子教案	PPT	229
50	课中实训-分类方案	PDF	182	63	课前导学-准备实施	微课视频	233
51	课前导学-筛选研制方案	微课视频	188	64	课前导学-汇总成效	微课视频	237
52	课中解析-企业案例解析	PDF	193	65	课中解析-企业案例解析	PDF	245
53	课中解析-编写项目章节	微课视频	193	66	课中解析-编写项目章节	微课视频	245
54	课后拓展-企业审核实训	word	197	67	课后拓展-企业审核实训	word	251
55	电子教案	PPT	199	68	电子教案	PPT	253
56	课前导学-技术和环境评估	微课视频	204	69	课前导学-完善机构制度	微课视频	257
57	课前导学-经济评估1	微课视频	212	70	课中解析-企业案例解析	PDF	265
58	课前导学-经济评估2	微课视频	214	71	课中解析-编写项目章节	微课视频	265
59	课中解析-企业案例解析	PDF	223	72	强制性清洁生产审核报告提纲	word	276
60	课中解析-编写项目章节	微课视频	223	73	清洁生产审核验收报告提纲	word	277
61	课后拓展-企业审核实训	word	227				

课程概述

模块 1

建章立制——审核准备

项目 1
识别与检索

教学导航

通过学习【项目1　识别与检索】，熟悉清洁生产产业的分类领域和发展方向，理解国家推行清洁生产审核的政策法规，掌握清洁生产审核的工作流程和技术体系，为后续清洁生产现场审核奠定基础。

电子教案

项目三维目标导图

激浊——清洁化评估			扬清——绿色化改造
模块1 建章立制——审核准备	模块2 审思明辨——审核实施	中期考核	模块3—模块4—终期考核

项目1　识别与检索	知识目标	能力目标	素质目标
任务1-1　识别清洁生产审核工作 步骤1-1-1　识别职业岗位定位 步骤1-1-2　熟悉审核工作内涵 步骤1-1-3　掌握审核对象类型	（审核资格） 掌握清洁生产审核工作的资质证书、人员要求、对象分类等基本信息	（信息检索） 具备检索各行业清洁生产审核相关信息的能力	（激浊扬清） 坚持精准治污、科学治污、依法治污 培育法治思维、法治方式和守法意识 （建章立制） 坚持用最严格制度、最严密法治保护生态环境 培育知法、懂法、守法的法治意识
任务1-2　检索清洁生产审核依据 步骤1-2-1　梳理评价指标体系 步骤1-2-2　认知先进技术装备 步骤1-2-3　应用相关标准规范	（审核依据） 掌握清洁生产评价指标体系等审核依据的基本信息,	（标准引用） 具备检索并正确引用各行业规范、指南、名录等审核标准的能力	（激浊扬清） 坚持精准治污、科学治污、依法治污 培育法治思维、法治方式和守法意识 （建章立制） 培育知法、懂法、守法的法治意识 提高信息检索素养
实训1-3　企业审核信息识别与检索			

项目内容思维导图

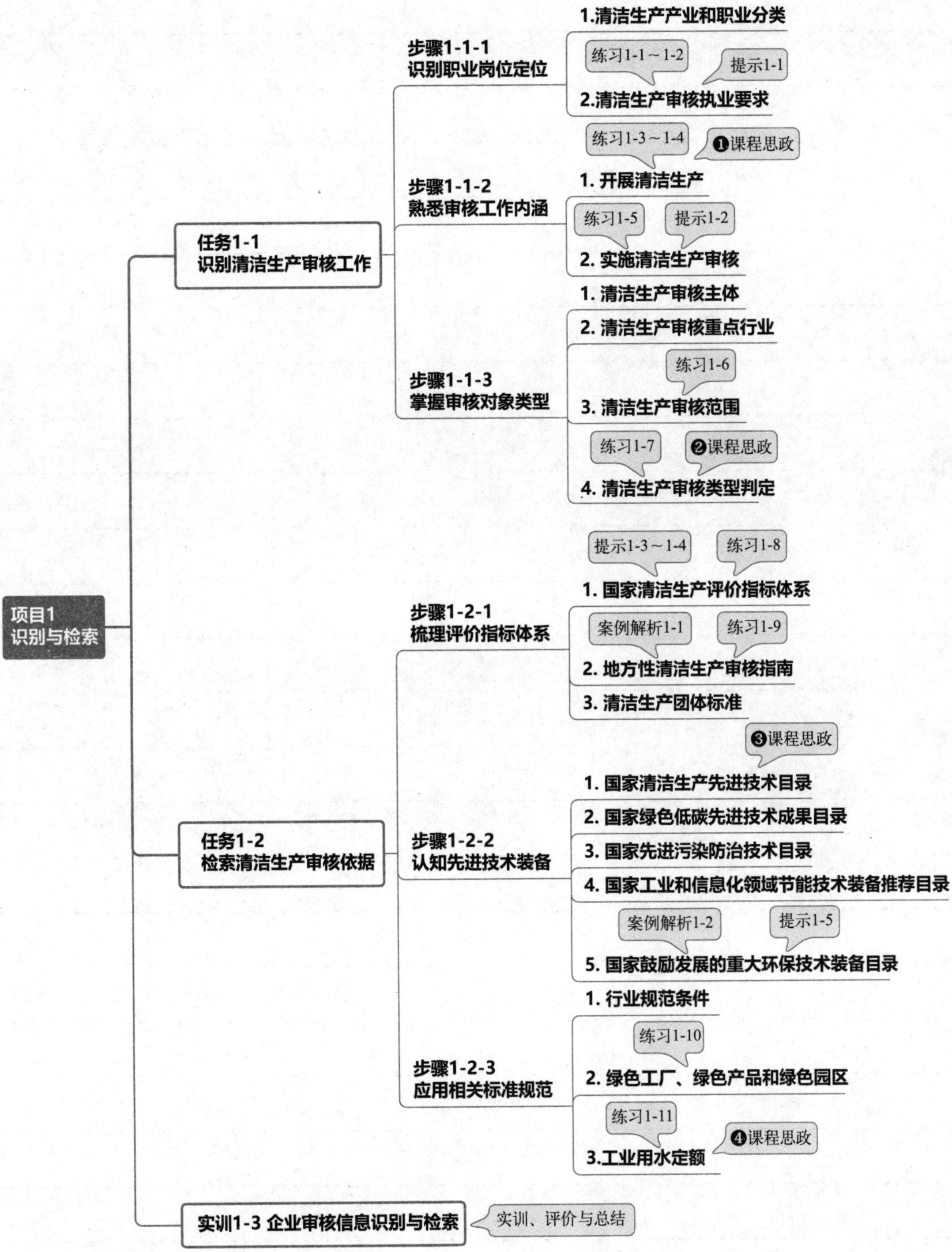
项目1
识别与检索
任务1-1
识别清洁生产审核工作
步骤1-1-1
识别职业岗位定位
1.清洁生产产业和职业分类
练习1-1～1-2
提示1-1
2.清洁生产审核执业要求
步骤1-1-2
熟悉审核工作内涵
练习1-3～1-4
❶课程思政
1. 开展清洁生产
练习1-5
提示1-2
2. 实施清洁生产审核
步骤1-1-3
掌握审核对象类型
1. 清洁生产审核主体
2. 清洁生产审核重点行业
练习1-6
3. 清洁生产审核范围
练习1-7
❷课程思政
4. 清洁生产审核类型判定
任务1-2
检索清洁生产审核依据
步骤1-2-1
梳理评价指标体系
提示1-3～1-4
练习1-8
1. 国家清洁生产评价指标体系
案例解析1-1
练习1-9
2. 地方性清洁生产审核指南
3. 清洁生产团体标准
步骤1-2-2
认知先进技术装备
❸课程思政
1. 国家清洁生产先进技术目录
2. 国家绿色低碳先进技术成果目录
3. 国家先进污染防治技术目录
4. 国家工业和信息化领域节能技术装备推荐目录
案例解析1-2
提示1-5
5. 国家鼓励发展的重大环保技术装备目录
步骤1-2-3
应用相关标准规范
1. 行业规范条件
练习1-10
2. 绿色工厂、绿色产品和绿色园区
练习1-11
❹课程思政
3.工业用水定额
实训1-3 企业审核信息识别与检索
实训、评价与总结

笔记

任务1-1
识别清洁生产审核工作

情景设定

小清是在校学生，正要开始学习清洁生产审核相关课程，在他的认知中，清洁生产审核员是做什么的呢？

小洁毕业后入职某环保科技公司的环境咨询部门，工作岗位为清洁生产审核员，她该如何介绍自己的工作职责、执业要求、服务对象、职业发展等信息？

任务目标

✓知识目标

（审核资格）掌握清洁生产审核工作的人员要求、资质证书、对象分类等。

✓能力目标

（信息检索）具备检索各行业清洁生产审核相关信息的能力。

✓素质目标

（激浊扬清）坚持精准治污、科学治污、依法治污，培育法治思维、法治方式和守法意识。

（建章立制）坚持用最严格制度、最严密法治保护生态环境，培育知法、懂法、守法的法治意识。

任务实施

任务步骤1-1-1　识别职业岗位定位

1. 清洁生产产业和职业分类

2021年7月，国家统计局发布的《节能环保清洁产业统计分类（2021）》提出：节能环保清洁产业涵盖节能环保产业、清洁生产产业和清洁能源产业，其中，清洁生产产业是指为企业在生产经营活动中提供清洁生产技术、装备和服务的产业，包括清洁生产原料制造业、清洁生产设备制造和设施建设业、清洁生产技术服务业等三大领域。清洁生产审核员岗位面向清洁生产技术服务业，提供清洁生产技术咨询和推广服务。部分清洁生产产业统计分类见表1-1。

表1-1　清洁生产产业统计分类（部分）

代码	清洁生产产业分类名称	对应国民经济行业代码（2017）	对应国民经济行业名称	产品和服务索引
3	清洁生产技术服务业			
3.1	清洁生产技术研发与推广			

续表

代码	清洁生产产业分类名称	对应国民经济行业代码（2017）	对应国民经济行业名称	产品和服务索引
3.1.1	清洁生产技术研发	7320①	工程和技术研究和试验发展	生物基材料清洁生产技术研究
3.1.2	清洁生产技术推广服务	7512①	生物技术推广服务	生物基材料清洁生产技术推广
		7513①	新材料技术推广服务	用于清洁生产的新材料技术推广服务
		7516①	环保技术推广服务	清洁生产技术咨询服务

① 属于节能环保清洁产业。

2022年9月,《中华人民共和国职业分类大典（2022年版）》（以下简称《大典》）正式发布,《大典》职业划分包括大类8个、中类79个、小类449个、细类（职业）1636个。其中，进一步丰富和完善了绿色职业，涉及节能环保领域17个、清洁生产领域6个、清洁能源领域12个、生态环境领域29个、基础设施绿色升级领域25个、绿色服务领域45个，基本覆盖了绿色生产生活与生态环境可持续发展各个方面。

清洁生产审核员职业分类属于“环境污染防治工程技术人员”，也承担“碳排放管理员”部分职责等，详见表1-2.

表1-2 清洁生产审核员职业分类对照表

大类	中类	小类	细类（职业）
2（GBM 20000） 专业技术人员	2-02（GBM 20200） 工程技术人员	2-02-27（GBM 20227） 环境保护工程技术人员	2-02-27-02 环境污染防治工程技术人员
4（GBM 40000） 社会生产服务和生活服务人员	4-09（GBM 40900） 水利、环境和公共设施管理服务人员	4-09-07（GBM 40907） 环境治理服务人员	4-09-07-04 碳排放管理员

2. 清洁生产审核执业要求

清洁生产审核以企业自行组织开展为主，不具备独立开展清洁生产审核能力的企业，可以委托咨询服务机构协助开展清洁生产审核。国家和地方法规进一步细化了对咨询服务机构及自行开展清洁生产审核企业的要求，见表1-3。

表1-3 清洁生产审核执业要求

国家法律	《中华人民共和国清洁生产促进法》第十五条规定： ➢国务院教育部门，应当将清洁生产技术和管理课程纳入有关高等教育、职业教育和技术培训体系。 ➢县级以上人民政府有关部门组织开展清洁生产的宣传和培训，提高国家工作人员、企业经营管理者和公众的清洁生产意识，培养清洁生产管理和技术人员

续表

部门政策	《清洁生产审核办法》(国家发展改革委、环境保护部令第38号)第十六条规定: 协助企业组织开展清洁生产审核工作的咨询服务机构,应当具备下列条件: ➢具有独立法人资格,具备为企业清洁生产审核提供公平、公正和高效率服务的质量保证体系和管理制度。 ➢具备开展清洁生产审核物料平衡测试、能量和水平衡测试的基本检测分析器具、设备或手段。 ➢拥有熟悉相关行业生产工艺、技术规程和节能、节水、污染防治管理要求的技术人员。 ➢拥有掌握清洁生产审核方法并具有清洁生产审核咨询经验的技术人员
地方实施细则	以《深圳市清洁生产审核实施细则》(2019年8月1日起施行)为例。该实施细则在《清洁生产审核办法》已有规定的基础上,进一步细化对咨询服务机构及自行开展清洁生产审核企业人员配备的要求。 (1)委托咨询服务机构协助开展清洁生产审核的企业,须提交《清洁生产审核办法》第十六条中咨询服务机构需具备条件的证明材料: ➢提供4名以上熟悉相关行业生产工艺、技术规程和节能、节水、污染防治管理要求技术人员的学历证明,经国家或广东省清洁生产审核师培训的合格证书及载有社保部门公章的1年以上社保缴纳证明材料; ➢提交至少1名具备节能、环保等相关专业高级职称人员的证书; ➢提供具备开展清洁生产审核物料平衡测试、能量和水平衡测试的基本检测分析器具、设备或手段的证明材料。 (2)自行组织开展清洁生产审核的企业,须提交《清洁生产审核办法》第十六条中企业需具备条件的证明材料: ➢提供4名以上负责本单位能源管理、环境管理、安全生产等方面人员上岗培训合格证书或执业资格证书; ➢提供4名以上经国家或广东省清洁生产审核师培训的合格证书; ➢清洁生产审核项目须由1名具备高级职称的企业人员或外聘人员负责,并须提供项目负责人高级职称证书
咨询服务机构	 长沙环境保护职业技术学院备案证书 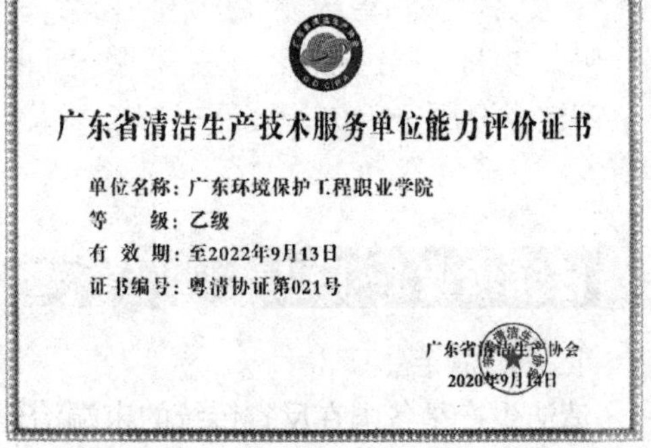 广东环境保护工程职业学院评价证书

续表

专业技术人员	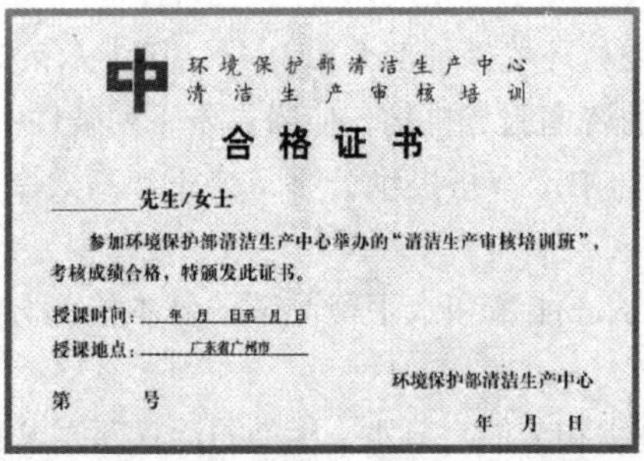 国家清洁生产审核师合格证书模板  湖南省清洁生产审核师合格证书模板

随堂练习1-1（难度：★）

网络检索不同地区或机构近期公布的清洁生产审核人员培训信息，说明参与培训人员的基本要求、培训费用等内容。

随堂练习1-2（难度：★★）

网络检索不同地区最新发布的清洁生产审核咨询机构名单，查找2～3家清洁生产审核咨询服务单位的备案证书，说明单位名称、级别、行业范围、证书编号、有效期等信息。

小提示1-1

（1）中国环境科学学会几乎每月会组织1次清洁生产审核人员培训班，参训人员经考核合格，颁发"环境保护专业技术人才培训证书"（企业清洁生产审核人员）。

（2）广东省清洁生产协会几乎每月会组织1次清洁生产审核师培训班，参训人员经考核合格，颁发培训合格证书。

（3）湖南省环境保护产业协会每年会组织1～2次全省清洁生产审核人员培训班，参训人员经考核合格，颁发培训合格证书，该证可作为申请"湖南省清洁生产审核咨询服务单位备案证书"技术人员的能力证明。

任务步骤1-1-2 熟悉审核工作内涵

课前导学－清洁生产内涵

1. 开展清洁生产

清洁生产是各国在反省传统的末端治理为主的污染控制措施的种种不足后，提出的一种以源削减为主要特征的环境战略，是人们思想和观念的一种转变，是环境保护战略由被动反应向主动行动的一种转变。人

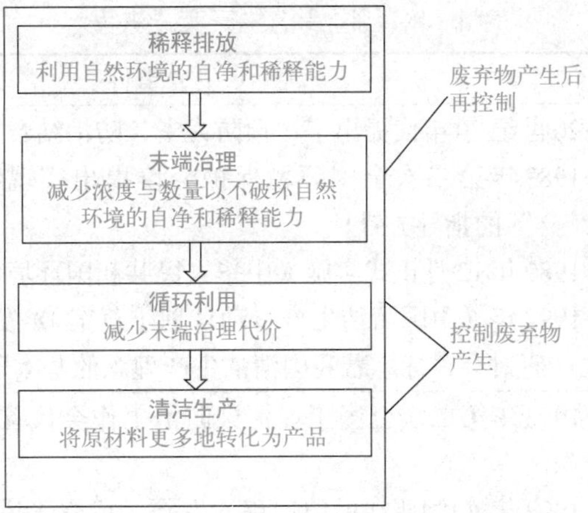

图1-1 人类污染控制策略的演变过程

类污染控制策略的演变过程如图1-1所示。

（1）清洁生产意义　清洁生产作为从源头提高资源利用效率、减少或避免污染物和温室气体产生的有效措施和重要制度，对推动减污降碳协同增效、加快形成绿色生产方式、促进经济社会发展全面绿色转型具有重要意义。

① 推行清洁生产是高质量发展的内在要求。建设生态文明、推动绿色低碳循环发展，不仅可以满足人民日益增长的优美生态环境需要，而且可以推动实现更高质量、更有效率、更加公平、更可持续、更为安全的发展。清洁生产能够有效推动企业优化生产工艺、提升技术水平、完善科学管理、提高人员素质，最大限度地提高资源利用率、降低污染物和温室气体排放、改善环境质量，同时也能提升企业竞争力、培育新的绿色经济增长点，实现发展规模速度与质量效益的统一，经济效益与社会效益、环境效益的统一，完全契合高质量发展的要求。

② 推行清洁生产是促进经济社会发展全面绿色转型的有效途径。建立健全绿色低碳循环发展经济体系，促进经济社会发展全面绿色转型，是解决我国资源环境生态问题的基础之策。西方国家工业化经历了“先污染后治理”“末端治理”过程。实践证明，“末端治理”是费而不惠的措施，只有采取源头预防、过程控制、末端治理结合的措施，才能从根本上解决环境污染和资源约束问题。推行清洁生产，有助于加快形成科技含量高、资源消耗低、环境污染少的绿色生产方式，是促进经济社会发展全面绿色转型的有效途径。

③ 推行清洁生产是实现减污降碳协同增效的基础支撑。当前，我国已经进入全面巩固污染治理成果、深入打好污染防治攻坚战，以降碳为重点战略方向、推动减污降碳协同增效的重要阶段。清洁生产遵循“从源头削减污染，提高资源利用效率，减少或者避免生产、服务和产品使用过程中污染物的产生和排放”的原则，从企业生产全过程出发，提出生产工艺及装备优化、产品结构调整、降低资源能源消耗、推动资源综合利用、削减污染物产生和建立管理体系等整体性、系统性解决方案，既是推进减污降碳协同增效的落地路径和重要载体，也是最为有效的政策工具和实施手段，对确保实现碳达峰、碳中和目标具有基础性支撑作用。

（2）清洁生产实践进程　我国开展与清洁生产相关的活动已经有较长时间，截至目前，大体可分为理念形成、法制化、循序推进、强化执行和全面绿色转型等五个阶段，详见表1-4。

课前导学-清洁生产发展

表1-4　我国清洁生产实践进程

阶段	主要事件
第一阶段（1973—1992年）清洁生产理念形成阶段	➢20世纪70年代提出了"预防为主、防治结合"的方针； ➢1983年第二次全国环境保护会议提出实现经济、社会、环境效益"三统一"的指导方针； ➢1989年12月正式实施《中华人民共和国环境保护法》； ➢1992年《中国清洁生产行动计划（草案）》发布，召开第一次国际清洁生产研讨会，标志着我国清洁生产理念的基本形成
第二阶段（1993—2002年）清洁生产法制化阶段	➢1993年第二次全国工业污染防治工作会议首次提出"积极推行清洁生产"； ➢1994年《中国21世纪议程》发布，成立了第一批国家、行业、地方清洁生产中心； ➢1997年《国家环境保护局关于推行清洁生产的若干意见》发布； ➢1999年开展清洁生产示范和试点； ➢2002年《中华人民共和国清洁生产促进法》（以下简称《清洁生产促进法》）正式出台，标志着我国清洁生产步入规范化、法制化的发展轨道
第三阶段（2003—2012年）清洁生产循序推进阶段	➢2003年《清洁生产促进法》正式实施； ➢2004年《清洁生产审核暂行办法》发布实施； ➢2005年《重点企业清洁生产审核程序的规定》发布实施； ➢2012年《清洁生产促进法》修订实施，标志着我国清洁生产纳入环境管理制度体系； ➢10年间，出台了一批清洁生产标准，培养了大量清洁生产审核人才
第四阶段（2013—2022年）清洁生产强化执行阶段	➢党的十八大以来，提出一系列新理念新思想新战略； ➢2016年《清洁生产审核办法》发布实施； ➢2020年《关于深入推进重点行业清洁生产审核工作的通知》发布； ➢2021年《"十四五"全国清洁生产推行方案》发布； ➢2021年《中共中央　国务院关于完整准确全面贯彻新发展理念做好碳达峰碳中和工作的意见》明确要求"全面推进清洁生产"； ➢2022年党的二十大明确提出"推进工业、建筑、交通等领域清洁低碳转型"，标志着我国清洁生产将服务于经济社会发展全面绿色转型； ➢10年间，构建了国家、地方、团体三级清洁生产评价指标体系、审核指南和技术规范
第五阶段（2023年至今）全面绿色转型阶段	➢2023年《国家清洁生产先进技术目录（2022）》首次发布； ➢2023年《电解锰行业清洁生产评价指标体系》首次新增了碳排放指标

随堂练习1-3　（难度：★）

网络检索2 ~ 3个国家法律中涉及清洁生产或清洁化的条款。

激浊扬清　建章立制

课程思政材料：党的二十大提出"坚持法治国家、法治政府、法治社会一体建设，全面推进科学立法、严格执法、公正司法、全民守法"。只有实行最严格制度、最严密法治，才能为生态文明建设提供可靠保障。十年来，我国生态环境法律体系得到全面重构，现行有效法律290多件，其中环境资源领域法律有30多件，如《中华人民共和国环境保护法》《中华人民共和国长江保护法》《中华人民共和国黄河保护法》等；生态保护红线、"三线一单"、生态环境分区管控、排污许可证制度等多项改革举措陆续写入法律，中央生态环保督察、党政干部生态环境责任追究等一系列专项法规相继出台，生态环保领域的国家法律与党内法规相辅相成、相互促进、相互保障的格局已经基本形成。作为清洁生产审核从业人员，必须深入学习并宣传生态文明制度体系、现代环境治理体系，培养法治思维、法治方式和守法意识。

课程思政要点：将生态环境保护法治建设成效与清洁生产实践进程融合，普及生态环境领域的法律法规知识，坚持精准治污、科学治污、依法治污，培育知法、懂法、守法的法治意识。

（3）清洁生产基本定义　《清洁生产促进法》第二条规定：本法所称清洁生产，是指不断采取改进设计、使用清洁的能源和原料、采用先进的工艺技术与设备、改善管理、综合利用等措施，从源头削减污染，提高资源利用效率，减少或者避免生产、服务和产品使用过程中污染物的产生和排放，以减轻或者消除对人类健康和环境的危害。

（4）清洁生产实施要求　《清洁生产促进法》第三章"清洁生产的实施"规定了对生产经营者的清洁生产要求。对生产经营者的清洁生产要求分指导性要求、强制性要求和自愿性规定三种类型，指导性要求不附带法律责任，强制性要求规定了生产经营者必须履行的义务，自愿性规定主要是鼓励企业自愿实施清洁生产，具体包括九项主要义务、两项自愿性原则。

（5）清洁生产技术框架　清洁生产技术可按以下三种方式划分。

① 按作用对象划分为原料（能源）、生产过程和产品三个方面的清洁生产技术（实体维）；

② 按作用途径和效果划分为非毒化、非碳化和非物质化三个方面的清洁生产技术（本质维）；

③ 按作用领域划分为企业、区域和社会三个方面的清洁生产技术（范畴维）。

实体维、本质维和范畴维从三个不同视角各自独立地完成了对清洁生产技术的划分，其中实体维的划分最为普遍。借鉴系统工程理论中的系统分析处理方法，将上述三个维度整合起来，就构成了普遍化的清洁生产技术框架，如图1-2所示。

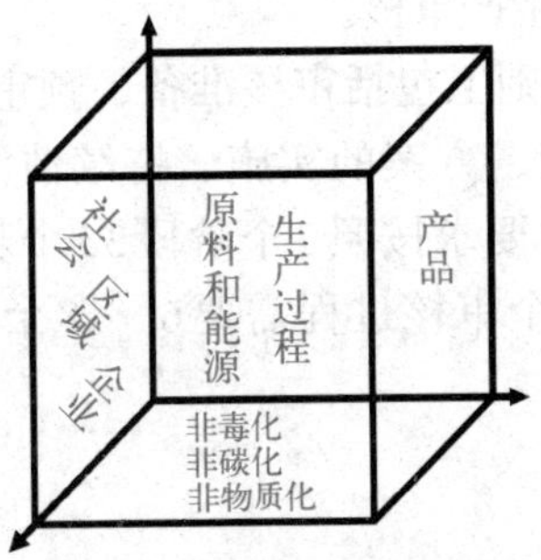

图1-2　清洁生产技术框架

（6）清洁生产实践途径　由于大量清洁生产实践是以企业为基础展开的，因此，围绕生产过程的清洁生产就成为目前最常见的清洁生产实践。清洁生产的实践表明，在一个企业生产系统中实施清洁生产，其基本途径大体可归纳为五个主要方面：①原材料及能源替代；②工艺技术改进；③操作管理优化；④废物循环利用；⑤产品再设计。如图1-3所示。

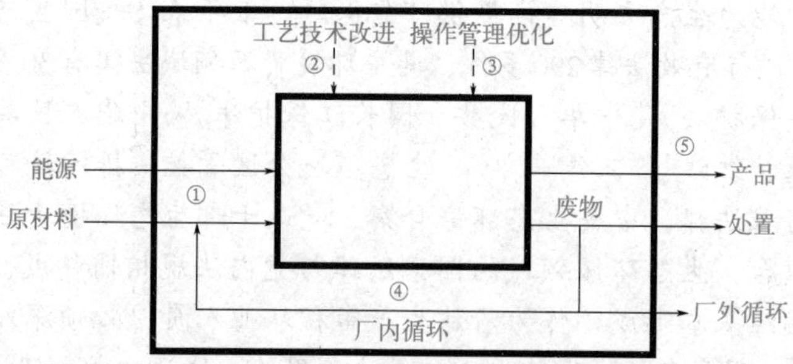

图1-3　清洁生产实施途径

随堂练习1-4　（难度：★★）

讨论清洁生产与末端治理的区别。

2. 实施清洁生产审核

清洁生产是一种高层次的带有哲学性和广泛适用性的战略思想，而清洁生产审核则是一种企业层次操作的环境管理工具，是实施清洁生产最主要也是最具操作性的方法，是一种具体的、系统化、程序化的分析评估过程。

课前导学-清洁生产审核内涵

（1）清洁生产审核定义　《清洁生产审核办法》第二条规定：本办法所称清洁生产审核，是指按照一定程序，对生产和服务过程进行调查和诊断，找出能耗高、物耗高、污染重的原因，提出降低能耗、物耗、废物产生以及减少有毒有害物料的使用、产生和废弃物资源化利用的方案，进而选定并实施技术经济及环境可行的清洁生产方案的过程。

（2）清洁生产审核原则　以企业为主体，遵循企业自愿审核与国家强制审核相结合、企业自主审核与外部协助审核相结合的原则，因地制宜、有序开展、注重实效。

（3）清洁生产审核方式　以企业自行组织开展为主，不具备独立开展清洁生产审核能力的企业，可以聘请外部专家或委托具备相应能力的咨询服务机构协助开展清洁生产审核。

课前导学-清洁生产审核程序

（4）清洁生产审核程序　原则上包括审核准备、预审核、审核、方案的产生和筛选、方案的确定、方案的实施、持续清洁生产等步骤。传统的清洁生产审核方法学要求按照7个阶段35个步骤实施清洁生产审核，如图1-4所示，整个审核过程需要6～8个月，甚至1年时间。

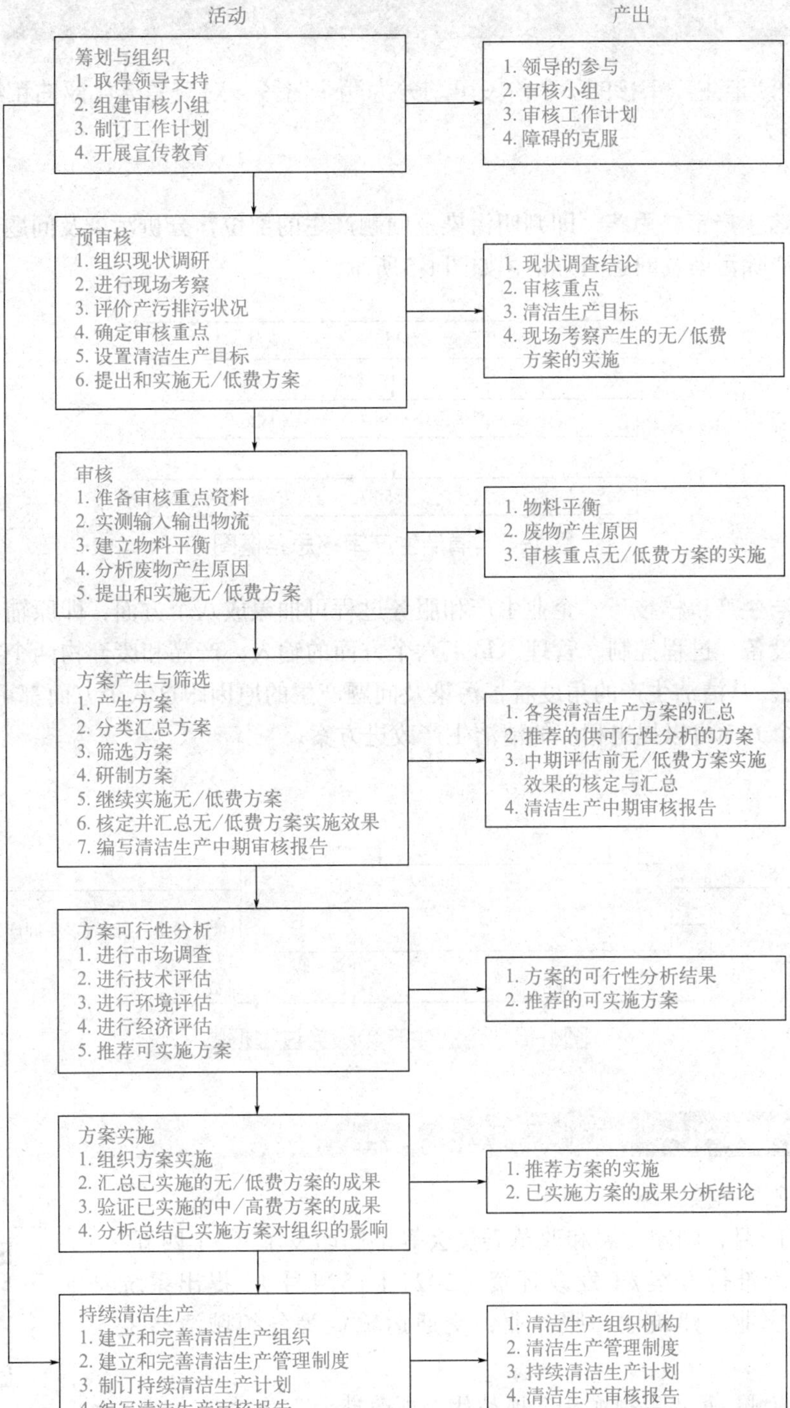
活动
产出
筹划与组织
1. 取得领导支持
2. 组建审核小组
3. 制订工作计划
4. 开展宣传教育
1. 领导的参与
2. 审核小组
3. 审核工作计划
4. 障碍的克服
预审核
1. 组织现状调研
2. 进行现场考察
3. 评价产污排污状况
4. 确定审核重点
5. 设置清洁生产目标
6. 提出和实施无/低费方案
1. 现状调查结论
2. 审核重点
3. 清洁生产目标
4. 现场考察产生的无/低费方案的实施
审核
1. 准备审核重点资料
2. 实测输入输出物流
3. 建立物料平衡
4. 分析废物产生原因
5. 提出和实施无/低费方案
1. 物料平衡
2. 废物产生原因
3. 审核重点无/低费方案的实施
方案产生与筛选
1. 产生方案
2. 分类汇总方案
3. 筛选方案
4. 研制方案
5. 继续实施无/低费方案
6. 核定并汇总无/低费方案实施效果
7. 编写清洁生产中期审核报告
1. 各类清洁生产方案的汇总
2. 推荐的供可行性分析的方案
3. 中期评估前无/低费方案实施效果的核定与汇总
4. 清洁生产中期审核报告
方案可行性分析
1. 进行市场调查
2. 进行技术评估
3. 进行环境评估
4. 进行经济评估
5. 推荐可实施方案
1. 方案的可行性分析结果
2. 推荐的可实施方案
方案实施
1. 组织方案实施
2. 汇总已实施的无/低费方案的成果
3. 验证已实施的中/高费方案的成果
4. 分析总结已实施方案对组织的影响
1. 推荐方案的实施
2. 已实施方案的成果分析结论
持续清洁生产
1. 建立和完善清洁生产组织
2. 建立和完善清洁生产管理制度
3. 制订持续清洁生产计划
4. 编写清洁生产审核报告
1. 清洁生产组织机构
2. 清洁生产管理制度
3. 持续清洁生产计划
4. 清洁生产审核报告

图1-4　企业清洁生产审核程序

随堂练习 1-5　（难度：★★）

采用思维导图的形式，分别绘制每一个阶段的清洁生产审核活动和产出。

小提示1-2

企业清洁生产审核的7个阶段可划分为两个时段，对应清洁化评估和绿色化改造两类能力。

（5）清洁生产审核思路　即判明污染及问题产生的部位，分析污染及问题产生的原因，提出削减或消除污染及问题的方案，如图1-5所示。

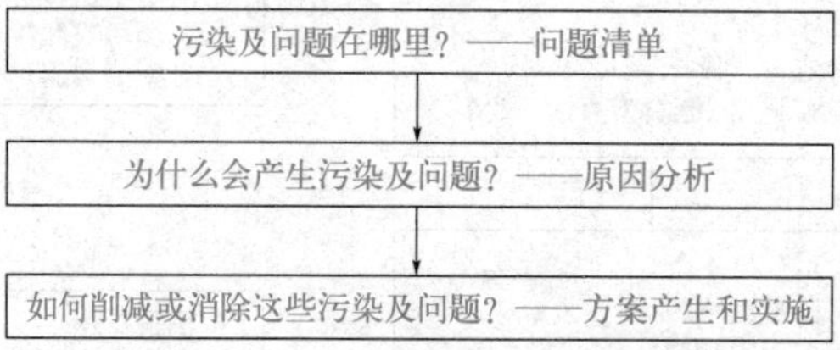

图1-5　清洁生产审核思路框图

（6）清洁生产审核技巧　企业生产和服务过程可抽象成八个方面，即原辅材料和能源、技术工艺、设备、过程控制、管理、员工六个方面的输入，产品和废弃物两个方面的输出，如图1-6所示。从清洁生产的角度看，污染及问题产生的原因跟这八个方面都可能相关，因此，从这八个方面可以提出相应的清洁生产改进方案。

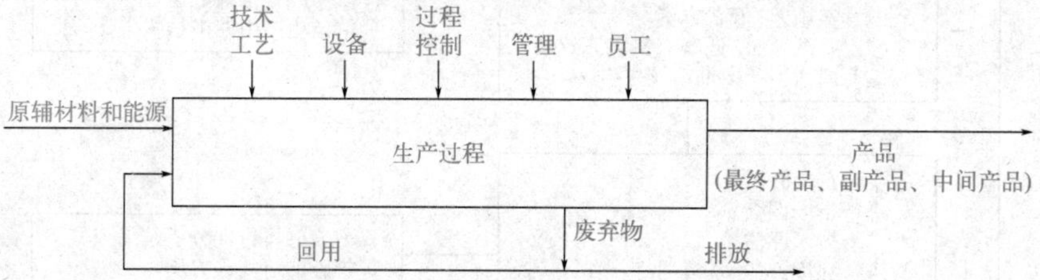

图1-6　企业生产和服务过程框图

任务步骤1-1-3　掌握审核对象类型

1. 清洁生产审核主体

2021年10月，国家发展和改革委员会等部门印发了《“十四五”全国清洁生产推行方案》（发改环资［2021］1524号），提出系统推进工业、农业、建筑业、服务业、交通运输业等各领域清洁生产工作。

课前导学－清洁生产推行方案

在工业领域，重点是抓源头、抓替代、抓改造。

在农业领域，重点是抓投入品减量、抓过程清洁化、抓废弃物资源化。

在建筑业推行清洁生产的重点包括持续提高新建建筑节能标准、推进城镇既有建筑和市政基础设施节能改造、推广可再生能源建筑、加强建筑垃圾源头管控和资源化利用等。

在服务业推行清洁生产的重点包括减少一次性物品使用和禁用限用一次性塑料用品、全面节水和提高用水效率、加强餐饮油烟治理和厨余垃圾资源化利用等。

在交通运输业推行清洁生产的重点包括优化运输结构、发展高效运输组织模式、推广应用新能源和清洁能源交通工具以及节能环保技术和产品等。

2. 清洁生产审核重点行业

2020年10月，生态环境部、国家发展和改革委员会联合印发《关于深入推进重点行业清洁生产审核工作的通知》(环办科财［2020］27号)，强调：以能源、冶金、焦化、建材、有色、化工、印染、造纸、原料药、电镀、农副食品加工、工业涂装、包装印刷等行业作为当前实施清洁生产审核的重点(各地也可根据当地行业实际情况适当补充)，全面落实强制性清洁生产审核要求，制定本地区清洁生产审核实施方案(2021—2023年)，并组织抓好落实。

另外，《“十四五”全国清洁生产推行方案》强调：推动能源、钢铁、焦化、建材、有色金属、石化化工、印染、造纸、化学原料药、电镀、农副食品加工、工业涂装、包装印刷等重点行业“一行一策”绿色转型升级，加快存量企业及园区实施节能、节水、节材、减污、降碳等系统性清洁生产改造，支持有条件的重点行业二氧化碳排放率先达峰。

3. 清洁生产审核范围

清洁生产审核分为强制性审核和自愿性审核。

2022年2月，生态环境部发布的《企业环境信息依法披露管理办法》(生态环境部令第24号)正式施行，其中第七条规定：实施强制性清洁生产审核的企业应当按照本办法的规定披露环境信息；第十四条规定：实施强制性清洁生产审核的企业披露年度环境信息时，除了披露本办法第十二条规定的环境信息外，还应当披露实施强制性清洁生产审核的原因以及强制性清洁生产审核的实施情况、评估与验收结果。

2021年7月，国家发展和改革委员会印发《“十四五”循环经济发展规划》(发改环资［2021］969号)，提出：依法在“双超双有高耗能”行业实施强制性清洁生产审核，引导其他行业自觉自愿开展审核。

另外，《“十四五”全国清洁生产推行方案》强调：鼓励企业开展自愿性清洁生产评价认证，对通过评价认证且满足清洁生产审核要求的，视同开展清洁生产审核。

随堂练习1-6　(难度：★★)

网络检索三个不同地区最新发布的《强制性清洁生产审核企业名单》和《自愿性清洁生产审核企业名单》，发布强制性和自愿性清洁生产审核企业名单的是否都是生态环境部门？

4. 清洁生产审核类型判定

《清洁生产促进法》(第二十七条)和《清洁生产审核办法》(第八条)规定，有下列情形之一的企业，应当实施强制性清洁生产审核：

① 污染物排放超过国家或者地方规定的排放标准，或者虽未超过国家或者地方规定的排放标准，但超过重点污染物排放总量控制指标的；

② 超过单位产品能源消耗限额标准构成高耗能的；

③ 使用有毒有害原料进行生产或者在生产中排放有毒有害物质的。

其中有毒有害原料或物质包括以下几类：

第一类，危险废物。包括列入《国家危险废物名录》的危险废物，以及根据国家规定的危险废物鉴别标准和鉴别方法认定的具有危险特性的废物。

第二类，剧毒化学品、列入《重点环境管理危险化学品目录》的化学品，以及含有上述化学品的物质。

第三类，含有铅、汞、镉、铬等重金属和类金属砷的物质。

第四类，《关于持久性有机污染物的斯德哥尔摩公约》附件所列物质。

第五类，其他具有毒性、可能污染环境的物质。

课中解析－判定审核类型

随堂练习1-7 （难度：★★）

下列企业需要强制性开展清洁生产审核的有（　　）。

A. A企业产生生活垃圾焚烧飞灰

B. B企业生产三氧化二砷（砒霜）

C. C企业的氮氧化物排放量超过排污许可证载明的排放总量

D. 湖南某企业生产一级大米（等级），单位产品能源消耗14kgce/t[1]

参考资料：《国家危险废物名录（2021年版）》《大米单位产品能源消耗限额及计算方法》（DB43/T 1773—2020）。

激浊扬清　建章立制

课程思政材料：清洁生产对实现绿色发展、推动高质量发展具有极其重要的意义。国家“十四五”规划提出大力发展绿色经济、壮大清洁生产产业，把清洁生产提升到前所未有的高度；《企业环境信息依法披露管理办法》（2022年2月8日施行）规定实施强制性清洁生产审核的企业必须依法披露相关信息；中央生态环境保护督察也将清洁生产审核纳入企业自查的重点要点。作为清洁生产审核从业人员，要始终牢记协助企业健全现代环境治理体系，帮助企业解决中央高度关注、群众反映强烈、社会影响恶劣的突出生态环境问题，以绿色生态理念引领企业高质量发展。

课程思政要点：将企业环境信息披露与清洁生产审核类型融合，坚持用最严格制度、最严密法治保护生态环境，培养法治思维、法治方式和守法意识，增强职业责任感。

[1] 1 kgce=29.3 × 10^6J。

任务1-2
检索清洁生产审核依据

情景设定

小清接到硫酸锌生产企业的清洁生产审核任务，他需要检索对应的清洁生产评价指标体系，并说明该指标体系的发布部门和主持单位（由职业院校主持制定的指标体系）。

小洁接到化学制药企业的清洁生产审核项目，采用提取法工艺生产维生素C，企业单位产品综合能耗为2.6tce/t[❶]，是否满足Ⅰ级基准值要求？企业用水定额现状为109m^3/t，是否满足先进值要求？她该如何进行判断？

任务目标

✓知识目标

（审核依据）掌握清洁生产评价指标体系等审核依据的适用范围、指标构成。

✓能力目标

（标准引用）具备检索并正确引用各行业规范、指南、名录等审核标准的能力。

✓素质目标

（激浊扬清）坚持精准治污、科学治污、依法治污，培育法治思维、法治方式和守法意识。

（建章立制）培育知法、懂法、守法的法治意识，提高信息检索素养，增强依法治污观念。

任务实施

任务步骤1-2-1　梳理评价指标体系

1. 国家清洁生产评价指标体系

清洁生产评价指标体系是用于评价清洁生产水平的指标集合，是开展清洁生产审核、推行清洁生产工作、提升清洁生产水平的基础性制度。目前，国家发展和改革委员会同生态环境部等部门制定了50多项行业清洁生产评价指标体系，见表1-5。

课中解析－梳理指标体系

❶ 1 tce=29.3 × 10^9J。

表1-5　重点行业清洁生产指标体系一览表（部分）

序号	指标体系名称	实施时间	序号	指标体系名称	实施时间
1	电解锰行业清洁生产评价指标体系	2023年3月	14	印刷业清洁生产评价指标体系	2018年12月
2	烧碱、聚氯乙烯行业清洁生产评价指标体系	2023年3月	15	再生铜行业清洁生产评价指标体系	2018年12月
3	化学原料药制造业清洁生产评价指标体系	2021年4月	16	再生纤维素纤维制造业（粘胶法）清洁生产评价指标体系	2018年12月
4	硫酸行业清洁生产评价指标体系	2021年4月	17	合成纤维制造业（再生涤纶）清洁生产评价指标体系	2018年12月
5	再生橡胶行业清洁生产评价指标体系	2021年4月	18	合成纤维制造业（维纶）清洁生产评价指标体系	2018年12月
6	锗行业清洁生产评价指标体系	2021年4月	19	合成纤维制造业（聚酯涤纶）清洁生产评价指标体系	2018年12月
7	住宿餐饮业清洁生产评价指标体系	2021年4月	20	合成纤维制造业（锦纶6）清洁评价指标体系	2018年12月
8	淡水养殖业（池塘）清洁生产评价指标体系	2021年4月	21	合成纤维制造业（氨纶）清洁生产评价指标体系	2018年12月
9	煤炭采选业清洁生产评价指标体系	2019年8月	22	钢铁行业（铁合金）清洁生产评价指标体系	2018年12月
10	硫酸锌行业清洁生产评价指标体系	2019年8月	23	钢铁行业（钢延压加工）清洁生产评价指标体系	2018年12月
11	锌冶炼业清洁生产评价指标体系	2019年8月	24	钢铁行业（烧结、球团）清洁生产评价指标体系	2018年12月
12	污水处理及其再生利用行业清洁生产评价指标体系	2019年8月	25	钢铁行业（炼钢）清洁生产评价指标体系	2018年12月
13	肥料制造业（磷肥）清洁生产评价指标体系	2018年12月	26	钢铁行业（高炉炼铁）清洁生产评价指标体系	2018年12月

续表

序号	指标体系名称	实施时间	序号	指标体系名称	实施时间
27	电子器件（半导体芯片）制造业清洁生产评价指标体系	2018年12月	40	镍钴行业清洁生产评价指标体系	2015年12月
28	洗染业清洁生产评价指标体系	2018年12月	41	电池行业清洁生产评价指标体系	2015年12月
29	制革行业清洁生产评价指标体系	2017年9月	42	生物药品制造业（血液制品）清洁生产评价指标体系	2015年10月
30	有机硅行业清洁生产评价指标体系	2017年9月	43	铅锌采选行业清洁生产评价指标体系	2015年10月
31	活性染料行业清洁生产评价指标体系	2017年9月	44	平板玻璃行业清洁生产评价指标体系	2015年10月
32	环氧树脂行业清洁生产评价指标体系	2017年9月	45	黄磷工业清洁生产评价指标体系	2015年10月
33	1,4-丁二醇行业清洁生产评价指标体系	2017年9月	46	电镀行业清洁生产评价指标体系	2015年10月
34	涂装行业清洁生产评价指标体系	2016年11月	47	制浆造纸行业清洁生产评价指标体系	2015年4月
35	黄金行业清洁生产评价指标体系	2016年11月	48	稀土行业清洁生产评价指标体系	2015年4月
36	合成革行业清洁生产评价指标体系	2016年11月	49	电力（燃煤发电企业）行业清洁生产评价指标体系	2015年4月
37	光伏电池行业清洁生产评价指标体系	2016年11月	50	水泥行业清洁生产评价指标体系	2014年4月
38	再生铅行业清洁生产评价指标体系	2015年12月	51	钢铁行业清洁生产评价指标体系	2014年4月
39	锑行业清洁生产评价指标体系	2015年12月			

小提示1-3

除了国家发展和改革委员会、生态环境部等部门联合发布的清洁生产评价指标体系外，环境保护部组织编制了58个重点行业的清洁生产标准（截至2010年7月），如:《清洁生产标准　酒精制造业》(HJ 581—2010)。

（1）指标体系适用范围　清洁生产评价指标体系适用于行业企业的清洁生产审核、清洁生产潜力分析、清洁生产水平认证、清洁生产绩效评定和清洁生产绩效公告，也适用于环境影响评价、排污许可、环保领跑者、清洁生产提升改造等环境管理需求。

（2）指标选取说明　清洁生产评价指标可分为定量指标和定性指标两类。

定量指标选取了具有代表性、能反映“节能、降耗、减污、增效”等有关清洁生产最终目标的指标，用于考核企业实施清洁生产的技术水平状况。

定性指标根据国家有关推行清洁生产的产业发展和技术进步政策、资源环境保护政策规定以及行业发展规划等选取，用于考核企业执行相关法律法规和标准政策的情况。

（3）指标基准值及其说明　清洁生产评价指标的基准值是衡量该项指标是否符合清洁生产基本要求的评价基准。在行业清洁生产评价指标体系中，评价基准值分为Ⅰ级基准值、Ⅱ级基准值和Ⅲ级基准值三个等级。其中Ⅰ级基准值代表清洁生产先进（标杆）水平，Ⅱ级基准值代表清洁生产准入水平，Ⅲ级基准值代表清洁生产一般水平。

（4）指标分类　原有清洁生产评价指标体系为6类（生产工艺及装备、资源能源消耗、资源综合利用、污染物产生、产品特征、清洁生产管理），2023年以后新修订的清洁生产评价指标体系分为9类（生产工艺及装备、能源消耗、水资源消耗、原/辅料消耗、资源综合利用、污染物产生与排放、碳排放、产品特征、清洁生产管理）。后者将资源能源消耗指标调整为能源消耗、水资源消耗以及原/辅料消耗三个指标，新增碳排放指标，更加重视主要资源能源节约增效，推进行业清洁低碳转型。

小提示1-4

碳排放统计核算是做好碳达峰碳中和工作的重要基础，是制定政策、推动工作、开展考核、谈判履约的重要依据。2022年4月，国家发展和改革委员会、国家统计局、生态环境部印发的《关于加快建立统一规范的碳排放统计核算体系实施方案》提出：到2025年，统一规范的碳排放统计核算体系进一步完善，数据质量全面提高，为碳达峰碳中和工作提供全面、科学、可靠数据支持。

（5）企业清洁生产水平评定　根据清洁生产综合评价指数（具体计算过程详见项目3预审核），对达到一定综合评价指数的企业，分别评定为清洁生产先进（标杆）水平（Ⅰ级）、清洁生产准入水平（Ⅱ级）和清洁生产一般水平（Ⅲ级）。不同行业综合评价指标指数略有不同，如表1-6、表1-7、表1-8所示。

表1-6　电解锰行业不同等级清洁生产企业综合评价指数

企业清洁生产水平	划分条件
Ⅰ级：清洁生产先进（标杆）水平	同时满足： ——$Y_{Ⅰ} \geqslant 85$； ——限定性指标全部满足Ⅰ级基准值要求； ——非限定性指标全部满足Ⅱ级基准值要求
Ⅱ级：清洁生产准入水平	同时满足： ——$Y_{Ⅱ} \geqslant 85$； ——限定性指标全部满足Ⅱ级基准值要求； ——非限定性指标全部满足Ⅲ级基准值要求
Ⅲ级：清洁生产一般水平	满足： ——$Y_{Ⅲ}=100$

表1-7　硫酸锌行业不同等级清洁生产企业综合评价指数

企业清洁生产水平	划分条件
Ⅰ级（国际清洁生产领先水平）	同时满足： ——$Y_{Ⅰ} \geqslant 85$； ——限定性指标全部满足Ⅰ级基准值要求
Ⅱ级（国内清洁生产先进水平）	同时满足： ——$Y_{Ⅱ} \geqslant 85$； ——限定性指标全部满足Ⅱ级基准值要求及以上
Ⅲ级（国内清洁生产一般水平）	满足： ——$Y_{Ⅲ}=100$

表1-8　钢铁企业清洁生产水平判定表

企业清洁生产水平	清洁生产综合评价指数（Y_{gk}）
国际清洁生产领先水平	全部达到Ⅰ级限定性指标要求，同时 $100 \geqslant Y_{gk} \geqslant 90$
国内清洁生产先进水平	全部达到Ⅱ级限定性指标要求，同时 $90>Y_{gk} \geqslant 80$
国内清洁生产一般水平	全部达到Ⅲ级限定性指标要求，同时 $80>Y_{gk} \geqslant 70$

随堂练习1-8　（难度：★★）

华中某地区甲、乙、丙3家污水处理厂“处理单位污水的耗电量”指标分别为0.14、0.23、0.17kW · h/t，试根据《污水处理及其再生利用行业清洁生产评价指标体系》，判断这3家污水处理厂“处理单位污水的耗电量”指标属于哪级清洁生产水平。

2. 地方性清洁生产审核指南

为科学高效推进重点行业清洁生产审核工作，河北、黑龙江、甘肃等省发布了行业清洁生产审核指南，进一步指导和规范重点行业强制性清洁生产审核工作，见表1-9。

表1-9　地方性清洁生产审核指南一览表（部分）

序号	清洁生产审核指南名称	实施时间
1	《河北省印刷行业清洁生产审核指南（试行）》	2021年3月
2	《河北省涂装行业［木质家具和改装汽车（专用车）］清洁生产审核指南（试行）》	2021年3月
3	《河北省石化（石油炼制）行业清洁生产审核指南（试行）》	2021年3月
4	《河北省制药（原料药）行业清洁生产审核指南（试行）》	2021年3月
5	黑龙江省《清洁生产审核技术指南　玉米种植》（DB23/T 2682—2020）	2020年10月
6	甘肃省《清洁生产审核技术指南》（DB62/T 4114—2020）	2020年5月

案例解析1-1

改装汽车（专用车）行业典型清洁生产方案

结合河北省改装汽车（专用车）行业现状，典型清洁生产方案实施要求见表1-10，表格中实施要求中“推荐”类方案为企业可参考性方案，“要求”类方案为开展清洁生产审核时必须实施的方案内容。

表1-10　河北省改装汽车（专用车）行业典型清洁生产方案一览表（部分）

方案属性	序号	方案名称	方案简介	预期效果	实施要求
原辅材料与能源	1	水性涂料替代技术	水性涂料是以水为溶剂或以水为分散介质的涂料，以天然或人工合成树脂作为成膜物质，辅之以各种颜料、填料及助剂，经过一定的配漆工艺制作而成的混合物。水性涂料应满足GB 18581的要求	可减少挥发性有机物（VOCs）产生量约60%～80%	推荐
技术工艺	2	静电喷涂技术	该技术使涂料在高压电场的作用下荷电后均匀吸附于工件表面，该技术通常与自动喷涂技术联合使用	液体涂料利用率达50%～85%；通过粉末涂料回收利用可使涂料利用率达到98%以上	推荐

续表

方案属性	序号	方案名称	方案简介	预期效果	实施要求
设备	3	高效喷枪的应用	着色工序通常涂料黏度低、耗漆量较少、对喷涂质量要求最高，应优先选用空气喷涂方式；底漆填料成分多、黏度较高、喷漆量大，对涂料的雾化质量要求相对较低，可考虑选用混气喷涂或无气喷涂；面漆树脂成分多、黏度适中、喷漆量大且对涂装质量要求高，可选用混气喷涂或LVLP（低风量低气压）喷涂等	涂料利用率达50%～60%，高效喷枪上漆率高，减少油漆浪费、废物和废气的产生	要求
过程控制	4	密闭储存产生VOCs的原辅材料	采用密闭管道或密闭容器输送涂料、胶黏剂等含VOCs的原辅材料，减少原辅材料供应过程VOCs的逸散。宜使用集中供漆、供胶系统	减少原辅材料供应过程和VOCs的逸散	要求
废弃物	5	喷漆房产生的水帘废水采用过滤循环技术	通过添加凝聚剂，加装过滤装置实现水的循环使用。水帘废水在一定周期内需更换或补充，更换下来的水帘废液按照GB 18597的要求进行处置	减少废水排放	要求
管理	6	建立涂装工序操作规范	建立涂装过程的操作规范，不同的喷枪建立不同的操作规程	节约原料，减少无组织排放	要求
员工	7	定期开展清洁生产宣传教育	定期对员工进行技能和清洁生产培训，增强员工技能，并提高员工清洁生产意识，从源头控制污染物产生	间接的环境效益和经济效益	要求

随堂练习 1-9（难度：★★）

根据黑龙江省《清洁生产审核技术指南　玉米种植》，下列表述正确的是（　　）。

A. 产前阶段农膜厚度≥0.012mm，达到一级标准

B. 产中阶段绿色防控技术使用率≥80%，达到一级标准

C. 产后阶段秸秆处置和利用率≥95%，达到一级标准

D. 产后阶段农膜当季回收率≥95%，达到一级标准

3. 清洁生产团体标准

团体标准是依法成立的社会团体为满足市场和创新需要，按照团体确立的标准制定程序，自主制定发布，并由社会自愿采用的标准。涉及清洁生产的部分团体标准见表1-11。

表1-11　清洁生产相关团体标准一览表（部分）

序号	团体名称	标准编号	标准名称	公布日期
1	广东省清洁生产协会	T/GDCPA 011—2023	广东省清洁生产企业评价准则	2023年7月
2	广东省纺织协会	T/GDTEX 29—2023	经编针织染整行业清洁生产评价指标体系	2023年6月
3	中国工业节能与清洁生产协会	T/CIECCPA 021—2023	退役锂电池循环利用的清洁生产技术规范	2023年4月
4	广东省清洁生产协会	T/GDCPA 009—2023	广东省清洁生产审核服务机构能力评价通则	2023年3月
5	中国出入境检验检疫协会	T/CIQA 56—2023	玉米干法制粉清洁生产技术规范	2023年2月
6	中国出入境检验检疫协会	T/CIQA 49—2023	小麦粉清洁生产技术规范	2023年2月
7	中国氟硅有机材料工业协会	T/FSI 101—2023	氟化工行业　全氟烷基乙基丙烯酸酯 清洁生产评价指标体系	2023年2月
8	中国生物发酵产业协会	T/CBFIA 07004—2022	清洁生产标准　氨基葡萄糖工业（发酵法）	2022年12月
9	中国工业节能与清洁生产协会	T/CIECCPA 001—2023	化工园区清洁生产管理体系要求	2023年1月
10	佛山市清洁生产与低碳经济协会	T/FSCPLC 01—2022	陶瓷抛光企业清洁生产评价指标体系	2022年12月
11	广东省清洁生产协会	T/GDCPA 006—2022	粤港澳清洁生产审核与评估验收规范	2022年10月

续表

序号	团体名称	标准编号	标准名称	公布日期
12	广东省清洁生产协会	T/GDCPA 005—2022	粤港澳清洁生产审核技术要求	2022年10月
13	广州市循环经济清洁生产协会	T/GZCECP 3.1—2022	工业企业清洁生产审核　第1部分：审核技术规范	2022年6月
14	广州市循环经济清洁生产协会	T/GZCECP 3.2—2022	工业企业清洁生产审核　第2部分：全面审核报告编制规范	2022年6月
15	广州市循环经济清洁生产协会	T/GZCECP 3.3—2022	工业企业清洁生产审核　第3部分：快速审核报告编制规范	2022年6月
16	广州市循环经济清洁生产协会	T/GZCECP 3.4—2022	工业企业清洁生产审核　第4部分：专项审核报告编制规范	2022年6月
17	湖南省环境治理行业协会	T/HAEPCI 085—2021	湖南省清洁生产审核咨询服务单位等级评定准则	2021年8月

注：仅列出部分文件。

任务步骤1-2-2　认知先进技术装备

激浊扬清　建章立制

课程思政材料：党的二十大就“推动绿色发展”作出具体部署，强调要“完善科技创新体系”“加快节能降碳先进技术研发和推广应用”。我国碳排放总量大、碳排放强度高、碳达峰到碳中和时间短，当前的绿色技术水平还无法满足需求，必须以技术的创新支撑高质量可持续发展下的碳达峰碳中和。“科教融汇”是党的二十大报告中关于职业教育的一个创新性表述，做好职业教育科教融汇工作，需要勇于破题，大胆创新。作为清洁生产审核人员，一方面要积极推广应用国家、地方发布的新标准、新工艺、新技术、新装备，另一方面也要积极参与绿色低碳技术的创新，服务企业绿色低碳转型升级。

课程思政要点：将绿色低碳先进技术创新发展与清洁生产先进技术推广应用融合，培育创新文化，营造科技创新氛围，坚定科学治污的思维，增强职业责任感和使命感。

为深入贯彻党的二十大精神，充分发挥清洁生产在深入打好污染防治攻坚战和推动实现碳达峰碳中和目标中的重要作用，加速绿色低碳技术升级，生态环境部、科学技术部、工业和信息化部、国家发展和改革委员会等部门征集并筛选了一批清洁生产和绿色低碳先进技术，如《国家清洁生产先进技术目录（2022）》《国家绿色低碳先进技术成果目录》等。部分先进技术装备目录见表1-12。

表1-12 先进技术装备目录（部分）

发布部门（仅列排名第一的部门）	文件名称	发布时间
生态环境部	国家清洁生产先进技术目录（2022）	2023年1月
	国家重点推广的低碳技术目录（第四批）	2022年12月
	国家先进污染防治技术目录（水污染防治领域）	2022年12月
	国家先进污染防治技术目录（大气污染防治、噪声与振动控制领域）	2021年12月
	国家先进污染防治技术目录（固体废物和土壤污染防治领域）	2024年1月
科学技术部	国家绿色低碳先进技术成果目录	2023年7月
工业和信息化部	国家工业资源综合利用先进适用工艺技术设备目录（2023年版）	2023年7月
	低噪声施工设备指导名录（第一批）	2023年5月
	国家工业和信息化领域节能技术装备推荐目录（2022年版）	2022年11月
	国家鼓励的工业节水工艺、技术和装备目录（2021年）	2021年12月
	国家工业资源综合利用先进适用工艺技术设备目录（2021年版）	2021年11月
	国家鼓励发展的重大环保技术装备目录（2023年版）	2023年12月
国家发展和改革委员会	工业重点领域能效标杆水平和基准水平（2023年版）	2023年6月
	重点用能产品设备能效先进水平、节能水平和准入水平（2022年版）	2022年11月
	煤炭清洁高效利用重点领域标杆水平和基准水平（2022年版）	2022年4月
	高耗能行业重点领域节能降碳改造升级实施指南（2022年版）	2022年2月

注：仅列出部分文件，且有些文件逐年更新。

1.《国家清洁生产先进技术目录》

2023年1月，生态环境部会同国家发展和改革委员会、工业和信息化部印发《国家清洁生产先进技术目录（2022）》（环办科财函［2023］11号），旨在充分发挥清洁生产在深入打好污染防治攻坚战和推动实现碳达峰碳中和目标中的重要作用。《目录》囊括了多燃料多流程循环流化床清洁高效燃烧关键技术、工业用复叠式热功转换制热技术、大型跨临界二氧化碳冷热联供技术、管式冷凝节能节水及多污染物脱除技术装备等20项技术。

2.《国家绿色低碳先进技术成果目录》

2023年9月，科技部发布《国家绿色低碳先进技术成果目录》，旨在更好推动科技成果转化和产业化应用，加速绿色低碳技术升级。《目录》囊括了六个领域共85项技术成果，其中，水污染治理领域18项，大气污染治理领域15项，固体废物处理处置及资源化领域23项，土壤和生态修复领域10项，环境监测与监控领域6项，节能减排与低碳领域13项。

3.《国家先进污染防治技术目录》

2020年至今，生态环境部相继印发《国家先进污染防治技术目录（水污染防治领域）》（环办科财函［2022］500号）、《国家先进污染防治技术目录（大气污染防治、噪声与振动控制领域）》（环办科财函［2021］607号）、《国家先进污染防治技术目录（固体废物和土壤污染防治领域）》（环办科财函［2024］27号）。《目录》囊括了五个领域共86项技术成果，其中，水污染防治领域38项，大气污染防治领域19项，噪声与振动控制领域6项，固体废物污染防治领域19项，土壤污染防治领域4项。

4.《国家工业和信息化领域节能技术装备推荐目录》

2022年11月，工业和信息化部公布《国家工业和信息化领域节能技术装备推荐目录（2022年版）》，旨在加快推广应用先进适用节能技术装备，促进企业节能降碳、降本增效，推动工业和信息化领域能效提升。《目录》囊括了钢铁、石化化工、轻工、电子等行业的工业节能技术、高效节能装备和产品、信息化领域节能技术三大领域共22类技术装备，对工业领域先进节能工艺技术，对节能技术的适用范围、推广潜力及节能能力进行了说明。

5.《国家鼓励发展的重大环保技术装备目录》

2023年12月，工业和信息化部、生态环境部联合公布《国家鼓励发展的重大环保技术装备目录（2023年版）》，旨在加快先进环保装备研发和应用推广，提升环保装备制造业整体水平和供给质量。《目录》共包括开发、应用和推广三个技术阶段158项重大环保技术装备，涵盖了大气污染防治、水污染防治、土壤污染修复、固废处理处置、环境监测专用仪器仪表、环境污染防治专用材料与药剂、环境污染应急处理、环境污染防治设备专用零部件、噪声与振动控制、减污降碳协同处置等重点领域。

为更好发挥《目录》的引导作用，搭建装备制造企业与需求用户的有效对接渠道，工业和信息化部节能与综合利用司组织中国环保机械行业协会分领域编制了《目录》的供需对接指南，列举了《目录》中各项技术装备的主要支撑单位，并详细梳理了典型案例，包括适用范围、原理及工艺、指标、特点及先进性、应用推广前景等情况，将陆续发布，供参考借鉴。

小提示1-5

《国家鼓励发展的重大环保技术装备目录》供需对接指南所列技术的典型案例，详见工业和信息化部节能与综合利用司网站。

案例解析1-2

安徽××环保设备股份有限公司高炉热风炉固定床干法烟气处理装备

1.技术适用范围

适用于钢厂高炉热风炉、轧钢加热炉等烟气脱硫。

2.技术原理及工艺

采取固定床技术（间歇式移动床），碱［主要成分$Ca(OH)_2$等］与催化剂的成型颗粒装于脱硫反应器中，烟气流过后，其中的二氧化硫氧化成三氧化硫并被反应固化成为硫酸钙（石膏）固体。

脱硫塔结构图见图1-7。固定床干法脱硫是把脱硫剂通过输送设备将颗粒体脱硫剂输送到脱硫塔的塔顶，然后通过下料口送至每个仓室顶部，脱硫剂通过仓顶的进料口填充在脱硫塔内。来自热风炉的烟气进入脱硫塔后，水平穿过脱硫剂，脱硫剂中的碱基与SO_2发生化学反应，脱除SO_2。净化后的烟气从脱硫塔侧面向上运动，后经由引风机输送至烟囱。

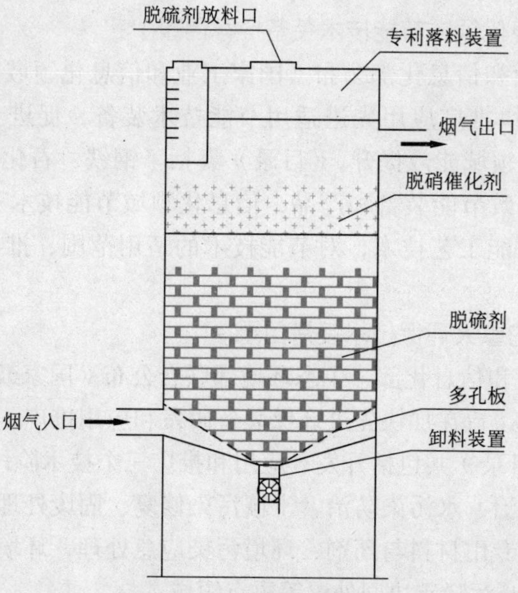

图1-7　脱硫塔结构图

3.技术指标

处理风量≥210000m^3/h；进口SO_2浓度≤200mg/m^3，出口SO_2浓度≤35mg/m^3；SO_2去除率≥82.5%。

4.技术特点及先进性

整个过程不使用水，亦不产生废水。而且也不存在消白的需要，操作简单。脱硫效果根据要求调节接触时间即可，可以达到100%去除，对于烟气条件短时间的一些波动不敏感，对于烟气温度也不很敏感，几乎适于所有的烟气条件。

5.应用案例

项目名称：××钢铁有限公司“新 1#高炉热风炉固定床干法烟气处理”项目。

项目概况：项目应用固定床干法烟气处理装备，解决了高耗能、高浪费的共性难题，不产生废水、不需要消白。投资规模910万元，实施周期3～4个月。项目应用前每年SO_2排放量为336t/a。项目应用后每年减少SO_2排放量为277.2t/a。

6.推广前景

随着环保压力不断加大，国家对钢厂高炉热风炉、轧钢加热炉烟气排放指标管控越来越严格，解决SO_2排放问题迫在眉睫。预计未来五年，该技术装备在全国钢厂高炉热风炉、轧钢加热炉烟气治理领域的推广率达40%左右。

任务步骤1-2-3　应用相关标准规范

课中解析-企业案例解析

1. 行业规范条件

为进一步加快行业转型升级，促进行业技术进步，提升资源综合利用率和节能环保水平，根据国家有关法律法规和产业政策，工业和信息化部陆续出台了废纸加工行业等规范条件。部分行业规范条件见表1-13。

表1-13　行业规范条件一览表（部分）

序号	行业规范条件名称	实施时间
1	日用玻璃行业规范条件（2023年版）	2024年1月
2	废纸加工行业规范条件	2022年1月
3	锂离子电池行业规范条件（2021年本）	2021年12月
4	光伏制造行业规范条件（2021年本）	2021年3月
5	循环再利用化学纤维（涤纶）行业规范条件	2021年7月
6	玻璃纤维行业规范条件	2020年6月
7	石墨行业规范条件	2020年6月
8	焦化行业规范条件	2020年6月
9	废旧轮胎综合利用行业规范条件（2020年本）	2020年6月
10	环保装备制造业（固废处理装备）规范条件	2020年3月
11	镁行业规范条件	2020年3月
12	铅锌行业规范条件	2020年3月
13	铝行业规范条件	2020年3月

注：仅列出部分文件。

除工业和信息化部发布的规范条件外，还有团体标准，如：《铸造企业规范条件》（T/CFA 0310021—2023），2023年3月31日实施。

2. 绿色工厂、绿色产品和绿色园区

《中国制造2025》明确提出要积极构建绿色制造体系，走生态文明的发展道路，支持企业开发绿色产品、创建绿色工厂、建设绿色工业园区、打造绿色供应链、壮大绿色企业、

强化绿色监管和开展绿色评价。其中绿色工厂侧重于生产过程的绿色化，绿色产品侧重于产品全生命周期的绿色化，绿色园区侧重于园区内工厂之间的统筹管理和协同链接。由工业和信息化部发布的部分绿色工厂、绿色产品、绿色园区行业标准见表1-14。

表1-14　绿色工厂、绿色产品、绿色园区行业标准一览表（部分）

序号	行业类别	绿色体系	标准名称
1	化工行业	绿色工厂	废弃锂电池处理处置行业绿色工厂评价要求（HG/T 6124—2022）
2			石油和化工行业绿色工厂评价导则（HG/T 5972—2021）
3			二氧化碳行业绿色工厂评价要求（HG/T 5973—2021）
4		绿色产品	绿色设计产品评价技术规范　汽车轮胎（HG/T 5864—2021）
5			绿色设计产品评价技术规范　鞋和箱包用胶粘剂（HG/T 5863—2021）
6		绿色园区	绿色化工园区评价导则（HG/T 5906—2021）
7	建材行业	绿色工厂	卫生陶瓷行业绿色工厂评价要求（JC/T 2698—2022）
8			水泥制品行业绿色工厂评价要求（JC/T 2637—2021）
9		绿色产品	绿色设计产品评价技术规范　水泥（JC/T 2642—2021）
10			绿色设计产品评价技术规范　汽车玻璃（JC/T 2643—2021）

注：仅列出部分文件。

绿色标准除工业和信息化部发布的行业标准外，还有地方标准和团体标准。

地方标准：辽宁省《绿色工业园区评价规范》（DB21/T 3662—2022）、上海市《绿色工业园区评价导则》（DB31/T 946—2021）、海南省《绿色工厂评价技术规范》（DB46/T 574—2022）、内蒙古自治区《乳制品行业绿色工厂评价指南》（DB15/T 2762—2022）、山东省《啤酒工业绿色工厂评价规范》（DB37/T 4063—2020）、湖南省《绿色设计产品评价技术规范　智能计量插座》（DB43/T 2043—2021）、宁夏回族自治区《绿色生态居住区评价标准》（DB64/T 1874—2023）、北京市《绿色村庄评价标准》（DB11/T 1977—2022）、山西省《绿色公路评价标准》（DB14/T 2314—2021）等。

团体标准：中国国际经济技术合作促进会《电解锰行业绿色工厂评价规范》（T/CIET 140—2023）、中国石油和化学工业联合会《有机玻璃板材行业绿色工厂评价要求》（T/CPCIF 0236—2023）、中国中小企业协会《印染行业绿色工厂评价要求》（T/CASMES 95—2022）、广东省节能减排标准化促进会《绿色工厂压铸车间室内空气质量标准》（T/GDES 67—2022）等。

随堂练习1-10　（难度：★★）

（1）网络检索《绿色化工园区评价导则》（HG/T 5906—2021），说明绿色化工园区的评价指标体系组成。

（2）根据该评价导则，下列评分标准正确的是（　　）。

A. 单位工业总产值COD排放量（kg/万元）= 0.05 得2分

B. 单位工业总产值氨氮排放量（kg/万元）= 0.03 得0分

C. 5.0 < 单位工业总产值新鲜水耗（m^3/万元）≤ 7.5 得2分

D. 中水回用率（%）≥ 10 得2分

3. 工业用水定额

为深入推进节约用水工作，水利部联合工业和信息化部制定了水泥等行业工业用水定额。工业用水定额适用于企业计划用水、节约用水监督考核等相关节约用水管理工作，以及新建（改建、扩建）企业的水资源论证、取水许可审批和节水评价等工作，也用于指导地方用水定额标准制定和修订。部分工业用水定额标准见表1-15。

表1-15 工业用水定额标准一览表（部分）

序号	工业用水定额名称	产品名称	单位	先进值	通用值	实施时间
1	《工业用水定额：乙烯》	乙烯	m^3/t	7.5	10	2021年3月1日
2	《工业用水定额：白酒》	原酒	m^3/kL	26	43	2021年3月1日
		成品酒	m^3/kL	5.5	6.0	
3	《工业用水定额：啤酒》	啤酒	m^3/kL	3.5	5.0	2021年3月1日
4	《工业用水定额：水泥》	水泥熟料	m^3/t	0.225	0.510	2021年2月1日
		水泥	m^3/t	0.195	0.460	
5	《工业用水定额：建筑卫生陶瓷》	陶瓷砖	m^3/m^2	0.05	0.08	2021年2月1日
		卫生陶瓷	m^3/t	8.0	10.0	
6	《工业用水定额：平板玻璃》	平板玻璃	m^3/重量箱	0.15	0.30	2021年2月1日
7	《工业用水定额：有机硅》	有机硅	m^3/t	20	25	2021年2月1日
8	《工业用水定额：化学制药产品》	维生素C	m^3/t	110	140	2021年2月1日
		青霉素工业盐	m^3/t	200	340	

注：仅列出部分文件。

用水定额分为先进值和通用值两级指标。先进值用于新建（改建、扩建）企业的水资源论证、取水许可审批和节水评价；通用值用于现有企业的日常用水管理和节水考核。

随堂练习1-11 （难度：★★★）

某啤酒生产企业，年产啤酒总量24×10^4kL，年耗水量$86.7\times10^4m^3$，其中啤酒酿造、包装等主要生产用水$77.1\times10^4m^3$，动力、检验化验等辅助生产用水$1.5\times10^4m^3$，办公、绿化、厂内食堂和浴室、卫生间等附属生产用水$3.5\times10^4m^3$，麦芽制造用水$4.6\times10^4m^3$，根据《工业用水定额：啤酒》，判断该企业用水定额是否满足先进值要求。

激浊扬清　建章立制

课程思政材料：我国拥有独立完整的现代工业体系，涵盖41个工业大类、207个工业中类、666个工业小类，是全世界唯一拥有联合国产业分类中全部工业门类的国家，用几十年走过发达国家几百年所走的工业化历程。清洁生产审核的主体是工业企业，不同类别、不同区域、不同发展阶段的工业企业，其生态环境管理要求也不相同，与之对应的外部环境、产业政策、指标体系、指南目录等技术支撑体系也不尽相同，这就要求清洁生产审核从业人员具有较强的信息意识和熟练的信息检索能力，信息素养也是创新活动的助推器和催化剂。

课程思政要点：将全世界最完整工业体系的国家优势与清洁生产审核的技术体系融合，树立正确的国家观、民族观，增强民族自信心和自豪感；培育识别信息需求、检索信息资源、遵守信息规范等信息素养。

实训1-3　企业审核信息识别与检索

实训目的

1. 熟悉清洁生产审核的依据。

2. 检索不同类型企业适用的清洁生产评价指标体系和先进技术装备等信息。

实训准备

1. 地点：理实一体化教室。

2. 材料：相关管理部门当年公布的强制性（重点）或自愿性审核企业名单。

实训流程

1. 根据所在区域最新公布的强制性（重点）或自愿性审核企业名单，挑选出4～6家审核企业。

2. 4～6个同学为一组，每组分配2家企业。

3. 检索该企业的相关信息，包括企业类型、所属行业、生产规模、产品体系等内容。

4. 检索该企业对应的清洁生产评价指标体系（标准）、行业规范条件、绿色工厂标准、先进技术装备等标准规范。

实训评价

1. 学生自评

班级：　　　　　学生：　　　　　学号：			
评价类型	评价内容	配分	得分
过程（50分）	检索最新的强制性（或重点）审核企业名单	15	
	检索当年公布的自愿性审核企业名单	15	
	检索选定的2家企业的基本信息	20	

续表

评价类型	评价内容	配分	得分
成果（30分）	选定企业所属行业的清洁生产评价指标体系	20	
	选定企业所属行业的其他相关标准规范	10	
增值（20分）	技能水平（清洁化评估+绿色化改造）	10	
	审核素养（激浊扬清+建章立制）	10	
总分		100	

2. 专业教师或技术人员评价

教师： 技术人员：			
评价类型	评价内容	配分	得分
知识与技能（80分）	检索信息的时效性	20	
	检索信息的准确性	20	
	检索信息的适用性	20	
	能利用单个指标进行企业符合性判定	20	
审核素养（20分）	激浊扬清：法治思维、法治方式和守法意识	10	
	建章立制：依法治污观念、信息检索素养	10	
总分		100	

实训总结

存在主要问题：	收获与总结：	改进与提高：

实训思考

1. 说明硫酸锌行业和电解锰行业清洁生产评价指标项的异同点。

2. 如果某个企业所属行业暂未公布清洁生产评价指标体系，该如何开展评价?

实训拓展

课后拓展-企业审核实训

1. 填空题

（1）2012年《清洁生产促进法》修正后的施行时间为________。

（2）清洁生产的技术框架包括_____、_____、_____三个维度。

（3）清洁生产的目标是_____、_____、_____、_____。

2. 判断题

（1）传统的清洁生产审核方法学要求按照7个阶段35个步骤实施清洁生产审核。(　　)

（2）清洁生产审核思路即判明废物产生的部位、分析废物产生的原因、提出方案减少或消除废物。(　　)

（3）依法在“双超双有高耗能”行业实施强制性清洁生产审核，引导其他行业自觉自愿开展审核。(　　)

（4）如果企业没有能力自主开展清洁生产审核，可以寻求外部专家的指导和帮助。(　　)

（5）清洁生产审核分为自愿性审核和强制性审核。(　　)

笔记

项目 2

筹划与组织

教学导航

【项目2　筹划与组织】是通过培训和宣传使企业的领导和员工对清洁生产（审核）有一个初步的、比较正确的认识，消除思想上和观念上的障碍，熟悉企业清洁生产审核的工作内容、要求及程序步骤。该阶段的工作重点是取得企业高层领导的支持与参与，成立由企业管理人员、技术人员和外部审核专家组成的审核工作小组，制订审核工作计划，宣传清洁生产思想。

电子教案

项目三维目标导图

激浊——清洁化评估			扬清——绿色化改造
模块1 建章立制——审核准备	模块2 审思明辨——审核实施	中期考核	模块3—模块4—终期考核

项目2　筹划与组织	知识目标	能力目标	素质目标
任务2-1　筹划组建审核小组 步骤2-1-1　取得领导支持 步骤2-1-2　组建审核小组	（效益风险） 掌握清洁生产审核工作的目标（效益）及投入（风险） （审核小组） 掌握清洁生产审核领导（工作）小组的组长职责、成员类型和任务分工	（表达沟通） 具备较好的现场审核的语言表达能力、沟通能力 （组织协调） 具备较好的现场审核的组织和协调能力	（激浊扬清） 坚持精准治污、科学治污、依法治污 培育法治思维、法治方式和守法意识 （建章立制） 坚持依靠法治推进清洁生产审核 增强环保主体责任意识 培养团队协作精神
任务2-2　组织开展宣传培训 步骤2-2-1　制订工作计划 步骤2-2-2　开展宣传培训	（工作计划） 掌握清洁生产审核工作计划的内容和要点 （宣传教育） 掌握清洁生产审核宣传培训的方式和内容	（组织管理） 具备较好的现场审核的组织和管理能力 （宣传培训） 具备较好的现场审核的宣传和培训能力	（激浊扬清） 坚持精准治污、科学治污、依法治污 培育法治思维、法治方式和守法意识 （建章立制） 深入开展环保法治宣传教育 增强法治观念 自觉践行公民生态环境行为规范
案例2-3　水泥企业案例解析			
实训2-4　锌冶炼企业实训考评			

项目内容思维导图

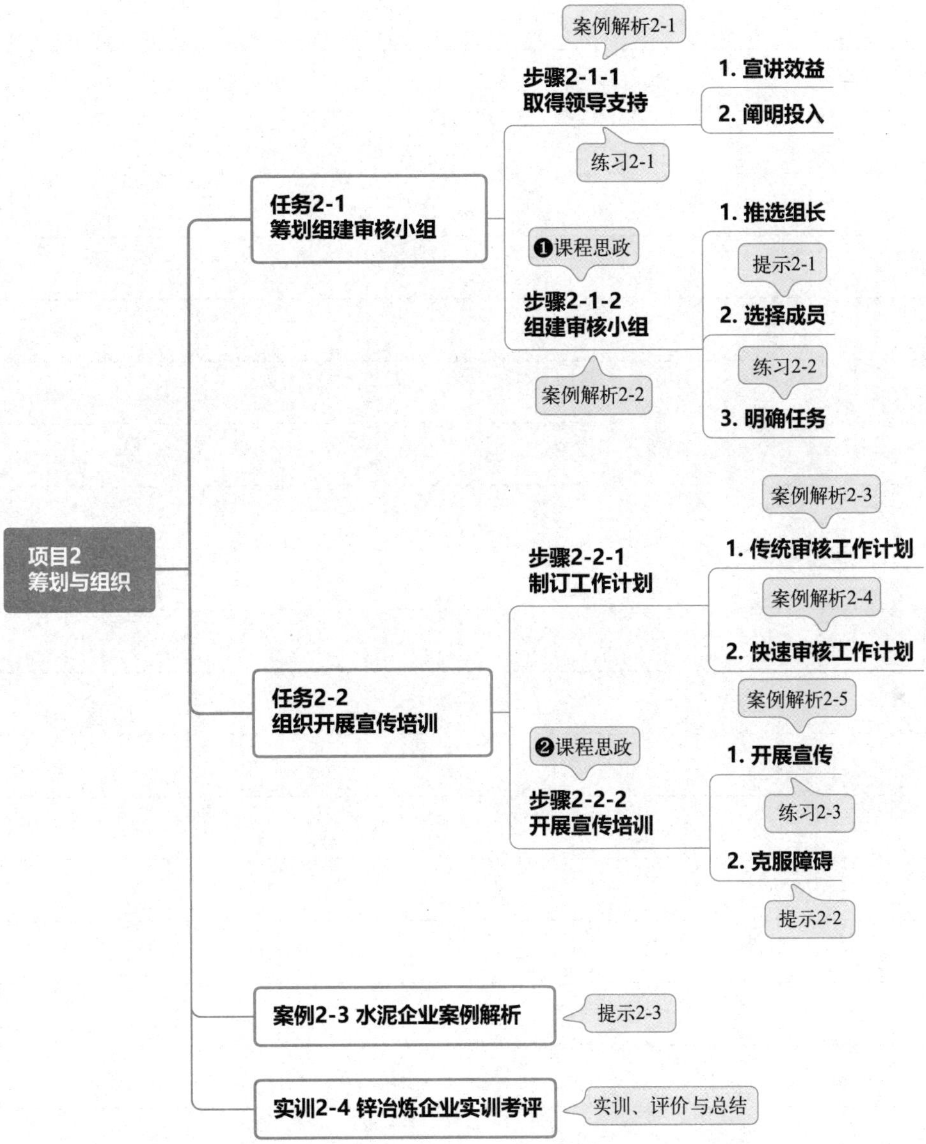
项目2
筹划与组织
任务2-1
筹划组建审核小组
案例解析2-1
步骤2-1-1
取得领导支持
1. 宣讲效益
2. 阐明投入
练习2-1
❶课程思政
步骤2-1-2
组建审核小组
案例解析2-2
1. 推选组长
提示2-1
2. 选择成员
练习2-2
3. 明确任务
任务2-2
组织开展宣传培训
步骤2-2-1
制订工作计划
案例解析2-3
1. 传统审核工作计划
案例解析2-4
2. 快速审核工作计划
❷课程思政
步骤2-2-2
开展宣传培训
案例解析2-5
1. 开展宣传
练习2-3
2. 克服障碍
提示2-2
案例2-3 水泥企业案例解析
提示2-3
实训2-4 锌冶炼企业实训考评
实训、评价与总结

笔记

任务 2-1
筹划组建审核小组

情景设定

小清参与某个企业的清洁生产现场审核工作，此时的他面对的不再是各种资料，而是企业领导、部门负责人、专业技术人员和车间工人等。小清该如何沟通确定审核工作的安排？如何回复公司相关人员提出的实际问题？如何取得公司领导的支持？这是审核人员开展现场审核的首要任务。

小洁在启动会上的表现得到了领导的支持，现在由她负责组建一个有权威的审核领导（工作）小组，为后续审核工作有序开展提供组织保障。小洁该如何选择组长？如何确定小组成员？如何分配工作任务？

任务目标

✓知识目标

（效益风险）掌握清洁生产审核工作的目标（效益）及投入（风险）。

（审核小组）掌握清洁生产审核领导（工作）小组的组长职责、成员类型和任务分工。

✓能力目标

（表达沟通）具备较好的现场审核的语言表达能力、沟通能力。

（组织协调）具备较好的现场审核的组织和协调能力。

✓素质目标

（激浊扬清）坚持精准治污、科学治污、依法治污，培育法治思维、法治方式和守法意识。

（建章立制）坚持依靠法治推进清洁生产审核，增强环保主体责任意识，培养团队协作精神。

任务分解

任务步骤 2-1-1　取得领导支持

开展清洁生产审核工作必须取得公司高层领导的支持，主要体现在以下三个方面。

让领导动员。清洁生产审核是一项系统工作，涉及企业各部门和全体员工，必须让领导全面动员，为后续审核打好群众基础。

让领导协调。清洁生产审核是一场持久战，少则半年，长则一年，必须让领导从中协调，解决审核进程中出现的思想、物质、资金等障碍。

让领导参与。清洁生产审核的核心是清洁生产方案，必须让领导深度参与，决定清洁生产方案特别是中/高费方案是否能够实施。

课前导学-取得领导支持

因此，取得领导支持是顺利进行清洁生产审核的首要任务。通过宣讲效益、解答疑惑，使企业领导充分理解清洁生产审核开展的必要性。

1. 宣讲效益

（1）环境效益　清洁生产审核是产生环境效益的必要手段，尤其是针对强制性开展清洁生产审核的企业，包括但不限于以下：①提高企业环境管理水平；②增强企业员工环境保护和清洁生产意识；③减少污染物的产生量和排放量，减少污染治理成本；④全面审核企业，减少环境违法行为，降低环境危害风险，提升企业绿色形象。

（2）经济效益　清洁生产方案的实施可带来可观的经济效益，包括但不限于以下：①降低企业末端治理的投入和环境税费；②提高原材料、能源、水的使用效率，降低生产成本；③改善操作环境，提高生产效率，提高产品合格率，增加经济效益；④申请清洁生产专项技术资金，依据国家和地方相关政策减免部分税费。

（3）其他效益　清洁生产审核的效益是全面的、整体的，其他效益包括但不限于以下：①了解行业现状，确定发展方向，促进技术进步；②提升企业管理水平，提高员工素质；③树立企业形象，扩大企业影响。

2. 阐明投入

实施清洁生产审核会对企业产生正面、良好的影响，但也需要企业相应的投入并可能需要承担一定的风险。

（1）人员投入　需要企业领导、管理人员、技术人员和操作工人的全过程参与。

（2）时间投入　审核过程一般持续6～12个月，企业足够的时间投入将对审核工作起到积极作用。

（3）设备投入　环境监测设备的投入等。

（4）资金投入　聘请外部专家、编制审核报告、实施中/高费方案等都需要资金投入。

（5）风险承担　实施中/高费方案可能产生对企业有不利影响的风险，包括技术风险和市场风险。

案例解析2-1

以某硫黄制酸企业为例，说明如何取得企业高层领导的支持和参与

某硫黄制酸企业准备开展清洁生产审核，委托小清和小洁所在的咨询机构协助开展审核工作，咨询机构技术团队与公司领导及管理层参加了审核工作启动会议，会上小清和小洁代表咨询机构回答了企业领导提出的问题，会议记录如下：

● 企业总经理

根据当地生态环境部门公布的本年度重点企业清洁生产审核名单，本企业需强制性开展清洁生产审核，你们咨询机构之前是否做过同类企业的审核工作？审核工作是否真能解决企业的实际问题？

☆ 咨询机构技术员（小清）

出示清洁生产审核咨询服务单位备案证书，介绍证书级别、行业范围、有效期等信息；出示技术人员的清洁生产审核培训证书；提供同类企业的审核案例和所取得的成效。

◆ 企业副总经理

清洁生产审核时间听说要6个月？下个月我们要申报一个环保项目，能否2个月内就完成审核工作？把生态环境部门关注的废气超标排放问题解决就行了。

☆ 咨询机构技术员（小清）

清洁生产审核工作包括7个阶段35个步骤，每个阶段都是有时间要求的；另外清洁生产审核“节能、降耗、减污、增效”的目标，无论哪个目标，都是无法在短时间内见效的，6～12个月的审核周期是比较合理的。

▲ 企业环保部门负责人

企业单位产品二氧化硫产生量为2700g/t酸，生态环境部门认定这个量超过了国内同类企业平均水平，那国内外先进水平又是怎么样的呢？

☆ 咨询机构技术员（小洁）

根据《硫酸行业清洁生产评价指标体系》（2021年4月1日实施），硫黄制酸企业单位产品二氧化硫产生量的国际清洁生产领先水平值为≤980g/t酸，国内清洁生产先进水平值为≤1300g/t酸，国内清洁生产一般水平值为≤2620g/t酸。公司这条指标确定没达到国内清洁生产一般水平，具有很大的清洁生产潜力，本次清洁生产审核将重点减少含硫污染物的产生量和排放量，降低企业末端废气治理的投入和环境税费，减少环境违法行为，降低环境危害风险，提升企业绿色形象。

◆ 企业副总经理

当前企业生产任务繁重，各部门人员无法抽空参与审核工作，另外废气超标的问题大家也不懂，那本次清洁生产审核就由企业的环保部门负责吧。

☆ 咨询机构技术员（小洁）

《清洁生产促进法》明确提出，清洁生产审核工作必须以企业为主体，这就意味着企业领导和全体员工都需要参与审核工作，关于这点总经理一定要动员和协调，只有全员参与了，才能凸显出清洁生产审核的意义，增强企业员工环境保护和清洁生产意识，提高企业环境管理水平。

● 企业总经理

根据当前的环境管理要求和企业污染排放的实际情况，各部门要充分认识到实施清洁生产审核的重要性和必要性，全员、全面、全心参与审核工作。

随堂练习2-1　（难度：★★）

某硫黄制酸企业单位产品取水量为2.9t/t 酸，根据《硫酸行业清洁生产评价指标体系》，该指标（　　）。

A. 达到国际清洁生产领先水平值

B. 达到国内清洁生产先进水平值

C. 达到国内清洁生产一般水平值

D. 未达到国内清洁生产一般水平值

任务步骤2-1-2 组建审核小组

激浊扬清　建章立制

课程思政材料：党的二十大报告提出“健全现代环境治理体系”，要充分调动各类主体参与环境治理的积极性，推动多主体共治。其中企业层面需要加强企业环境治理责任制度建设和环境信息公开，形成企业推进环境治理的内在动力和压力。另外，生态环境部发布的《关于规范企业环保管理机构及人员配置建议的回复》中明确指出“企业是污染物排放的主体，也是环境治理中的关键环节，加强和规范环保管理机构及人员配置是企业落实环境保护主体责任的重要内容”。为适应新时代生态环境保护的要求，清洁生产审核从业人员应当指导企业主动强化环保管理机构及人员配置，不断完善企业环境治理责任制度和规范环境信息公开。

课程思政要点：将建设企业环境治理责任制度与组建清洁生产审核小组融合，培养依靠制度、法规保护生态环境的观念，引导学习者强化对环保管理机构及人员配置的认识，指导企业建立健全内部环境管理制度，提高环境管理水平。

1. 推选组长

课前导学-组建审核小组

清洁生产审核小组一般分为领导小组和工作小组，企业如果规模较小，人员结构简单，也可只设置一个清洁生产审核工作小组。

清洁生产审核领导小组全面负责筹划、组织、协调各部门的审核工作，组长人选通常在“取得领导支持”这一步骤中就已经确定，由企业最高层领导兼任。

清洁生产审核工作小组则需全过程参与审核工作的所有具体内容，组长人选由领导小组组长推荐，由企业主要领导人（厂长或负责生产或环保的副厂长、总工程师）兼任组长，或由一位资深的、具有时间条件的人员担任。审核工作小组组长应同时满足以下条件：

① 具备生产、管理与新技术、新设备、新标准等方面的知识与经验；

② 掌握污染防治的原则和技术，并熟悉有关的环保法规；

③ 掌握清洁生产审核的工作内容和程序步骤；

④ 熟悉审核小组成员情况，具备领导才能并善于和其他部门合作等。

2. 选择成员

清洁生产审核领导小组成员包括副组长和组员，成员人数由企业规模决定。副组长主要负责协调各部门工作，提供各部门资料，组织方案的产生、筛选、可行性分析；组员根据本职岗位，负责审核过程中不同阶段不同任务的具体工作，组员中必须有一名公司财务部门主管或负责人。

清洁生产审核工作小组成员包括副组长和组员，成员人数由小组组长决定，除包括领导小组部分成员外，主要选择与生产相关的部门负责人和技术人员，从而能够在预审核、审核和方案产生与筛选、可行性分析等阶段进行相关工作，组员中必须有一名公司财务部门人员，且不宜中途换人。审核小组成员至少应具备以下条件之一：

① 具备企业清洁生产审核的知识或工作经验；
② 掌握企业生产、工艺、设备、管理等方面的情况和新技术、新设备等信息；
③ 熟悉企业污染物的产生、治理和管理情况以及该地区的环保法律法规及政策情况；
④ 具有宣传、组织工作的能力和经验；
⑤ 具有从事财务工作的经验。

小提示2-1

清洁生产审核小组中财务人员的职责是介入审核过程中一切与财务计算有关的活动，计算企业清洁生产方案的投入和收益，并将其单独列账。

3. 明确任务

清洁生产审核小组成员的职责任务应列表说明，主要包括以下几个方面：
① 制订工作计划；
② 开展宣传教育；
③ 确定审核重点和目标；
④ 组织和实施审核工作；
⑤ 编写审核报告；
⑥ 总结经验，提出持续清洁生产的建议。

随堂练习2-2（难度：★）

根据企业清洁生产审核的方式，讨论外部清洁生产审核人员是否需要加入审核领导小组和工作小组。企业应该以何种方式明确清洁生产审核领导小组和工作小组的名单和职责。

案例解析2-2

以某硫黄制酸企业为例，成立清洁生产审核领导小组和工作小组

经公司研究决定，成立清洁生产审核领导小组和清洁生产审核工作小组。领导小组和工作小组成员各司其职，各负其责，相互协调，共同推进清洁生产审核工作。领导小组和工作小组名单分别见表2-1和表2-2。

表2-1 某硫黄制酸企业清洁生产审核领导小组成员表

姓名	职务	职务、职称	职责
A	组长	总经理	全面组织筹划、协调各部门工作
B	副组长	副总经理	配合组长，具体负责组织协调各阶段的工作，组织方案的产生、筛选、评价、可行性分析等全过程

续表

姓名	职务	职务、职称	职责
C	副组长	清洁生产审核专家	全面负责清洁生产审核技术工作，组织方案的产生、筛选、评价、可行性分析等全过程
D	组员	财务总监	提供与审核过程有关的一切财务资料，并进行相关活动
E	组员	工会主席	负责本部门的清洁生产工作，审核、实施部门提出的清洁生产方案；汇总方案实施成果，进行部门的持续清洁生产工作
F	组员	行政副总经理	
G	组员	生产科科长	

表2-2 某硫黄制酸企业清洁生产审核工作小组成员表

姓名	职务	职务、职称	职责
B	组长	副总经理	全面组织筹划、协调各部门工作，负责审核组的全面工作
C	副组长	清洁生产审核专家	全面负责清洁生产审核技术工作，组织方案的产生、筛选、评价、可行性分析等全过程
G	副组长	生产科科长	
H	组员	硫酸车间主任	负责生产现场调研、资料收集，组织方案的产生、筛选、评价、推荐，解决全过程中的技术问题
I	组员	财务科科长	
J	组员	维修车间主任	
K	组员	供应科科长	
L	组员	厂办主任	
小清	组员	清洁生产审核员	负责生产现场调研、资料收集，组织方案的产生、评价、推荐，解决全过程中的技术问题
小洁	组员	清洁生产审核员	

任务2-2
组织开展宣传培训

情景设定

小清负责组建的清洁生产审核领导（工作）小组已由企业正式发文公示，接下来需制订本轮审核的工作计划，他又该如何制定？

小洁所在的审核小组决定针对审核企业开展一次全方位的清洁生产宣传培训活动，她又该如何确定宣传培训的方式、内容？遇到的障碍和解决的措施有哪些？

任务目标

✓知识目标

（工作计划）掌握清洁生产审核工作计划的内容和要点。

（宣传教育）掌握清洁生产审核宣传培训的方式和内容。

✓能力目标

（组织管理）具备较好的现场审核的组织和管理能力。

（宣传培训）具备较好的现场审核的宣传和培训能力。

✓素质目标

（激浊扬清）坚持精准治污、科学治污、依法治污，培育法治思维、法治方式和守法意识。

（建章立制）深入开展环保法治宣传教育，增强法治观念，自觉践行公民生态环境行为规范。

任务分解

任务步骤2-2-1　制订工作计划

1. 传统审核工作计划

传统审核工作计划包括审核过程的7个阶段和后续评审的主要工作，时间跨度一般为6～12个月，主要内容包括阶段要求、时间进度、责任部门和人员、考核部门和人员、负责人、产出等。

课前导学-制订工作计划

案例解析2-3

以某硫黄制酸企业为例，制订清洁生产审核工作计划

某硫黄制酸企业已组建审核领导和工作小组，计划审核用时6个月，审核工作计划详见表2-3。

表2-3　某硫黄制酸企业清洁生产审核工作计划安排表

阶段	工作内容	完成时间	负责部门	主要负责和参加单位	成果
筹划与组织	① 启动会：审核专家组介绍什么是清洁生产、为什么要进行清洁生产；企业领导动员、宣布清洁生产启动	2024年3月10日	综合部	外部审核专家组 审核领导小组	▲宣传培训 ▲审核领导小组和审核工作小组名单及正式发布文件 ▲审核工作计划及正式发布文件
	② 制订计划：在审核专家组的培训和指导下，成立审核领导小组和工作小组，制订审核工作计划	2024年3月10日—16日	综合部	外部审核专家组 生产部门 环保部门	
	③ 组织宣传培训：各有关部门组织学习和培训	2024年3月17日	综合部	审核工作小组	
预审核	预审核阶段培训	2024年3月18日—4月8日	综合部 审核工作小组	全公司	▲预审核报告需包含以下内容： ① 现场考察记录（数据、照片、录像、录音等） ② 原始数据、访谈记录、录音等 ③ 清洁生产重点区域 ④ 清洁生产目标
	① 收集和分析资料 ★工艺技术资料 ★设备布置、管理、维修资料 ★生产操作管理 ★原辅材料管理 ★原辅材料消耗情况 ★资源消耗及废物排放、回用情况 ★行业及企业经济技术指标			审核工作小组	

续表

阶段	工作内容	完成时间	负责部门	主要负责和参加单位	成果
预审核	② 现场考察 ★企业内部进行现场考察 ★在专家指导下进一步开展企业现场考察结果的分析工作 ③ 确定审核重点 ④ 制订削减污染负荷的目标和指标 ⑤ 提出并实施无/低费方案	2024年4月9日—5月25日	综合部 审核工作小组	审核工作小组	▲预审核报告需包含以下内容： ① 现场考察记录（数据、照片、录像、录音等） ② 原始数据、访谈记录、录音等 ③ 清洁生产重点区域 ④ 清洁生产目标
审核	① 制订实测工作计划 ② 编制审核重点的工艺流程图和设备流程图 ③ 进行输入输出物流的理论测算 ④ 实测工作的物资准备 ⑤ 实测物料、水和能量的输入、输出 ⑥ 建立物料、水、关键因子平衡 ⑦ 培训并进行废物产生原因的分析	2024年5月26日—7月14日	审核工作小组	全公司（①） 审核工作小组（②—⑦）	▲审核中期报告需包含以下内容： ① 单元操作分析结果 ② 各种平衡测算图及结果 ③ 价值流分析图及结果 ④ 原因分析结果
方案产生与筛选	① 进行备选方案产生和筛选的培训 ② 组织全厂职工提出清洁生产方案 ③ 进行方案汇总并初步筛选 ④ 编写方案汇总报告	2024年7月15日—8月15日	审核工作小组	审核工作小组	▲产生的方案清单 ▲方案筛选的结果

续表

阶段	工作内容	完成时间	负责部门	主要负责和参加单位	成果
方案可行性分析	① 进行方案可行性分析的培训	2024年8月16日—9月1日	审核领导小组	审核领导小组 审核工作小组	▲方案的技术可行性分析报告 ▲方案的环境效益及与环境要求的符合性（总量、排放许可等） ▲方案的财务可行性分析报告 ▲拟实施的方案 ▲推荐进入清洁生产方案库的两个中/高费方案
	② 对中/高费方案进行可行性分析			审核工作小组	
	③ 方案评估		审核工作小组		
	④ 推荐实施的清洁生产方案				
方案实施	① 进行制订方案实施计划的培训	2024年9月2日—9月19日	审核领导小组 审核工作小组	全公司	▲方案实施计划 ▲方案实施
	② 制订中/高费方案的实施计划				
	③ 实施方案并总结方案实施成果				
持续清洁生产	① 进行持续清洁生产的培训	2024年9月20日—持续	审核领导小组 审核工作小组	全公司	▲方案实施
	② 评价企业实施清洁生产的文件化程序是否满足持续清洁生产的要求				
	③ 评价企业污染状况及污染预防能力				
外部评估	① 编制终期审核报告	2024年8月20日—9月30日	审核领导小组	省生态环境厅 市生态环境局 审核领导小组	▲清洁生产审核报告 ▲清洁生产审核结果汇总表
	② 申请审核验收：有关部门组织审核验收				

2. 快速审核工作计划

简易/快速清洁生产审核是在原来审核的基础上缩短审核流程和审核时间，针对部分企业，完成一轮快速审核只需1～3个月。

案例解析2-4

以某食品加工企业为例，制订清洁生产审核工作计划

某食品加工企业已组建审核工作小组，计划审核用时2个月，审核工作计划详见表2-4。

表2-4 某食品加工企业快速清洁生产审核工作计划

阶段	工作内容	时间	负责人	阶段成果	考核人
筹划与组织	取得领导支持；组建审核小组；制订工作计划；开展宣传工作	第1周	A	审核小组名单（正式文件）；工作计划表（正式文件）；宣贯会、培训班（相关资料）	L
预审核	进行现状调研和现场考察；评价清洁生产水平；确定审核重点和目标；提出和实施无/低费方案	第2～3周	B	清洁生产水平评价结果；审核重点和目标确定；潜力点和方案汇总；无/低费方案实施	M
审核	建立物料平衡；分析废物产生原因；提出和实施无/低费方案	第4～5周	C	审核重点物料、能源、水平衡结果；污染原因分析结果；无/低费方案实施	N
方案产生与筛选	产生和分类汇总方案；筛选与研制方案；继续实施无/低费方案	第6周	D	中/高费方案产生和研制结果；无/低费方案实施情况汇总；中期审核报告	P
方案可行性分析	进行技术评估；进行环境评估；进行经济评估；推荐可实施方案	第6周	E	中/高费方案可行性分析结果；可实施方案汇总结果	Q
方案实施	组织方案实施；汇总方案成效；分析总结已实施方案对企业的影响	第7周—持续	F	方案实施情况说明；已实施方案效果汇总	R

续表

阶段	工作内容	时间	负责人	阶段成果	考核人
持续清洁生产	建立和完善清洁生产组织；建立和完善清洁生产管理制度；制订持续清洁生产计划；编写清洁生产审核报告	第7周—持续	G	持续清洁生产组织和管理制度（正式文件）；持续清洁生产计划（正式文件）	S
编制审核报告	编制清洁生产审核报告	第7～8周	H	清洁生产审核报告	T
外部评估与验收	与行政部门联系，进行技术评估	—	J	专家评审结果	U
	与行政部门联系，进行审核验收	—	K	验收结果	V

任务步骤2-2-2 开展宣传培训

激浊扬清 建章立制

思政材料：党的二十大报告提出“健全现代环境治理体系”，坚持用最严格制度、最严密法治保护生态环境。2022年，我国生态环境部门共下达行政处罚决定9.10万个，累计罚款76.72亿元；配套实施五类案件9850件，其中按日连续处罚案件数量为143件，罚款金额为1.55亿元，查封、扣押案件4836件，限产、停产案件629件，移送拘留案件2815件，移送涉嫌环境污染犯罪案件1427件。由此可见，仍有部分企业环境守法意识淡薄，治污主体责任落实不到位。作为清洁生产审核从业人员，在开展宣传教育时，要主动曝光负面典型，引导企业提高认识、转变心态，算好经济账、信用账、发展账，自觉克服侥幸心理，从而自查自纠，抓好整改，不断夯实知法、懂法、守法的基础。另外，作为清洁生产审核从业人员，积极宣传《“美丽中国，我是行动者”提升公民生态文明意识行动计划（2021—2025年）》，引导公众（员工）增强环保意识，自觉践行《公民生态环境行为规范十条》，提升各类人群的生态文明意识和环保科学素养。

思政要点：将生态环境行政处罚案件通报、“美丽中国，我是行动者”计划与开展清洁生产宣传教育的必要性、紧迫性融合，通过负面典型案例，引导全社会知法、懂法、守法，加强生态文明建设社会动员，广泛传播生态文明理念，繁荣生态文化，把对美好生态环境的向往进一步转化为行动自觉。

广泛开展宣传培训活动，争取企业各部门和广大职工的支持，尤其是现场操作人员的积极参与，是清洁生产审核工作顺利进行和取得更大成效的保障。

1. 开展宣传

（1）宣传方式　清洁生产（审核）宣传方式有知识普及、组织学习、开展活动三种：①知识普及，利用企业各种例会、厂报、电视广播、宣传栏等方式，潜移默化地增强员工清洁生产的意识；②组织学习，举办宣贯会、培训班，发放宣传资料，组织清洁生产考试，提高员工对清洁生产审核的认识；③开展活动，深入车间与员工面对面交流，奖励提出清洁生产方案的员工，发动员工全过程参与审核工作。

课前导学－开展宣传培训

宣传方式要避免形式主义，不要给企业增加额外的负担，应注意沟通交流和正面激励，鼓励企业员工积极参与。

（2）宣传内容　清洁生产（审核）宣传内容包括工作安排、政策要求、障碍及解决办法、成功案例解析四种：①工作安排，包括清洁生产（审核）的概念、与末端治理的区别、审核的阶段和步骤、审核小组的成员及职责、全体员工的作用等；②政策要求，包括企业所在行业的产业政策、环保法规、标准体系等，行业清洁生产新工艺、新技术、新设备等信息，地区清洁生产审核的奖励政策等；③障碍及解决办法，包括审核过程有可能会遇到的思想、技术、资金、行动等障碍，障碍的具体表现形式，障碍的一些解决办法等；④成功案例解析，包括分享同类企业常见的清洁生产方案、实施后取得的成效以及对个人的奖励情况，发放本次清洁生产潜力点收集表，讨论存在问题的工序和环节，提出初步的解决方案。清洁生产潜力点收集表样式可参考表2-5。

表2-5　清洁生产潜力点收集表

序号	工序（环节）	问题及原因	具体改进措施	效果分析	预计投资/万元	预计经济效益/（万元/年）	预计实施时间

宣传内容要条理清晰，简单易懂，举例要贴近企业实际和员工特点，对提出有效方案的个人和小组应及时奖励并公示，随着清洁生产审核工作的开展，宣传的内容也应根据阶段的变化而有所更新。

案例解析2-5

以某硫黄制酸企业为例，展示常见的清洁生产（审核）宣传知识

某硫黄制酸企业开展清洁生产审核工作，需对公司全体员工进行清洁生产培训，并制作展板、横幅，采取问答形式对企业员工进行清洁生产知识考查，考查例题如下。

1.简述清洁生产的定义。
2.简述清洁生产审核的定义。
3.简述清洁生产审核的8字目标。
4.简述清洁生产审核的7个阶段。
5.简述清洁生产审核方案的8个来源。
6.简述清洁生产审核方案的4种类型。
7.本企业是强制性还是自愿性审核企业？
8.本企业开展清洁生产审核的效益有哪些？
9.您所在车间开展清洁生产审核的障碍有哪些？有解决措施吗？
10.您所在车间是否有清洁生产潜力点？具体是哪个环节或工序？有改进措施吗？

随堂练习2-3 （难度：★★）

网络检索企业清洁生产（审核）的宣传标语或宣传展板，结合案例，设计制作一个宣传标语或宣传展板。

2. 克服障碍

（1）企业层面的障碍　包括但不限于以下几个方面：

① 动力不足是推行清洁生产的最大障碍。清洁生产实施的主体是企业，清洁生产成效是通过提高管理水平和技术改造来实现的。企业普遍缺乏主动推行清洁生产的积极性和热情，缺乏开展审核的动力，成为推行清洁生产审核的最大障碍。

② 认识不足是推行清洁生产的主要障碍。推行清洁生产的进展较缓慢，其关键是认识存在缺陷，企业管理层担心清洁生产的介入会打破原有的生产程序和操作习惯，增加管理难度；企业员工的清洁生产意识不强，不少人采取消极的态度对待清洁生产；有的企业仅把它当作获得“绿色通行证”的权宜之计。

③ 资金不足是推行清洁生产的根本障碍。清洁生产的融资渠道不畅、投入严重不足，使得许多具有十分客观效益的清洁生产审核方案因资金不足无法实施，清洁生产方案只开花不结果,不能与产业结构调整、技术改造很好地结合。

④ 激励不足是推行清洁生产的机制障碍。没有与清洁生产相匹配的“鼓励性政策”和“有效性政策”激励机制，使清洁生产审核孤立地存在于企业、社会之中。虽然有相关的优惠政策，但缺乏具有指导性、可操作性的实施办法，因而不能有效地在实践中实施。

小提示2-2

在企业清洁生产审核工作启动会议上，可由企业管理层参与找出至少一条障碍，对障碍进行分析并提出解决的办法。

（2）操作层面的障碍　清洁生产审核实践过程经常遇到思想观念、技术、资金（物质）、政策法规四种障碍。审核工作小组应针对公司清洁生产审核过程中发现的问题以及可能遇到的障碍进行分析，提出具体的解决办法。企业清洁生产审核常见障碍及解决办法见表2-6。

表2-6　企业清洁生产审核常见障碍及解决办法

障碍类型	障碍表现	解决办法
思想观念障碍	员工对清洁生产认识不够，积极性不高	进行清洁生产知识培训
	各部门相互协作有困难	正式发文，明确由审核领导小组协调各部门工作
	各部门生产任务繁重，难以保证时间投入	正式发文，明确审核工作小组成员的职责
	认为清洁生产只与环保部门有关，与其他部门无关	阐明“节能、降耗、减污、增效”的目标，强调“三清一控制”（清洁的原料与能源、清洁的生产过程、清洁的产品以及贯穿于清洁生产的全过程控制）的工作内容
	认为清洁生产只有投入，没有效益	提供清洁生产真实案例和取得的成效，证明可以解决企业的痛点和难点
技术障碍	缺乏清洁生产审核技能	聘请外部清洁生产审核专家，参加专项培训等
	物料、能源、水资源等基础数据不齐全	委托第三方机构监测完成，改装计量设备
资金障碍	缺少实施清洁生产中/高费方案的资金	企业内部挖潜，多渠道、多途径筹集资金
政策法规障碍	政策是自愿性的，缺乏开展审核的动力	企业建立清洁生产岗位责任制和激励制度

笔记

案例2-3　水泥企业案例解析

课中解析-编写项目章节

课中解析-企业案例解析

小提示2-3

不同咨询机构按照不同的方式开展筹划与组织工作，并编写筹划与组织章节，详见表2-7。

表2-7　清洁生产审核报告筹划与组织章节目录

2 筹划与组织（企业1）	2 筹划与组织（企业2）	2 筹划与组织（企业3）
2.1 审核小组 2.2 审核工作计划 2.3 宣传教育 2.4 审核障碍及解决对策	2.1 取得领导支持 2.2 成立工作组织 2.3 制订工作计划 2.4 开展宣传培训 2.5 小结	2.1 取得高层领导的支持与参与 2.2 成立清洁生产审核小组 2.3 制订审核工作计划 2.4 开展宣传与教育 2.5 报告书编写依据及标准 2.6 审核时段

实训2-4　锌冶炼企业实训考评

实训目的

1. 掌握筹划与组织阶段的工作程序和注意事项。
2. 完成清洁生产现场审核的沟通、组织、协调、宣传任务。

实训准备

1. 地点：理实一体化教室。
2. 材料：某锌冶炼企业的相关材料。

实训流程

1. 取得领导支持

某公司领导十分重视企业清洁生产审核工作的开展，在第一轮清洁生产启动会上向员工强调了清洁生产对企业的重要意义，要求全厂上下积极配合，全力以赴、扎扎实实地开展好本次清洁生产审核的各项工作。清洁生产咨询专家向本厂员工深入介绍清洁生产的理念和清洁生产审核的目的、程序、方法及行业常见的清洁生产方案，提高本厂员工对清洁生产的认识，进而得到本厂全体员工的重视与支持。

2. 组建工作小组

根据企业的组织结构图（图2-1），参考相关案例，组建企业清洁生产审核领导小组（表2-8）和工作小组（表2-9），姓名、职务等信息自定。

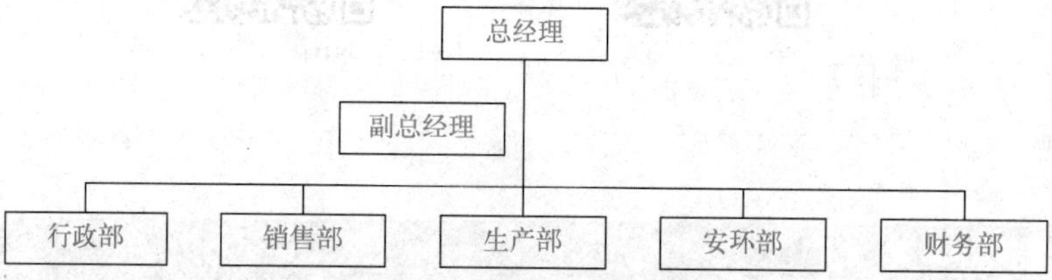

图2-1 公司组织结构图

表2-8 清洁生产审核领导小组

表2-9 清洁生产审核工作小组

3. 制订工作计划

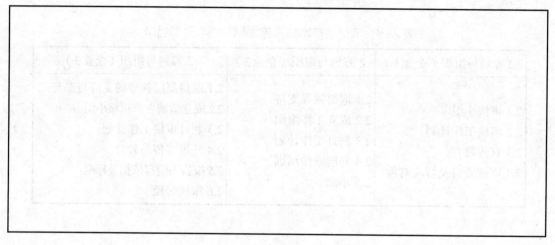

参考相关案例，制订本轮清洁生产审核工作计划（表2-10），工作计划要求包括7个审核阶段和评审阶段、时间安排（2个月或8个月）、负责人、工作内容、审核成果等内容。

表2-10　清洁生产审核工作计划

4. 开展宣传培训

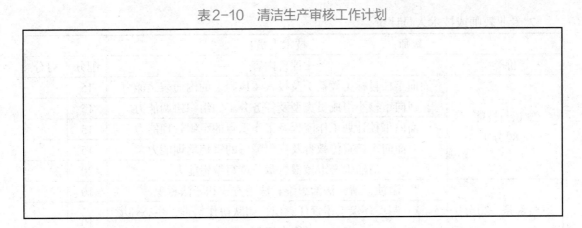

企业清洁生产培训会需要介绍锌冶炼行业相关的产业政策、环保法规、标准体系等信息。网络检索与锌冶炼行业相关的清洁生产评价指标体系、行业排放标准、污染治理工程技术规范、排污许可证申请与核发技术规范、行业规范条件、绿色工厂等文件要求，至少列出5条。

实训评价

1. 学生自评

班级：　学生：　学号：			
评价类型	评价内容	配分	得分
过程（50分）	取得领导支持	10	
	组成审核小组	15	
	制订工作计划	10	
	开展宣传培训	15	
成果（30分）	制作清洁生产宣传标语和培训PPT	15	
	编写清洁生产审核报告筹划与组织章节	15	
增值（20分）	技能水平（清洁化评估+绿色化改造）	10	
	审核素养（激浊扬清+建章立制）	10	
总分		100	

2. 专业教师或技术人员评价

教师：　　　　　　技术人员：			
评价类型	评价内容	配分	得分
知识与技能（80分）	面向审核目标（效益）及投入（风险）的沟通表达能力	15	
	面向审核小组成员类型及任务分工的组织协调能力	15	
	面向审核计划工作流程及工作重点的组织管理能力	15	
	面向审核宣传教育及克服障碍的宣传培训能力	15	
	清洁生产审核报告章节撰写编辑能力	20	
审核素养（20分）	激浊扬清：法治思维、法治方式和守法意识	10	
	建章立制：环保主体责任意识、团队协作精神、生态环境行为规范	10	
总分		100	

实训总结

存在主要问题：	收获与总结：	改进与提高：

实训思考

1. 在企业清洁生产审核分级管理模式下，企业是否可以简化审核工作程序？
2. 企业清洁生产审核宣传培训的方式和内容是什么？

实训拓展

1. 多选题

（1）清洁生产审核取得领导支持主要包括（　　）。

A. 让领导动员，为后续审核打好群众基础

B. 让领导协调，解决审核进程出现的障碍

C. 让领导参与，决定审核方案是否能落实

D. 让领导出钱，全面提高员工的福利待遇

课后拓展－企业审核实训

（2）清洁生产审核的投入有（　　）。

A. 管理人员、技术人员和操作工人等人员投入

B. 审核过程一般持续6～12个月，需要足够的时间投入

C. 环境监测的设备投入

D. 聘请外部专家、编制审核报告、实施中/高费方案等资金投入

（3）为克服企业员工的思想观念障碍，下列措施的表述正确的是（　　）。

A. 正式发文，明确由审核领导小组协调各部门工作

B. 正式发文，明确审核工作小组成员的职责

C. 阐明“节能、降耗、减污、增效”的目标，强调“三清一控制”的工作内容

D. 提供清洁生产审核真实案例和取得的成效，证明可以解决企业的痛点和难点

（4）清洁生产审核的宣传方式有（　　）。

A. 利用各种例会、厂报、电视广播、宣传栏等进行知识普及

B. 举办宣贯会、培训班，发放宣传资料，集中组织学习

C. 深入车间、现场交流、开展活动，奖励提出可行方案的员工

D. 设置惩罚措施，对消极参与审核工作的员工扣发工资

2. 判断题

（1）清洁生产审核小组可分为领导小组和工作小组。（　　）

（2）激励不足是推行清洁生产的机制障碍。（　　）

（3）分享同类企业常见的清洁生产方案和实施后取得的成效是宣传内容之一。（　　）

（4）根据《硫酸行业清洁生产评价指标体系》，硫黄制酸二氧化硫总转化率为99.5%，该指标达到国内清洁生产一般水平值。（　　）

（5）清洁生产审核宣传方式包括举办宣贯会、培训班，发放宣传资料，集中组织学习。（　　）

笔记

模块 2

审思明辨——审核实施

项目 3

预审核

教学导航

【项目3　预审核】是清洁生产现场审核的第二阶段，是发现问题和解决问题的起点。预审核的目的是对企业生产基本情况进行全面调查，发现清洁生产的潜力和机会，通过定性和定量分析，确定企业清洁生产审核重点和目标。该阶段的工作重点是评价企业物耗、能耗及产污排污状况，确定审核重点，并针对审核重点设置清洁生产目标，同时提出并实施清洁生产方案。

电子教案

项目三维目标导图

激浊——清洁化评估			扬清——绿色化改造
模块1 建章立制——审核准备	模块2 审思明辨——审核实施	中期考核	模块3—模块4—终期考核

项目3　预审核	知识目标	能力目标	素质目标
任务3-1　进行现状调研和现场考察 步骤3-1-1　进行现状调研 步骤3-1-2　进行现场考察	（现状资料） 掌握企业基本情况、生产与环境管理状况	（处理数据） 具备统计、处理企业原/辅料、能源、产污排污等数据的能力 （评价现状） 具备诊断、评价企业生产与管理、环境治理等现状的能力	（激浊扬清） 强调发现问题、分析问题、解决问题 增强问题意识，提升工程思维 （审思明辨） 审问之（有针对性地提问请教） 慎思之（学会周全地思考） 明辨之（形成清晰的判断力）
任务3-2　分析清洁生产潜力 步骤3-2-1　评价清洁生产水平 步骤3-2-2　审核环保合规性	（指标体系） 掌握行业清洁生产水平评价的方法	（评价水平） 具备判定、评价企业清洁生产水平的能力 （分析潜力） 具备发现、分析企业清洁生产潜力的能力	（激浊扬清） 强调发现问题、分析问题、解决问题 增强问题意识，提升工程思维 （审思明辨） 坚持标准引领企业绿色转型观念 培育标准意识和看齐意识 做到严谨细致和精益求精
任务3-3　明确审核重点和审核目标 步骤3-3-1　明确审核重点 步骤3-3-2　明确审核目标	（审核重点） 理解审核重点的重要性 掌握审核重点的确定原则和主要方法 （审核目标） 掌握审核目标的设置原则和确定依据	（筛选重点） 具备利用权重总和计分排序法筛选审核重点的能力 （设置目标） 具备利用相关技术规范设置审核目标项和目标值的能力	（激浊扬清） 强调发现问题、分析问题、解决问题 增强问题意识，提升工程思维 （审思明辨） 坚持重点抓源头、抓替代、抓改造原则 培育责任与担当精神 强化目标达成意识
案例3-4　汽车零部件企业案例解析			
实训3-5　城镇污水处理厂实训考评			

项目内容思维导图

- **项目3 预审核**
  - **任务3-1 进行现状调研和现场考察**
    - **步骤3-1-1 进行现状调研**（❶课程思政）
      - **1. 企业基本情况**
      - **2. 企业生产与管理状况**（练习3-1～3-4；案例解析3-1～3-2）
      - **3. 企业环境管理状况**（案例解析3-3）
    - **步骤3-1-2 进行现场考察**
      - **1. 现场考察内容**
      - **2. 现场考察方法**（提示3-1）
  - **任务3-2 分析清洁生产潜力**
    - **步骤3-2-1 评价清洁生产水平**
      - **1. 企业清洁生产水平评价方法一**（❷课程思政；案例解析3-4；练习3-5）
      - **2. 企业清洁生产水平评价方法二**（案例解析3-5；练习3-6）
      - **3. 企业清洁生产水平评价方法三**（案例解析3-6～3-7；练习3-7；提示3-2）
    - **步骤3-2-2 审查环保合规性**（案例解析3-8）
  - **任务3-3 明确审核重点和审核目标**
    - **步骤3-3-1 明确审核重点**
      - **1. 确定备选审核重点**（提示3-3；案例解析3-9）
      - **2. 确定审核重点**（案例解析3-10；练习3-8）
    - **步骤3-3-2 明确审核目标**（❸课程思政）
      - **1. 明确审核目标要求**
      - **2. 设置审核目标**（案例解析3-11；练习3-9；提示3-4）
  - **案例3-4 汽车零部件企业案例解析**（提示3-5）
  - **实训3-5 城镇污水处理厂实训考评**（实训、评价与总结）

笔记

任务3-1
进行现状调研和现场考察

情景设定

根据分工，小清负责收集企业的现状资料，面对石化化工、机械、有色金属、电镀、印染、包装印刷等各类企业不同类型的原辅材料、工艺流程、生产设备、污染防治设施及环境管理措施等内容，他该如何快速列出资料清单？如何对收集的数据进行处理？如何在数据处理过程中发现问题？

根据分工，小洁负责开展现场考察，在分析企业现状资料后，她该如何指导审核小组成员分工合作？如何在全面摸排过程中发现问题？这是审核人员成长的关键一步。

任务目标

✓知识目标

（现状资料）掌握企业基本情况、生产与环境管理状况。

✓能力目标

（处理数据）具备统计、处理企业原/辅料、能源、产污排污等数据的能力。

（评价现状）具备诊断、评价企业生产与管理、环境治理等现状的能力。

✓素质目标

（激浊扬清）强调发现问题、分析问题、解决问题，增强问题意识，提升工程思维。

（审思明辨）审问之（有针对性地提问请教），慎思之（学会周全地思考），明辨之（形成清晰的判断力）。

任务实施

激浊扬清　审思明辨

课程思政材料：没有调查就没有发言权，没有调查就没有决策权。2023年，中共中央办公厅印发《关于在全党大兴调查研究的工作方案》，围绕做好事关全局的战略性调研、破解复杂难题的对策性调研、新时代新情况的前瞻性调研、重大工作项目的跟踪性调研、典型案例的解剖式调研、推动落实的督查式调研，明确了12个方面的调研内容，其中第9个是“牢固树立和践行绿水青山就是金山银山理念方面的差距和不足，推进美丽中国建设、保护生态环境和维护生态安全中的主要情况和重点问题”。很多环保从业人员及环保专业学生都参与了全国污染源普查、入河入海排污口排查、排污许可申报与核查、环保社会实践调研、公民生态环境行为调查等活动，通过分享调查活动中的真人真事，感受特别能吃苦、特别能战斗、特别能奉献的生态环保铁军精神，激励学习者博学之，审问之，慎思之，明辨之，笃行之。

课程思政要点：将全党大兴调查研究、全国污染源普查的典型事迹等与审核工作现状调研、现场考察的重点难点融合。坚持问题导向，增强问题意识，以协助企业绿色转型为目标，把情况摸清、把问题找准、把对策提实，不断提出真正解决问题的新思路、新办法。同时，通过环保社会实践调研、公民生态环境行为调查，促进公众践行绿色生活方式和开展全民绿色行动。

任务步骤3-1-1 进行现状调研

首先应对企业的情况进行全面调研，为下一步现状考察做准备。该步骤主要通过收集资料、查阅档案、与有关人士座谈等来进行。现状调研内容包括企业基本情况、生产与管理状况、环境管理状况三个方面。

课前导学-调研与考察

1. 企业基本情况

通过查阅资料，描述企业的基本情况，包括企业性质、生产规模、产品体系、组织结构、人员状况和发展规划等，以及企业所在区域的地理、地质、水文、气象、地形和生态环境等情况。

2. 企业生产与管理状况

① 以表格形式列出近三年的原/辅料、资源能源类型和消耗量，产品（半成品）类型和产量等，评价原/辅料、资源能源单耗、碳排放的变化情况。

课中解析-编写任务章节1

② 收集或绘制生产工艺流程图，按要求标出主要原/辅料、水、能源的流入节点及产品（半成品）、废弃物的流出节点情况。

③ 以表格形式列出主要生产设备的数量、型号及规格等信息，说明设备维护情况，如完好率、泄漏率等，评价生产设备的水平和管理情况。

④ 收集企业生产管理状况，包括从原材料的采购和库存、生产及操作直到产品出厂的全面管理水平。

现状调研时要注意收集问题，如原/辅料用量是否出现重大波动、生产设备是否多次维修、生产规章制度是否完善等，并积极寻找解决方案。

随堂练习3-1 （难度：★★）

作为清洁生产审核从业人员，在进行企业现状调研和现场考察前，需要提前做好准备，列出本轮清洁生产审核企业需要配合提供的资料清单。请结合现状调研的工作内容，设计一份审核所需资料的清单表。

案例解析3-1

以某磷肥生产企业为例，评价企业产品产量和原/辅料、能源消耗量的变化情况

（1）产品产量变化情况　企业的主要产品是硫酸和磷肥，磷肥为普通过磷酸钙（SSP），有效磷（以P_2O_5计）质量分数为16%，硫酸除销售外，约40%用于生

产磷肥，近年主要产品产量见表3-1。

表3-1 近年主要产品产量一览表

年份	2021年	2022年	2023年	2024年（练习用）
普通过磷酸钙/t	54233	48000	39500	39700
98%硫酸/t	39873	27850	31272	32400

由表可知：随着市场对磷肥需求的萎缩，企业的磷肥产量逐年降低，2023年已不足4万吨；硫酸的产量起伏波动较大，主要受市场需求的影响。

（2）原/辅料消耗情况

① 硫酸生产线的主要原料为35%硫精矿，近年原料消耗量见表3-2。

表3-2 近年硫酸生产线原料消耗量一览表

原料名称	2021年		2022年		2023年		2024年（练习用）	
	年总耗/（t/a）	单耗/(kg/t酸)	年总耗/（t/a）	单耗/(kg/t酸)	年总耗/（t/a）	单耗/(kg/t酸)	年总耗/（t/a）	单耗/(kg/t酸)
35%硫精矿	36702	920	26736	960	30809	990	31942	

由表可知：近几年，35%硫精矿年总耗量随着硫酸产量的波动而发生变化，但单耗却从2021年的920kg/t酸逐年提高到2023年的990kg/t酸，原因是精矿品位降低导致了单耗提高，企业在降低硫精矿单耗方面存在清洁生产潜力；另外，部分硫精矿露天堆放，可以提出相应的清洁生产改进方案。

② 磷肥生产线的主要原料除自行生产的硫酸外，还有磷矿，近年原料消耗量见表3-3。

表3-3 近年磷肥生产线原料消耗量一览表

原料名称	2021年		2022年		2023年		2024年（练习用）	
	年总耗/（t/a）	单耗/（t/t产品）	年总耗/（t/a）	单耗/（t/t产品）	年总耗/（t/a）	单耗/（t/t产品）	年总耗/（t/a）	单耗/（t/t产品）
磷矿	30068	3.47	26143	3.40	22620	3.58	23252	
硫酸	20692	2.38	18600	2.42	15375	2.43	15012	

注："t产品"指的是产品实物量（以P_2O_5计）。

由表可知：2023年磷矿单耗增幅明显，核实后发现为入厂磷矿品位变化所致，因此，提高磷矿品位可作为企业清洁生产的一条改进方案。

随堂练习3-2 （难度：★★★）

（1）根据表3-1中2023年主要产品产量，整理、统计2024年硫酸和磷肥生产线的单耗。

（2）根据《肥料制造业（磷肥）清洁生产评价指标体系》，判断2024年磷矿消耗指标和硫酸消耗指标符合哪级基准值。

（3）能源（介质）消耗　企业生产用能主要是电力，近年耗电量见表3-4。

表3-4　近年硫酸和磷肥生产线耗电量一览表

项目	2021年		2022年		2023年		2024年（练习用）	
	用电量	单耗	用电量	单耗	用电量	单耗	用电量	单耗
硫酸生产线	542.7 $\times 10^4$kW·h	16.73kgce/t酸	403.5 $\times 10^4$kW·h	17.81kgce/t酸	435.6 $\times 10^4$kW·h	17.12kgce/t酸	484.3 $\times 10^4$kW·h	
磷肥生产线	127.4 $\times 10^4$kW·h	18.03kgce/t产品	113.4 $\times 10^4$kW·h	18.15kgce/t产品	91.2 $\times 10^4$kW·h	17.72kgce/t产品	101.2 $\times 10^4$kW·h	
企业合计	670.1 $\times 10^4$kW·h	—	516.9 $\times 10^4$kW·h	—	526.8 $\times 10^4$kW·h	—	585.5 $\times 10^4$kW·h	

注：1. 根据《综合能耗计算通则》（GB/T 2589—2020），电力折标准煤系数为0.1229 kgce/（kW·h）。
2. “t产品”指的是产品实物量（以P_2O_5计）。

由表可知：硫酸和磷肥生产电耗均有不同程度增加，这是因为企业产能利用率降低，未处于满负荷生产状态，单位产品分摊用电量增加。另外，硫酸生产线配套余热锅炉年久失修，产汽量低下，可作为本轮清洁生产的潜力和机会。

随堂练习3-3 （难度：★★）

2025年，企业将磷肥生产线的能源由电力全部改成液化石油气，经统计2025年单耗与2024年持平，试计算2025年磷肥生产线液化石油气的使用量（t）。

（4）水资源消耗　近年企业水资源消耗量见表3-5。

表3-5　近年水资源消耗量一览表

项目	2021年		2022年		2023年		2024年（练习用）	
	消耗总量	单耗	消耗总量	单耗	消耗总量	单耗	消耗总量	单耗
新鲜水	56435t	1.04t/t产品	49501t	1.03t/t产品	40327t	1.02t/t产品	41630t	

由表可知：生产线的水资源消耗总量总体呈下降趋势，但单耗的变化不明显，还需进一步现场考察，深入分析，寻找清洁生产潜力点。

随堂练习3-4　（难度：★★）

根据《肥料制造业（磷肥）清洁生产评价指标体系》，判断2021—2024年磷矿生产线新鲜水消耗指标符合哪级基准值。

案例解析3-2

以某金属加工企业为例，简述工艺流程，绘制产污节点图，评价生产设备的水平及管理情况

（1）简述生产工艺流程　某金属加工企业的蓝开磁材切片用金刚石线生产线主要工序简述如下。

① 金刚石粉末前处理。流程为：金刚石→金刚石敏化处理→水洗→金刚石活化处理→水洗→金刚石化学镀镍→水洗。在金刚石表面化学镀镍，以金属钯作催化剂，以次亚磷酸钠作还原剂，催化脱氢产生氢原子，在乳酸（既为络合剂又为酸碱调节剂）的作用下化学镀镍得到Ni-P合金镀层（Ni：P=92%：8%）。

② 胚线（钢丝）前处理。将购入的成品钢丝依次通过1号槽（浓度3%的氢氧化钠溶液）除去钢丝上黏附的油脂，然后将去除油脂的钢丝通过2号槽（水洗槽）清水洗净，再将洗净的钢丝通过3号槽（酸洗槽）除去钢丝表面氧化层，最后通过4号槽（水洗槽）洗净后进入下一步。产污环节：1～3号槽中液体定期更换，4号槽水洗水每日排放。

③ 胚线（钢丝）电镀。流程为：5号槽上砂→6号槽预镀→7号槽主镀。产污环节：电镀液循环使用，定期净化（平均1次/月），不外排，电镀液通过连续精密过滤设备滤去电镀液中的杂质，滤液进入储槽后循环使用，净化过程中产生的废滤芯和废活性炭作为危险废物处理。

④ 金刚石回收。流程为：回收金刚石→反溶处理→水洗→分选→烘干→废金刚石回用于金刚石前处理。产污环节：烘干过程中会产生一定量的水蒸气，反溶、水洗和分选产生的废水进入废水处理站处理，反溶废气进入酸雾吸收塔处理。

⑤ 水洗、镜检、收线。镀好的金刚石线进入水洗槽洗净后，边收线边采用显微镜拍照检测，合格产品收线完毕后进入电烘干工序。产污环节：水洗槽的水需定期更换。

⑥ 烘干。烘干采用电加热，温度控制在 120℃。产污环节：烘干过程中会产生一定量的水蒸气。

⑦ 打磨（整形）。将烘干的成品金刚石线放在打磨机上打磨，打磨后卷装。产污环节：产生打磨废气和噪声。

⑧ 检验、包装入库。按规定比例抽检卷装的成品金刚石线，合格产品包装入库。产污环节：产生废品或半成品。

（2）绘制工艺流程及产污节点图　某金属加工企业蓝开磁材切片用金刚石线生产线生产工艺流程及产污节点见图3-1。

（3）评价生产设备的水平及管理情况　某金属加工企业蓝开磁材切片用金刚石线生产线主要生产设备水平及维护情况见表3-6。

表3-6　生产线主要设备现状审核情况一览表

车间	序号	设备名称	规格（型号）	数量/台	运行情况	是否属淘汰设备
前处理车间（含金刚石反溶车间）	1	敏化槽	非标塑料桶，容积 15L	20	良好	否
	2	活化槽	非标塑料桶，容积 15L	20	良好	否
	3	化学镀槽	非标塑料桶，容积 15L	20	良好	否
	4	反溶槽	非标塑料桶，容积 15L	12	良好	否
	5	酸雾吸收塔	7.5kW	2	良好	否
	6	氨吸收塔	7.5kW	1	良好	否
	7	冷水塔	370W	1	良好	否
	8	超声波清洗机	7.5kW/3000W	15	良好	否

续表

车间	序号	设备名称	规格（型号）	数量/台	运行情况	是否属淘汰设备
前处理车间（含金刚石反溶车间）	9	真空泵	7.5kW	4	良好	否
	10	水循环泵	1100W	5	良好	否
	11	恒数电机	40W	5	良好	否
	12	截砂泵	370W	1	良好	否
	13	电热水浴锅	1000W	1	良好	否
	14	超声波清洗机	7.5kW/3000W	1	良好	否
	15	过滤泵	550W	3	良好	否
	16	葫芦吊机	510W	1	良好	否
电镀车间	1	蓝开磁电镀设备	一线型	308	良好	否
	2	碱浸槽	50cm × 54cm × 25cm	308	良好	否
	3	酸浸槽	67cm × 32cm × 50cm	308	良好	否
	4	电镀槽	1 个平槽 88cm × 42cm × 80cm+2 个圆柱槽 ϕ23+1 个圆柱槽 ϕ30+1 个底槽 88cm × 42cm × 10cm	308	良好	否
	5	热气回收装置	—	2	良好	否
	6	抽风设备	—	30	良好	否
	7	通风设备	—	1	良好	否
	8	防腐离心风机	FD250	5	良好	否

① 生产设备管理情况。公司设备部对企业主要设备的维修保养情况及完好率记录较为完善，企业为生产设备制订了详细的维护保养计划，对设备的运行情况有检查和记录。

② 生产设备水平评价。审核小组对照《产业结构调整指导目录（2024年本）》等要求，认真审核了企业的生产设备使用情况，得出以下结论：企业生产设备中没有国家明令淘汰的设施设备，从现场考察的情况来看，各生产设施设备运转情况良好，基本能够满足正常的生产要求。

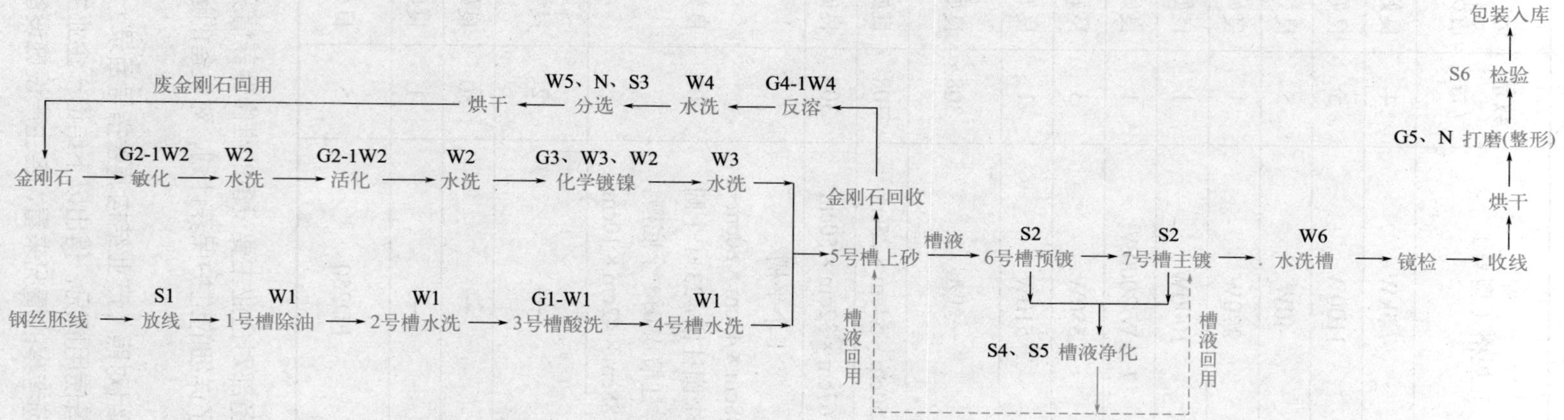

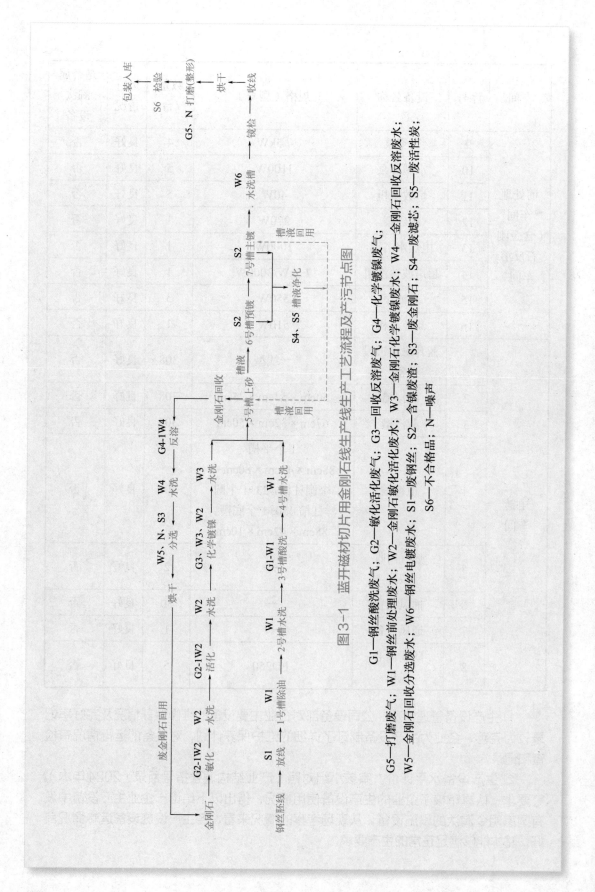

图3-1 蓝开磁材切片用金刚石线生产线生产工艺流程及产污节点图

G1—钢丝酸洗废气；G2—敏化活化废气；G3—回收反溶废气；G4—化学镀镍废气；
G5—打磨废气；W1—钢丝前处理废水；W2—金刚石敏化活化废水；W3—金刚石化学镀镍废水；W4—金刚石回收反溶废水；
W5—金刚石回收分选废水；W6—钢丝电镀废水；S1—废钢丝；S2—含镍废渣；S3—废金刚石；S4—废滤芯；S5—废活性炭；
S6—不合格品；N—噪声

3. 企业环境管理状况

① 主要污染源的产排污情况，包括状态、数量、毒性等；

② 主要污染源的治理现状，包括处理方法、效果、费用和问题等；

③“三废”的循环/综合利用情况，包括方法、效益及存在的问题等；

④ 碳排放及管理情况；

⑤ 相关环保法规与要求，如环境影响评价、排污许可证、环保督察等。

课中解析-编写任务章节2

案例解析3-3

以某金属加工企业为例，说明企业的环境管理状况

（1）废气产生、处理及排放情况

① 废气产生情况。企业产生的废气包括酸洗废气、金刚石化学镀镍废气、打磨粉尘废气等，其中废气产生情况见表3-7。

表3-7　废气产生情况一览表

废气编号	产生工序	污染因子	分子量	产生速度/（m/s）	敞开面积/m^2	蒸气压力/mmHg①	废气量/（m^3/h）	产生速率/（kg/h）	无组织排放速率/（kg/h）	工作时间/（h/a）
G1	钢丝酸洗	HCl	36.5	0.4	0.0967	0.07	15000	0.00016	0.00002	7920
G2	活化敏化	HCl	36.5	0.3	1.413	0.011	18000	0.00033	0.00003	990
G3	回收反溶	HCl	36.5	0.35	0.848	0.038	12000	0.0007	0.00007	1485
		硫酸	98	0.35	0.848	16.77		0.8738	0.08738	
G4	化学镀镍	氨气	17	—	—	—	15000	0.17	0.017	7920
G5	打磨	粉尘	—	—	—	—	5000	0.92	0.092	7920

① 1mmHg＝133.322Pa。

② 废气处理情况。酸性废气采用酸雾吸收塔处理，以4%～6%的NaOH溶液为吸收液，净化效率为90%以上，处理效果达到《电镀污染物排放标准》（GB 21900）中表5的限值要求，处理后的酸雾经30m高的排气筒排放。酸雾吸收塔具体治理流程和结构组成分别见图3-2和图3-3。金刚石化学镀镍废气的主要污染因子为NH_3，采用氨吸收塔处理（三级填料水吸收法），净化效率为90%以上，处理效果满足《恶臭污染物排放标准》（GB 14554）中表1的二级标准（无组织排放源）和表2的标准（有组织排放源）要求，处理后的废气经27m高的排气筒排放。氨吸

收塔结构组成见图3-4。打磨工序的主要污染物为粉尘（颗粒物），常用的处理方法为袋式除尘器。袋式除尘器除尘效率按99%计，处理后的废气经27m高的排气筒排放，滤袋上的积灰用气体逆洗法去除，清除下来的粉尘下落到灰斗，经双层卸灰阀排到输灰装置。

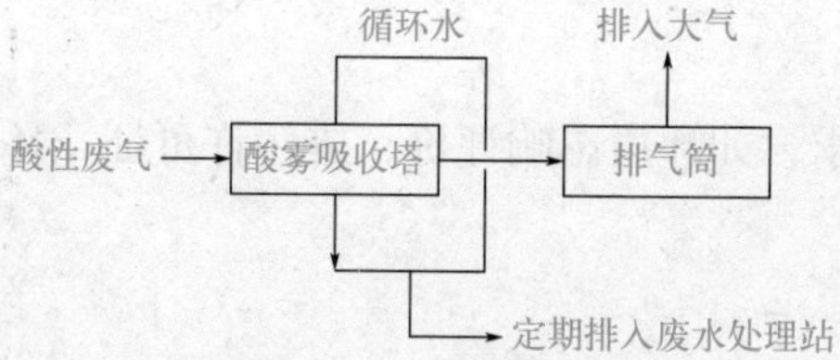

图3-2　酸雾吸收塔处理工艺流程图

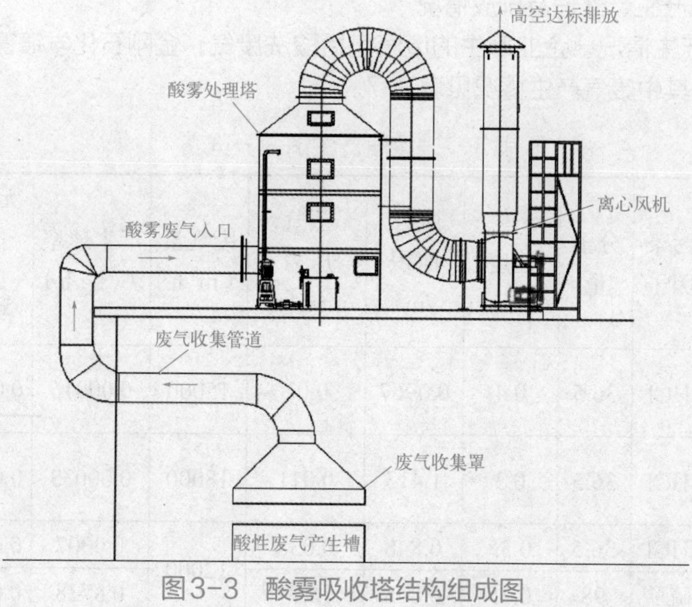

图3-3　酸雾吸收塔结构组成图

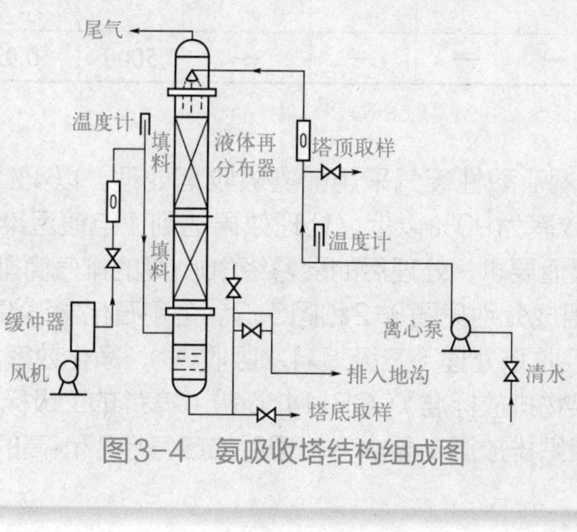

图3-4　氨吸收塔结构组成图

③ 废气处理及排放存在的问题及建议。加强管理，保证治理设施的正常运转。

（2）废水产生、处理及排放情况

① 生产废水产生、处理及排放情况。生产废水包括钢丝前处理废水、钢丝电镀废水、金刚石活化及敏化废水、金刚石化学镀镍废水、金刚石回收反溶废水、金刚石回收分选废水、车间清洁废水、车间洗手废水、实验废水、废气吸收废水等，产生量为29.85m^3/d，pH值为5～8，主要污染物为COD_{Cr}、SS（悬浮物）、Ni、石油类等，生产废水污染源强见表3-8。

表3-8　生产废水污染源强一览表

污染物	时间	预处理前		车间设施排口	
		浓度/（mg/L）	产生量/（t/a）	浓度/（mg/L）	排放量/（t/a）
废水量	330d/a	—	9850.5	—	0
COD_{Cr}		500	4.925	—	0
SS		200	1.970	—	0
Ni		1523.4	11.564	—	0
石油类		10	0.099	—	0

公司建有1座废水处理站，设计规模为5m^3/h（合120 m^3/d），采用“前处理+高效蒸发器+纯水处理”工艺，处理后的纯水回用于生产，纯水废水经厂区污水管网和总排污口排入市政污水管网，浓缩废液、含镍污泥作为危险废物处置，无含镍废水外排。废水处理站工艺流程见图3-5。

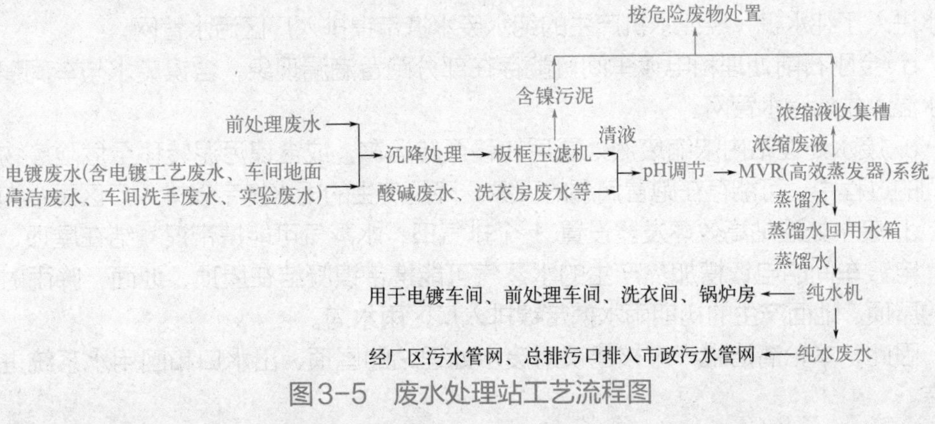

图3-5　废水处理站工艺流程图

② 其他废水产生、处理及排放情况。包括生活污水、锅炉定期排水和纯水废水，产生量为156.78m^3/d，主要污染物COD_{Cr}、BOD_5（五日生化需氧量）、SS、氨氮、

动植物油。生活污水、锅炉定期排水和纯水废水污染源强见表3-9。

表3-9 生活污水、锅炉定期排水和纯水废水污染源强一览表

污染物	时间	预处理前		厂区排污口		污水厂处理后	
		浓度/(mg/L)	产生量/(t/a)	浓度/(mg/L)	排放量/(t/a)	浓度/(mg/L)	排放量/(t/a)
废水量	330d/a	—	51737.4	—	51737.4	—	51737.4
COD_{Cr}		250	12.934	137	7.088	30	1.552
BOD_5		150	7.761	25.7	1.330	6	0.310
SS		150	7.761	150	7.761	10	0.517
NH_3-N		25	1.293	15.73	0.814	1.5	0.078
动植物油		20	1.035	1.11	0.057	1	0.052

其他废水采用隔油池、化粪池处理达到《污水综合排放标准》(GB 8978)中三级标准和《污水排入城镇下水道水质标准》(GB/T 31962)中B级标准后，经厂区污水管网和总排污口排入市政污水管网，进入污水处理厂，处理达《地表水环境质量标准》(GB 3838)Ⅳ类标准后外排。

③ 废水处理及排放存在的问题及建议。根据检测报告，企业雨水总排口、污水总排口中总镍的检出结果分别为0.26mg/L、0.20mg/L，未能实现“镍零排放”的效果，说明公司采取的“镍零排放”措施仍存在一定问题，总排口检出镍的原因分析如下。

a. 废水处理站高效蒸发器出口的蒸馏水可能含有微量镍，蒸馏水作为纯水机的原水进入了纯水机，经纯水机产生的纯水废水携带镍排入厂区污水管网。

b. 金刚石前处理和电镀车间可能存在部分跑冒滴漏现象，含镍废水与车间清洁废水混入生活污水管网。

c. 废水处理站内浓缩废液处置后转移至转运车，或含镍污泥转移至危险废物暂存间的过程中，可能存在跑冒滴漏的现象，降雨产生的雨水携带镍排入厂区雨水沟。

d. 废水处理站高效蒸发器设置1个排气口，水蒸气可能携带镍凝结在屋顶、地面，电镀车间的电镀槽加热产生的水蒸气可能携带镍凝结在屋顶、地面，降雨时厂区的屋顶、地面产生的初期雨水携带镍排入厂区雨水沟。

因此，本轮清洁生产审核建议对废水处理站的屋顶、出水口和回用水系统进行改造。

(3)固体废物处理与资源综合利用状况

① 企业固体废物污染源及处置措施、去向具体见表3-10。

② 固体废物处理与资源综合利用存在的问题及建议。加强危险废物的管理。

表 3-10　固体废物污染源一览表

编号	废物名称	废物属性	废物类别[①]	废物代码[①]	产生量/(t/a)	排放量/(t/a)	暂存位置	包装形式	处置措施	处置去向
S1	废钢丝	一般工业固体废物	—	—	310	0	固体废物贮存场隔间	捆扎堆存	回收利用	厂家回收
S2	含镍废渣	危险废物	HW17 表面处理废物	336-054-17	10	0	危险废物暂存间	袋装	有资质单位处置	废物处理处置公司
S3	废金刚石	一般工业固体废物	—	—	13	0	厂房原料库	袋装	回收利用	厂家回收
S4	废滤芯	危险废物	HW49 其他废物	900-041-49	20	0	危险废物暂存间	袋装	有资质单位处置	废物处理处置公司
S5	废活性炭	危险废物	HW49 其他废物	900-041-49	50	0	危险废物暂存间	袋装	有资质单位处置	废物处理处置公司
S6	废金刚石线（不合格品）	一般工业固体废物	—	—	86	0	固体废物贮存场隔间	袋装	回收利用	废品回收公司
S7	废水处理站浓缩废液、含镍污泥	危险废物	HW17 表面处理废物	336-054-17	1220	0	废水处理站	浓缩废液罐装，含镍污泥袋装	有资质单位处置	废物处理处置公司
S8	废容器等	危险废物	HW49 其他废物	900-041-49	0.05	0	实验室	桶装	有资质单位处置	废物处理处置公司
S9	废矿物油	危险废物	HW08 废矿物油与含矿物油废物	900-217-08	1	0	危险废物暂存间	桶装	有资质单位处置	废物处理处置公司
S10	废抹布、废拖把、废手套、废口罩等沾染废物	危险废物	HW49 其他废物	900-041-49	2	0	危险废物暂存间	袋装	有资质单位处置	废物处理处置公司
S11	废包装	一般工业固体废物	—	—	6	0	固体废物贮存场隔间	捆扎堆存	回收利用	废品回收公司
S12	餐厨垃圾	生活垃圾	—	—	80	80	食堂餐厨垃圾收集桶	桶装	每天交由餐厨垃圾处理中心处置	餐厨垃圾处理中心
S13	生活垃圾	生活垃圾	—	—	17	17	生活垃圾站	散装	每天交由环卫部门送垃圾填埋场处理	填埋场

① 来自《国家危险废物名录（2021 年版）》。

（4）噪声治理情况

① 噪声产生及治理。噪声源主要是生产设备及风机等，声级为75 ~ 90dB(A)。根据项目竣工环境保护验收监测报告，经处理后，企业厂界环境噪声满足《工业企业厂界环境噪声排放标准》（GB 12348）3类功能区标准。

② 噪声防治存在的问题及建议。强振设备与管道间采用柔性连接；加强设备的定期检修保养，确保设备处于良好的运转状态。

任务步骤3-1-2 进行现场考察

1. 现场考察内容

在掌握了企业的基本情况和可能存在的问题后，接下来是进行现场考察，为确定审核对象提供更准确可靠的依据。通过现场考察，在全厂范围内发现明显的无/低费清洁生产方案。

① 对整个生产过程进行实际考察，即从原料开始，逐一考察原料库、生产车间、成品库和“三废”处理设施。

② 重点考察各产污排污环节、水耗和（或）能耗大的环节、设备事故多发的环节或部位。

③ 考察实际生产管理状况，如岗位责任制执行情况、工人技术水平及实际操作状况、车间技术人员及工人的清洁生产意识等。

现场考察和现状调研的结果可以反映企业的实际生产状况、设备运行、产污排污现状和规章制度执行情况，直接表征了企业的管理水平，两者的差异则多半是由管理缺陷引起的，由此可以产生强化管理一类的方案。

2. 现场考察方法

① 对比法。对比资料和现场情况，核查分析有关设计资料和图纸，工艺流程图及其说明，物料衡算、能（热）量衡算的情况，设备与管线的选型与布置，等等。

② 查阅资料法。查阅现场记录、生产报表（月平均及年平均统计报表）、原料与成品库记录、废弃物报表、监测报表等。

③ 座谈或交流法。与工人和工程技术人员交流，了解并核查实际的生产与排污情况，听取意见和建议，发现关键问题和部位，同时征集无/低费方案。

小提示3-1

根据清洁生产“边审核、边实施、边见效”的方针，现场考察发现明显的清洁生产方案应立即实施。

任务3-2
分析清洁生产潜力

情景设定

小清通过现状调研和现场考察发现了企业显而易见的问题，接下来他需要对标行业清洁生产评价指标体系，发现更深层次的问题，他该如何利用指标体系评价企业的清洁生产水平？如何在对标过程中发现问题？

小洁审核的企业所属行业还未发布国家或省级清洁生产评价指标体系，她又该如何评价企业的清洁生产水平？如何进一步发现企业存在的薄弱环节并找出清洁生产的潜力？

任务目标

✓知识目标

（指标体系）掌握行业清洁生产水平评价的方法。

✓能力目标

（评价水平）具备判定、评价企业清洁生产水平的能力。

（分析潜力）具备发现、分析企业清洁生产潜力的能力。

✓素质目标

（激浊扬清）强调发现问题、分析问题、解决问题，增强问题意识，提升工程思维。

（审思明辨）坚持标准引领企业绿色转型观念，培育标准意识和看齐意识，做到严谨细致和精益求精。

任务实施

任务步骤3-2-1　评价清洁生产水平

1. 企业清洁生产水平评价方法一

（1）评价标准　企业清洁生产水平的评价，是以其清洁生产综合评价指数（Y）为依据，对达到一定综合评价指数的企业，分别评定为清洁生产先进（标杆）水平、清洁生产准入水平和清洁生产一般水平。绝大多数的行业清洁生产评价指标体系的综合评价指数判定值规定见表3-11。

课前导学－评价产污排污状况

表3-11　不同等级清洁生产企业综合评价指数

企业清洁生产水平	划分条件
Ⅰ级：清洁生产先进（标杆）水平	同时满足： ——$Y_{\text{I}} \geq 85$； ——限定性指标全部满足Ⅰ级基准值要求； ——非限定性指标全部满足Ⅱ级基准值要求

续表

企业清洁生产水平	划分条件
Ⅱ级：清洁生产准入水平	同时满足： ——$Y_{Ⅱ}\geqslant 85$； ——限定性指标全部满足Ⅱ级基准值要求； ——非限定性指标全部满足Ⅲ级基准值要求
Ⅲ级：清洁生产一般水平	满足： ——$Y_{Ⅲ}=100$

按照现行环境保护政策法规以及产业政策要求，凡企业被地方生态环境主管部门认定为主要污染物排放未达标（指总量未达到控制指标或主要污染物排放超标），或被地方工业和信息化主管部门认定为生产淘汰类产品或仍继续采用要求淘汰的设备、工艺进行生产的，则该企业不能参与清洁生产等级评价。

激浊扬清　审思明辨

课程思政材料：随着我国经济实力的不断增强，中国标准在很多领域实现了从无到有、从追赶到并跑再到领跑的历史性变化。我国高铁、航天、特高压输电、无人机等领域的科技水平已处于世界前沿，例如在全球特高压领域，我国是全球唯一掌握特高压技术的国家，中国的标准就是全世界唯一的标准。在“双碳”目标指引下，国家绿色低碳先进技术不断突破，2023年以后发布的清洁生产评价指标体系新增了碳排放指标，更加重视资源能源的节约增效，推进行业清洁低碳转型。作为清洁生产审核人员，要立足企业实际，加快推广应用绿色低碳技术，对标企业清洁生产准入和先进标准，为绿色低碳产业快速发展保驾护航。

课程思政要点：将国家先进技术发展过程与清洁生产先进（标杆）水平融合，鼓励学习者向先进（标杆）学习，不断追求卓越，不断超越自我，争当环境专业的行家里手，在创新和创造中实现人生价值。

（2）评价方法

① 指标无量纲化。不同的清洁生产指标由于量纲不同，不能直接比较，需要建立原始指标的隶属函数。若指标x_{ij}（第i个一级指标下的第j个二级指标）属于级别g_k（二级指标基准值，其中g_1为Ⅰ级水平，g_2为Ⅱ级水平，g_3为Ⅲ级水平），则隶属函数的值为100，否则为0。详见表3-12。

② 综合评价指数计算。通过加权平均、逐层收敛可得到评价对象在不同级别g_k的得分Y_{g_k}。Y_{g1}等同于$Y_Ⅰ$，Y_{g2}等同于$Y_Ⅱ$，Y_{g3}等同于$Y_Ⅲ$。详见表3-13。

③ 二级指标权重调整。当某类一级指标项下某些二级指标不适用于该企业时，需对该类一级指标项下二级指标权重进行调整。详见表3-14。

表 3-12 低浓度磷肥企业清洁生产资源消耗指标

一级指标	一级指标权重	二级指标		单位	二级指标权重	Ⅰ级基准值	Ⅱ级基准值	Ⅲ级基准值	企业情况（2023 年）	符合性	Ⅰ级	Ⅱ级	Ⅲ级
资源消耗指标	0.30	磷矿消耗(30%标矿)	SSP[①]	t/t 产品 (100%P_2O_5)	0.4	≤3.4	≤3.4	≤3.5	3.42	Ⅲ级	0	0	100
		硫酸(100%)消耗	SSP	t/t 产品 (100%P_2O_5)	0.4	≤2.25	≤2.3	≤2.4	2.43	低于Ⅲ级	0	0	0
		新鲜水消耗	SSP	t/t 产品	0.2	≤1.0	≤1.2	≤1.5	1.00	Ⅰ级	100	100	100

① SSP 为过磷酸钙。

表 3-13 低浓度磷肥企业清洁生产资源消耗指标评价指数计算

一级指标	一级指标权重	二级指标		单位	二级指标权重	二级单项指标 $Y_{Ⅰ}$	二级单项指标 $Y_{Ⅱ}$	二级单项指标 $Y_{Ⅲ}$
资源消耗指标	0.30	磷矿消耗(30%标矿)	SSP	t/t 产品 (100%P_2O_5)	0.4	0	0	0.3 × 0.4 × 100=12
		硫酸(100%)消耗	SSP	t/t 产品 (100%P_2O_5)	0.4	0	0	0
		新鲜水消耗	SSP	t/t 产品	0.2	0.3 × 0.2 × 100=6	0.3 × 0.2 × 100=6	0.3 × 0.2 × 100=6

表 3-14 低浓度磷肥企业清洁生产资源消耗指标二级指标权重调整

一级指标	一级指标权重	二级指标		单位	二级指标权重	某企业实际	二级指标权重（调整）
资源消耗指标	0.30	磷矿消耗(30%标矿)	SSP	t/t 产品(100%P_2O_5)	0.4	适用	0.4 ÷（0.4+0.4）=0.5
		硫酸(100%)消耗	SSP	t/t 产品(100%P_2O_5)	0.4	适用	0.4 ÷（0.4+0.4）=0.5
		新鲜水消耗	SSP	t/t 产品	0.2	不适用	0

（3）综合评价指数计算步骤

第一步：将企业相关指标与Ⅰ级限定性指标进行对比，全部符合要求后，再将企业相关指标与Ⅰ级基准值进行逐项对比，计算综合评价指数得分 Y_{I}，当综合指数得分 $Y_{\mathrm{I}} \geqslant 85$ 分并且非限定性指标全部满足Ⅱ级基准值要求时，可判定企业清洁生产水平为Ⅰ级；当企业相关指标不满足Ⅰ级限定性指标要求或综合指数得分 $Y_{\mathrm{I}}<85$ 分，或者非限定性指标未全部满足Ⅱ级基准值要求时，则进入第二步计算。

第二步：将企业相关指标与Ⅱ级限定性指标进行对比，全部符合要求后，再将企业相关指标与Ⅱ级基准值进行逐项对比，计算综合评价指数得分 Y_{II}，当综合指数得分 $Y_{\mathrm{II}} \geqslant 85$ 分并且非限定性指标全部满足Ⅲ级基准值要求时，可判定企业清洁生产水平为Ⅱ级；当企业相关指标不满足Ⅱ级限定性指标要求或综合指数得分 $Y_{\mathrm{II}}<85$ 分，或者非限定性指标未全部满足Ⅲ级基准值要求时，则进入第三步计算。

新建企业或新建项目不再参与第三步计算。

第三步：将现有企业相关指标与Ⅲ级限定性指标基准值进行对比，全部符合要求后，再将企业相关指标与Ⅲ级基准值进行逐项对比，计算综合指数得分，当综合指数得分 $Y_{\mathrm{III}}=100$ 分时，可判定企业清洁生产水平为Ⅲ级；当企业相关指标不满足Ⅲ级限定性指标要求或综合指数得分 $Y_{\mathrm{III}}<100$ 分时，表明企业未达到清洁生产要求。

案例解析3-4

以某烧碱企业为例，说明清洁生产水平评价情况

审核人员根据《烧碱、聚氯乙烯行业清洁生产评价指标体系》对两家烧碱企业各项清洁生产指标进行对标，企业清洁生产综合评价指数和评价结果见表3-15。

表3-15　烧碱企业清洁生产水平评价表

序号	一级指标	一级指标权重	二级指标	二级指标单位	二级指标权重	符合性判定		企业1得分			企业2得分		
						企业1	企业2	Y_{I}	Y_{II}	Y_{III}	Y_{I}	Y_{II}	Y_{III}
1	生产工艺及装备	0.1	节能型离子膜电解槽占比①	%	0.7	Ⅱ级	Ⅲ级	0	7	7	0	0	7
2			除硝工艺	—	0.3	Ⅲ级	Ⅰ级	0	0	3	3	3	3
3	能源消耗	0.1	单位产品综合能耗②	kgce/t	1	Ⅰ级	Ⅰ级	10	10	10	10	10	10
4	水资源消耗	0.1	单位产品取水量	m^3/t	1	Ⅱ级	Ⅱ级	0	10	10	0	10	10
5	原/辅料消耗	0.1	原盐消耗（折百计算）③	kg/t	1	Ⅱ级	Ⅱ级	0	10	10	0	10	10

续表

序号	一级指标	一级指标权重	二级指标	二级指标单位	二级指标权重	符合性判定		企业1得分			企业2得分		
						企业1	企业2	$Y_{Ⅰ}$	$Y_{Ⅱ}$	$Y_{Ⅲ}$	$Y_{Ⅰ}$	$Y_{Ⅱ}$	$Y_{Ⅲ}$
6	资源综合利用	0.1	盐泥处理处置率	%	0.5	Ⅰ级	Ⅰ级	5	5	5	5	5	5
7			水重复利用率	%	0.5	Ⅰ级	Ⅱ级	5	5	5	0	5	5
8	污染物产生	0.2	单位产品废水产生量	t/t	0.5	Ⅱ级	Ⅱ级	0	10	10	0	10	10
9			盐泥产生量（干基）	kg/t	0.5	Ⅱ级	Ⅱ级	0	10	10	0	10	10
10	碳排放	0.1	电解单元单位产品(以100%烧碱计)二氧化碳排放量	t/t	1	Ⅰ级	Ⅰ级	10	10	10	10	10	10
11	产品特征	0.05	合格品率	%	1	Ⅰ级	Ⅰ级	5	5	5	5	5	5
12	清洁生产管理	0.15	产业政策符合性[②]	—	0.1	Ⅰ级	Ⅰ级	1.5	1.5	1.5	1.5	1.5	1.5
13			达标排放[②]	—	0.1	Ⅰ级	Ⅰ级	1.5	1.5	1.5	1.5	1.5	1.5
14			总量控制[②]	—	0.1	Ⅰ级	Ⅰ级	1.5	1.5	1.5	1.5	1.5	1.5
15			清洁生产审核	—	0.1	Ⅰ级	Ⅱ级	1.5	1.5	1.5	0	1.5	1.5
16			清洁生产管理	—	0.1	Ⅰ级	Ⅰ级	1.5	1.5	1.5	1.5	1.5	1.5
17			污染物排放监测	—	0.05	Ⅰ级	Ⅰ级	0.75	0.75	0.75	0.75	0.75	0.75
18			污染物处理设施运行管理	—	0.05	Ⅰ级	Ⅰ级	0.75	0.75	0.75	0.75	0.75	0.75
19			节能管理	—	0.05	Ⅱ级	Ⅱ级	0	0.75	0.75	0	0.75	0.75

续表

序号	一级指标	一级指标权重	二级指标	二级指标单位	二级指标权重	符合性判定		企业1得分			企业2得分		
						企业1	企业2	$Y_{Ⅰ}$	$Y_{Ⅱ}$	$Y_{Ⅲ}$	$Y_{Ⅰ}$	$Y_{Ⅱ}$	$Y_{Ⅲ}$
20	清洁生产管理	0.15	二氧化碳排放管理	—	0.05	Ⅰ级	Ⅱ级	0.75	0.75	0.75	0	0.75	0.75
21			危险化学品管理	—	0.05	Ⅰ级	Ⅰ级	0.75	0.75	0.75	0.75	0.75	0.75
22			计量器具配备情况	—	0.05	Ⅰ级	Ⅰ级	0.75	0.75	0.75	0.75	0.75	0.75
23			土壤污染隐患排查	—	0.05	Ⅰ级	Ⅰ级	0.75	0.75	0.75	0.75	0.75	0.75
24			一般工业固体废物管理	—	0.05	低于Ⅲ级	Ⅲ级	0	0	0	0	0	0.75
25			危险废物管理	—	0.05	Ⅰ级	Ⅰ级	0.75	0.75	0.75	0.75	0.75	0.75
26			环境信息公开	—	0.05	Ⅰ级	Ⅰ级	0.75	0.75	0.75	0.75	0.75	0.75
*Y*值合计								48.5	96.25	99.25	44.25	92.25	100
企业清洁生产水平评价								清洁生产落后水平			清洁生产准入水平		

注：“—”代表不做具体要求。

① 节能型离子膜电解槽包括氧阴极离子膜电解槽、膜极距（零极距）离子膜电解槽和极小极距离子膜电解槽。

② 该指标项为限定性指标。

③ 采用卤水为原料的按照氯化钠折百计算。

随堂练习 3-5（难度：★★★）

某烧碱企业二级指标实际情况如下，根据《烧碱、聚氯乙烯行业清洁生产评价指标体系》评价该企业清洁生产水平。

(1)100%	(2)膜法	(3)310kgce/t	(4)3.8m³/t	(5)1480kg/t	(6)100%
(7)93%	(8)4t/t	(9)40kg/t	(10)1.32t/t	(11)100%	(12～25)均是Ⅰ级

在资料调研、现场考察及专家咨询的基础上，汇总国内外同类工艺、同等装备、同类产品先进企业的生产、消耗、产污排污及管理水平，与本企业的各项指标相对照，并列表说明，从而判断企业的清洁生产潜力。如果该类行业企业已发布了清洁生产评价指标体系，利用清洁生产评价指标权重及基准值，进行清洁生产水平评价。

2. 企业清洁生产水平评价方法二

（1）评价标准　对于钢铁等企业清洁生产水平的评价，如《钢铁行业（高炉炼铁）清洁生产评价指标体系》综合评价指数判定值规定见表3-16。

课中实训-评价清洁生产水平

表3-16　钢铁企业清洁生产水平判定表

企业清洁生产水平	划分条件
国际清洁生产领先水平	全部达到Ⅰ级限定性指标要求，同时 $100 \geqslant Y_{gk} \geqslant 90$
国内清洁生产先进水平	全部达到Ⅱ级限定性指标要求，同时 $90 > Y_{gk} \geqslant 80$
国内清洁生产一般水平	全部达到Ⅲ级限定性指标要求，同时 $80 > Y_{gk} \geqslant 70$

（2）二级单项指标得分计算公式　隶属函数的值为100，否则为0。当符合Ⅰ级基准值时，Z（第i个一级指标下第j个二级指标基准值的系数）取1；符合Ⅱ级基准值时，Z取0.8；符合Ⅲ级基准值时，Z取0.6。

案例解析 3-5

以某高炉炼铁企业为例，开展企业清洁生产二级单项指标得分计算

根据《钢铁行业（高炉炼铁）清洁生产评价指标体系》，以某高炉炼铁企业为例，计算污染物排放控制指标得分，详见表3-17。

表3-17　钢铁（高炉炼铁）企业清洁生产污染物排放控制指标评价指数计算

一级指标		二级指标						企业实际	二级单项指标得分		
指标项	权重值	序号	指标项	分权重值	Ⅰ级基准值(1.0)	Ⅱ级基准值(0.8)	Ⅲ级基准值(0.6)		$Y_{Ⅰ}$	$Y_{Ⅱ}$	$Y_{Ⅲ}$
污染物排放控制	0.15	1	颗粒物排放量[①]/(kg/t)	0.27	≤0.1	≤0.2	≤0.3	0.16	0	=0.15×0.27×100×0.8=3.24	3.24
		2	二氧化硫排放量/(kg/t)	0.13	≤0.06	≤0.10	≤0.12	0.06	=0.15×0.13×100×1=1.95	1.95	1.95
		3	氮氧化物（以二氧化氮计）排放量/(kg/t)	0.13	≤0.20	≤0.30	≤0.38	0.35	0	0	=0.15×0.13×100×0.6=1.17
		4	废水排放量/(m^3/t)	0.20	0			1	0	0	0
		5	渣铁比（干基）/(kg/t)	0.27	≤300	≤320	≤350	280	=0.15×0.27×100×1=4.05	4.05	4.05

①为限定性指标。

随堂练习 3-6　（难度：★★★）

审核人员根据《钢铁行业（高炉炼铁）清洁生产评价指标体系》对一家高炉炼铁企业各项清洁生产指标进行对标，企业清洁生产综合评价指数和评价结果见表 3-18，并填写指标得分。

表 3-18　某高炉炼铁企业清洁生产水平评价表

一级指标		二级指标			企业实际	指标得分		
指标项	权重值	序号	指标项	分权重值		Y_{I}	Y_{II}	Y_{III}
生产工艺及装备	0.30	1	高炉炉容	0.24	Ⅰ级			
		2	高炉煤气干法除尘装置配置率/%	0.15	Ⅱ级			
		3	高炉煤气干法除尘配置脱酸系统/%	0.06	Ⅱ级			
		4	高炉炉顶煤气余压利用（TRT或BPRT）装置配置①	0.15	Ⅰ级			
		5	平均热风温度/℃	0.18	Ⅰ级			
		6	除尘设施	0.11	Ⅰ级			
		7	炉顶均压煤气回收	0.11	Ⅰ级			
资源与能源消耗	0.35	1	炼铁工序能耗②/（kgce/t）	0.18	Ⅰ级			
		2	高炉燃料比/（kg/t）	0.14	Ⅱ级			
		3	入炉焦比/（kg/t）	0.11	Ⅰ级			
		4	高炉喷煤比/（kg/t）	0.11	Ⅰ级			
		5	入炉铁矿品位/%	0.15	Ⅰ级			
		6	入炉料球团矿比例/%	0.03	Ⅱ级			
		7	炼铁金属收得率/%	0.06	Ⅱ级			
		8	生产取水量/（m^3/t）	0.14	Ⅰ级			
		9	水重复利用率/%	0.08	Ⅱ级			
污染物排放控制	0.15	1	颗粒物排放量②/（kg/t）	0.27	Ⅱ级			
		2	二氧化硫排放量/（kg/t）	0.13	Ⅰ级			
		3	氮氧化物（以二氧化氮计）排放量/（kg/t）	0.13	Ⅲ级			
		4	废水排放量/（m^3/t）	0.20	Ⅱ级			
		5	渣铁比（干基）/（kg/t）	0.27	Ⅰ级			
资源综合利用	0.10	1	高炉煤气放散率/%	0.40	Ⅱ级			
		2	高炉渣回收利用率/%	0.30	Ⅰ级			
		3	高炉瓦斯灰/泥回收利用率/%	0.20	Ⅱ级			
		4	高炉冲渣水余热回收利用	0.10	Ⅰ级			

续表

一级指标		二级指标			企业实际	指标得分		
指标项	权重值	序号	指标项	分权重值		Y_{I}	Y_{II}	Y_{III}
清洁生产管理	0.10	1	产业政策符合性②	0.15	Ⅰ级			
		2	达标排放②	0.15	Ⅰ级			
		3	总量控制②	0.15	Ⅰ级			
		4	突发环境事件预防②	0.15	Ⅰ级			
		5	建立健全环境管理体系	0.05	Ⅱ级			
		6	物料和产品运输	0.10	Ⅱ级			
		7	固体废物处置	0.05	Ⅰ级			
		8	清洁生产机制建设与清洁生产审核	0.10	Ⅰ级			
		9	节能减碳机制建设与节能减碳活动	0.10	Ⅰ级			
综合评价指数合计								
评价结果								

① 高炉炉顶煤气余压利用装置包括高炉炉顶煤气余压回收透平发电（TRT）和煤气透平与电动机同轴驱动的高炉鼓风机组（BPRT）两种。

② 该指标为限定性指标。

3. 企业清洁生产水平评价方法三

（1）评价标准　对于部分地方发布的清洁生产评价指标体系，如《清洁生产评价指标体系　环境及公共设施管理业》（DB11/T 1262—2015），综合评价指标（P）判定值规定见表3-19。

课后拓展-评价清洁生产水平

表3-19　环境及公共设施管理业清洁生产等级判定表

清洁生产等级	划分条件
一级清洁生产领先水平企业（单位）	$\geqslant 90$
二级清洁生产先进水平企业（单位）	$80 \leqslant P < 90$
三级清洁生产企业（单位）	$70 \leqslant P < 80$

（2）评价方法　在进行定量和定性评价考核评分的基础上，将这两类指标的考核总分值相加，得到相应的清洁生产综合评价指标P，计算公式如下：

$$P = P_{\mathrm{a}} + P_{\mathrm{b}}$$

式中　P ——企业（单位）清洁生产的综合评价指标，其值在0～100之间；

P_{a} ——定量评价一级指标的考核总分值；

P_b——定性评价一级指标的考核总分值。

① 定量评价指标的考核评分计算。企业清洁生产定量评价指标的考核评分以企业在考核年度各项二级指标实际达到的数值为依据，定量评价指标分数为各定量二级指标考核评分之和。各定量二级指标考核评分按以下公式进行计算。

$$P_{ij}=S_{ij}K_{ij}/100$$

式中　P_{ij}——第i项定量一级指标下第j项定量评价二级指标的单项评价考核分值；

S_{ij}——第i项定量一级指标下第j项定量评价二级指标的单项评价指标分值；

K_{ij}——第i项定量一级指标下第j项定量评价二级指标相应的权重值。

达到Ⅰ级基准值对应的分值$S_{i\,\text{Ⅰ}}=100$，达到Ⅱ级基准值对应的分值为$80\leqslant S_{i\,\text{Ⅱ}}<100$，达到Ⅲ级基准值对应的分值为$60\leqslant S_{i\,\text{Ⅲ}}<80$，不能满足Ⅲ级基准值对应的分值为0。

对于达到Ⅱ级或Ⅲ级基准值对应的分值S_{ij}按实际达到的水平用差值法取值。定量评价二级指标从其数值情况来看可分为两类情况，对二级指标的考核评分S_{ij}根据其类别采用不同的计算方法。

一类是该指标的数值越高（大）越符合清洁生产要求，即正向指标。对达到Ⅱ级和Ⅲ级基准值正向指标按下列公式进行计算。

对应Ⅱ级正向指标：$S_{i\,\text{Ⅱ}}=80+20(X_i-X_{\min(i)})/(X_{\max(i)}-X_{\min(i)})$

对应Ⅲ级正向指标：$S_{i\,\text{Ⅲ}}=60+20(X_i-X_{\min(i)})/(X_{\max(i)}-X_{\min(i)})$

式中　X_i——第i项评价指标企业实际数值；

$X_{\max(i)}$——第i项指标的最大值；

$X_{\min(i)}$——第i项指标的最小值。

另一类是该指标的数值越低（小）越符合清洁生产要求，即逆向指标。对达到Ⅱ级和Ⅲ级基准值逆向指标按下列公式进行计算。

对应Ⅱ级逆向指标：$S_{i\,\text{Ⅱ}}=80+20(X_{\max(i)}-X_i)/(X_{\max(i)}-X_{\min(i)})$

对应Ⅲ级逆向指标：$S_{i\,\text{Ⅲ}}=60+20(X_{\max(i)}-X_i)/(X_{\max(i)}-X_{\min(i)})$

② 定性评价指标的考核评分计算。企业定性评价指标分数为各定性二级指标考核评分（Q_i）之和。

满足Ⅰ级基准值时，Q_i取值为100；满足Ⅱ级基准值时，Q_i取值为90；满足Ⅲ级基准值时，Q_i取值为80；不符合基准值要求时，Q_i取值为0。

当定性考核指标没有Ⅰ级、Ⅰ级、Ⅲ级区别时，符合考核要求时Q_i取值为100，不符合考核要求时Q_i取值为0。

当定性考核指标Ⅰ级和Ⅱ级合并，符合基准值要求时，Q_i取值为100；当定性考核指标Ⅱ级和Ⅲ级合并，符合基准值要求时，Q_i取值为90。

案例解析3-6

以某生活垃圾焚烧厂为例，开展企业清洁生产定量指标评价指数计算

根据《清洁生产评价指标体系　环境及公共设施管理业》，以某生活垃圾焚烧厂为例，计算清洁生产定量指标评价指数，详见表3-20。

课后解析－企业案例解析

表3-20 生活垃圾焚烧厂清洁生产定量指标评价指数计算

一级指标	一级指标权重	二级指标	单位	二级指标权重	Ⅰ级基准值	Ⅱ级基准值	Ⅲ级基准值	企业1实际	企业1 P_a值	企业2实际	企业2 P_a值
资源能源消耗指标	23	单位垃圾处理量综合能耗	kgce/t	12	≤5.15	≤5.80	≤5.83	5.14	=(12×100)/100=12	5.45	=(12×90.8)/100=10.9
		单位垃圾处理量新鲜水消耗量	m^3/t	11	≤1.21	≤1.28	≤1.42	1.28	=(11×80)/100=8.8	1.35	=(11×70)/100=7.7
资源综合利用指标	14	单位垃圾处理量上网电量	kW·h/t	8	≥320	≥300	≥280	312	=(8×92)/100=7.4	280	=(8×60)/100=4.8
		…									

注：1. 一级指标权重等于所属二级指标权重之和，所有一级指标权重加和为100，所有二级指标权重加和为100。

2. Ⅰ级基准值所对应分值为$S_{Ⅰ}=100$；Ⅱ级基准值所对应分值为$80\leqslant S_{Ⅱ}<100$；Ⅲ级基准值所对应分值为$60\leqslant S_{Ⅲ}<80$。

案例解析3-7

以某生活垃圾焚烧厂为例，开展企业清洁生产定性指标评价指数计算

参考《清洁生产评价指标体系　环境及公共设施管理业》（DB11/T 1262—2015），结合地方环境管理要求、生活垃圾焚烧相关标准规范，设置指标体系，计算清洁生产定性指标评价指数，详见表3-21。

表 3-21　生活垃圾焚烧厂清洁生产定性指标评价指数计算

一级指标	一级指标权重	二级指标	单位	二级指标权重	Ⅰ级基准值	Ⅱ级基准值	Ⅲ级基准值	企业实际	企业 P_b 值
生产工艺及装备指标	30	设备完好情况	—	6	烟气处理系统、焚烧炉、发电机组、渗滤液处理系统检修次数均小于 4 次/年	烟气处理系统、焚烧炉、发电机组检修次数均小于 4 次/年	烟气处理系统、焚烧炉检修次数均小于 4 次/年	烟气处理系统、焚烧炉、发电机组检修次数均小于 4 次/年	=(6 × 90)/100 =5.4
		…							
资源综合利用指标	14	余热利用情况	—	4	发电后余热制冷和供热		发电后余热制冷或供热	发电后余热制冷和供热	=(4 × 100)/100 =4
		再生水利用情况	—	2	再生水用于保洁和绿化		再生水用于保洁或绿化	再生水用于保洁或绿化	=(2 × 80)/100 =1.6
		…							
污染物产生与排放指标	24	厂界环境空气浓度	—	8	符合 DB 11/501 及相关标准的要求			不符合 DB 11/501 及相关标准的要求	0
		…							

注：1. 一级指标权重等于所属二级指标权重之和，所有一级指标权重加和为100，所有二级指标权重加和为100。

2. Ⅰ级基准值所对应分值为 $S_{Ⅰ}=100$；Ⅱ级基准值所对应分值为 $80 \leq S_{Ⅱ} < 100$；Ⅲ级基准值所对应分值为 $60 \leq S_{Ⅲ} < 80$。

清洁生产潜力分析：加强厂界环境空气浓度控制等方面。

随堂练习3-7 （难度：★★★）

审核人员根据《清洁生产评价指标体系　医药制造业》，对一家化学药品原料药制造企业各项清洁生产指标进行对标，企业清洁生产综合评价指数和评价结果见表3-22，计算综合评价指标并分析清洁生产潜力。

表3-22　某化学药品原料药制造企业清洁生产评价表

序号	一级指标	一级指标权重	二级指标	单位	二级指标权重	企业实际	综合评价指标(*P*)
1	生产工艺及装备指标	20	化学合成尾气处理[①]	—	5	Ⅰ	
2			设备密闭程度	—	5	Ⅱ	
3			设备机械化程度	—	5	Ⅱ	
4			工艺、设备先进程度	—	2.5	Ⅲ	
5			淘汰落后设备、生产工艺执行情况[①]	—	2.5	Ⅰ	
6	资源能源消耗指标	15	单位产品综合能耗	tce/t	5	9	
7			单位产品新鲜水消耗	m^3/t	5	600	
8			纯化水产水率	—	5	80	
9	资源综合利用指标	15	冷却水循环利用率	—	4	97.5	
10			溶媒回收率[①]	—	5	72	
11			锅炉能源消耗种类	—	3	Ⅰ	
12			水资源梯级使用	—	3	Ⅲ	
13	污染物产生和排放指标	30	单位产品COD产生量	kg/t	3	282	
14			单位产品NH_3-N产生量	kg/t	3	225	
15			单位产品危险废物产生量	kg/t	5	66	

续表

序号	一级指标	一级指标权重	二级指标	单位	二级指标权重	企业实际	综合评价指标(*P*)
16	污染物产生和排放指标	30	水污染物排放①	—	4	Ⅰ	
17			粉尘排放①	—	5	Ⅰ	
18			非甲烷总烃排放①	—	5	Ⅰ	
19			恶臭污染物排放①	—	5	Ⅰ	
20	产品特征指标	4	产品一次生产合格率	—	4	99.5	
21	清洁生产管理指标	16	环境法律法规标准执行情况①	—	1.5	Ⅰ	
22			产业政策执行情况①	—	1.5	Ⅰ	
23			开展清洁生产审核情况	—	1.5	Ⅱ	
24			岗位培训	—	1.5	Ⅲ	
25			环境管理	—	1.5	Ⅱ	
26			能源计量管理	—	1.5	Ⅱ	
27			环境监测及信息公开①	—	2	Ⅰ	
28			固体废物处理处置情况①	—	2	Ⅰ	
29			排污口规范化管理①	—	2	Ⅰ	
30			环境应急预案有效	—	1	Ⅰ	
清洁生产综合评价指数和评价结果							

①为限定性指标。

清洁生产潜力分析：

小提示3-2

如果企业所属行业未发布国家或地方清洁生产评价指标体系等技术文件，审核小组可以依据绿色工厂、行业规范条件、工业用水用能定额、排污许可技术规范等相关技术文件，或是以同类先进企业为参照，拟定一个科学、合理的清洁生产评价指标体系。

任务步骤3-2-2 审查环保合规性

企业清洁生产审核过程中需审查环保合规性情况，主要集中在以下几个方面。

① 分析并评价企业与产业政策、规章制度等政府文件的符合性。

② 分析并评价企业生态环境环保执法情况。包括排污许可、环境税缴纳及处罚情况等。

③ 分析并说明企业纳入强制审核的原因。

④ 作出评价结论。

⑤ 汇总发现的问题或薄弱环节。

案例解析3-8

以某铁合金冶炼企业为例，评价企业产业政策、环保执法等状况，作出评价结论

（1）产业政策、规章制度符合性分析　本项目属于《产业结构调整指导目录（2024年本）》中允许类项目，项目符合国家的产业政策，符合国家及地方等相关规章要求。列表给出条款对比。

（2）环保执法情况说明

① 环境管理制度落实情况。企业环境管理制度规范，均按要求进行了环境影响评价、环保竣工验收和排污许可申报工作。

② 环保法律法规遵守情况。近年企业未接收到生态环境行政处罚、未发生重大环境污染事故；企业从建厂至今未发生过重大和特别重大的环境污染事故；企业按时足额缴纳了生态环境部门核定的排放费或税务部门核发的环境税。

③ 环境风险应急预案落实情况。企业环保日常监管工作由生产科负责，内部环保制度较为齐全，现有突发环境应急预案于2021年编制，2022年完成备案，应急预案编制至今，企业生产情况已发生较大变化，但未对应急预案进行修订，本轮清洁生产审核将此作为一条方案提出。

④ 环保自动在线监测设施安装情况。根据排污许可证载明的要求，企业已安装废水自动在线监测设备，未安装废气自动在线监测设备，仅是提高废气监测频次，本轮清洁生产审核建议完善废气在线监测设施。

（3）纳入强制性审核的原因说明　根据《××省工业炉窑大气污染综合治理实施方案》，工业炉窑需执行新的大气污染物特别排放限值，企业的二氧化硫暂无法稳

定达到特别排放限值的要求，需要进行达标升级改造，因此，纳入本次强制性清洁生产审核名单。

（4）评价结论　对比以上政策，企业没有使用国家产业政策明令淘汰的生产设备和工艺，因此满足国家产业政策要求。通过清洁生产对标评价，企业属于清洁生产一般水平。

（5）存在问题　一般从八个方面汇总问题。

① 原/辅料和能源：外购锰矿石质量不稳定。

② 技术工艺：更换电机和电源电缆线。

③ 设施设备：行车电缆线老化滑线；电机小轮烧坏；卷扬机油泵和钢丝绳破损；热风阀关不严。

④ 过程控制：热风炉温控线路老化；高炉给料系统原料散落。

⑤ 产品：产品质量合格率有待提高。

⑥ 废弃物：雨水收集系统不完善；废气处理系统不能稳定达标。

⑦ 管理：烧结系统地面破损；环境管理机构和制度有欠缺。

⑧ 员工：给料系统散落原料未回收；事故池积水未及时清空。

笔记

任务3-3

明确审核重点和审核目标

情景设定

小清所在的审核小组完成了对审核企业的全方位摸排，接下来，根据全面推进、重点突破的原则，需要确定企业清洁生产的审核重点。什么是审核重点？他该如何确定审核重点？

小洁所在的审核小组确定了企业清洁生产的审核重点，接下来，需要针对审核重点设置清洁生产目标。清洁生产目标要满足哪些要求？她又该如何设置科学合理的清洁生产目标？

任务目标

✓知识目标

（审核重点）理解审核重点的重要性，掌握审核重点的确定原则和主要方法。

（审核目标）掌握审核目标的设置原则和确定依据。

✓能力目标

（筛选重点）具备利用权重总和计分排序法筛选审核重点的能力。

（设置目标）具备利用相关技术规范设置清洁生产目标项和目标值的能力。

✓素质目标

（激浊扬清）强调发现问题、分析问题、解决问题，增强问题意识，提升工程思维。

（审思明辨）坚持重点抓源头、抓替代、抓改造原则，培育责任与担当精神，强化目标达成意识。

任务实施

任务步骤 3-3-1　明确审核重点

审核重点是审核工作的主线，是审核工作的重心所在，也是审核绩效的主要产出点，一旦出现审核重点确定错误，审核过程中的大量工作将前功尽弃。

课前导学 - 确定审核重点

1. 确定备选审核重点

本节内容主要适用于工艺复杂、生产单元多、生产规模大的大中型企业，对于某些工艺简单、产品单一、生产规模小的企业可直接确定出审核重点。

（1）备选审核重点确定原则

① 未能实现达标排放、超出污染物排放总量控制指标或未能实现稳定达标排放的环节或部位；

② 对比行业清洁生产评价指标体系差距较大的环节，特别是未达到清洁生产Ⅲ级水平的环节或部位；

③ 物流进出口多、量大，难以控制的环节或部位；

④ 严重影响或威胁正常生产，构成生产“瓶颈”的环节或多年存在的“老大难”问题；

⑤ 公众反应强烈、投诉最多的问题；

⑥ 技术、资金、人才等条件具备，容易产生显著环境效益与经济效益的环节或部位；

⑦ 纳入企业节能环保清洁生产规划内容的，有利于提高生产效率的环节或部位；

⑧ 在区域环境质量改善中起重大作用的环节或部位。

（2）备选审核重点汇总　对收集的数据进行整理、汇总和换算，并列表说明，以便为后续步骤“确定审核重点”服务。填写数据时，资源、能源消耗量及废弃物产生量、毒性应以各备选重点的月或年的总发生量统计，能耗包括标煤、电、油等形式，填写“备选审核重点情况汇总表”。

小提示3-3

企业清洁生产备选审核重点可以是某一分厂、某一车间、某个工段、某个操作单元，也可以是某一种物质（污染物）、某一种资源（水）、某一种能源（蒸汽和电）。

案例解析3-9

以某铁合金冶炼企业为例，确定清洁生产备选审核重点

通过对公司现有生产线的全面调查和分析，确定了各车间主要资源能源消耗情况以及污染物产生情况（见表3-23），并以各车间为备选审核重点的基本单位。

表3-23　各备选审核重点污染物产生及资源能源消耗汇总表

企业车间	一般固体废物产生量/（t/a）	二氧化硫产生量/（t/a）	综合能源消耗/(kgce/a)
第一车间	21.02	2.3	175.4
第二车间	13.54	1.5	322.1
第三车间	24.54	3.1	127.9
第四车间	16.53	2.2	151.1

2. 确定审核重点

（1）审核重点确定方法

① 简单比较法。定性比较法，通常将污染最严重、消耗最大、清洁生产机会最明显的环节或部位定为第一轮审核重点。

② 权重总和计分排序法。半定量法，一种将定量数据与定性判断相结合的加权评分方法，是确定审核重点的常用方法。

（2）权重总和计分排序法应用

第一步，确定若干权重因素和权重值（W）。

课中解析－编写任务章节1

权重因素包括基本因素和附加因素两类。基本因素包括环境（废物产生量、废物毒性、环境代价）、经济（能否降低费用、回收利用、提高产品质量）、技术（是否成熟、是否先进、是否容易修护、有无技术人员、有无案例）、实施（对生产的影响、施工难易、周期长短、工人积极性）及清洁生产潜力等。附加因素包括前景方面（是否符合经济发展规划、产业政策、市场需求等）和能源方面（水电气热消耗减量，水汽热循环或回收利用等）。确定权重时应考虑重点突出、易于打分的因素，可根据企业实际补充权重因素。

根据各因素的重要程度，将权重值简单分为三个层次：高重要性（权重值8～10），如原料能源消耗量、产污排污量等；中重要性（权重值4～7），如清洁生产潜力等；低重要性（权重值1～3），如车间积极性等。

第二步，确定各备选重点对各权重值的贡献值（R）。

由审核小组成员或有关专家集体讨论进行评分（R=1～10），满分10分，在评分过程中如果出现分歧意见，由专家各自评分，然后取其平均值。

第三步，计算出各备选重点各权重因素的得分（$R \times W$）。

第四步，全部权重因素得分加和，得出各备选重点的总分$Z(R \times W)$，以此排序确定审核重点。

案例解析3-10

以某铁合金冶炼企业为例，确定清洁生产审核重点

某铁合金冶炼企业选取5个权重因素，通过权重总和计分排序，将车间一确定为本轮清洁生产的审核重点，详见表3-24。

表3-24　权重总和计分排序打分表

权重因素	权重值（W）（1～10）	备选审核重点得分							
		车间一		车间二		车间三		车间四	
		贡献值（R）	得分（$R \times W$）	贡献值（R）	得分（$R \times W$）	贡献值（R）	得分（$R \times W$）	贡献值（R）	得分（$R \times W$）
废弃物量	10	10	100	6	60	4	40	7	70
主要能耗	9	5	45	10	90	8	72	6	54
环保费用	8	10	80	4	32	1	8	3	24
市场发展潜力	5	6	30	10	50	2	10	5	25
车间积极性	2	5	10	10	20	7	14	8	16
总分		265		252		144		189	
排序		1		2		4		3	

（3）权重总和计分排序法应用注意事项

① 附加因素的选择视具体情况而定；

② 权重的具体数值在给定的权重范围内视实际情况而定；

③ 打分时，不要预先带有优劣的主观倾向；

④ 打分时，不要受权重的影响；

⑤ 考虑各因素之间的关系：相互排斥、相互包容、相互关联；

⑥ 排序结果的合理性可结合经验判断。

随堂练习3-8 （难度：★★★）

某汽车生产企业主要生产车间包括涂装车间、焊装车间、总装车间和二返车间，几个车间资源能源消耗和污染物产排情况如表3-25所示。

表3-25 企业车间资源能源消耗和污染物产排情况表

车间名称	水资源消耗和污水排放		废气产生与排放		固体废物产生与排放	
	耗水量/（m^3/台）	排水量/（m^3/台）	产生量/（kg/a）	排放量/（kg/a）	产生量/（t/a）	排放量/（t/a）
涂装车间	21.5	19.80	48	48	37.82	37.82
焊装车间	1.53	1.53	—	—	5.21	5.21
总装车间	0.95	0.95	—	—	14.10	14.10
二返车间	0.37	0.37	—	—	2.40	2.40

存在主要问题：①涂料利用率低，锅炉蒸汽消耗过大，冷却水没有充分回收利用；②涂装车间清洁生产潜力最大，其他车间差不多；③涂装车间和总装车间员工参与清洁生产审核的积极性较高，其他车间稍低。根据上述资料完成以下任务。

（1）根据备选审核重点确定原则，从4个车间中选出3个车间作为备选审核重点，填写在表3-26中。

（2）确定4个权重因素，采用权重总和计分排序法，选出1个审核重点，相关内容填写在表3-26中。

表3-26　权重总和计分排序打分表

权重因素	权重值（W）（1～10）	备选审核重点得分					
		贡献值（R）	得分（R×W）	贡献值（R）	得分（R×W）	贡献值（R）	得分（R×W）
总分							
排序							

任务步骤3-3-2　明确审核目标

激浊扬清　审思明辨

课程思政材料：力争2030年前实现碳达峰、2060年前实现碳中和（即“3060”双碳目标），是以习近平同志为核心的党中央经过深思熟虑作出的重大战略决策，是我国对国际社会的庄严承诺，也是推动高质量发展的内在要求。北京2022年冬奥会是我国承诺“3060”双碳目标后首次举办的国际体育盛会，在低碳能源、低碳场馆、低碳交通、低碳标准四个方面提出具体目标，充分践行绿色办奥理念，为国际社会贡献了一份绿色方案，彰显了中国的责任担当。《可持续·向未来——北京冬奥会可持续发展报告（赛后）》系统总结了北京冬奥会筹办和举办全过程绿色低碳可持续工作的开展模式和工作成果。作为清洁生产审核从业人员，设置清洁生产目标也要符合“绿色、低碳、循环、可持续”的国家发展战略，有利于企业“节能、降耗、减污、增效”，推动落实企业治污的主体责任。

课程思政要点：将“3060”双碳目标、北京冬奥会低碳目标与设置清洁生产目标融合，展示应对气候变化的中国雄心和大国担当，感受新时代、新理念、新冬奥，培育全方位参与企业绿色低碳转型的意识和行为。

1. 明确审核目标要求

清洁生产目标是针对审核重点确定的，应易于理解、易于接受且易于实现，需满足以下要求。

① 审核目标要能够量化、具有灵活性，可以根据实现情况做适当调整；

课中解析-编写任务章节2

② 审核目标要有激励作用，有利于企业“节能、降耗、减污、增效”；
③ 审核目标要有时限性，要有近期和远期目标；
④ 审核目标要符合企业经营的总目标。

2. 设置审核目标

清洁生产目标的具体指标一般来源于以下几个方面。
① 外部的环境管理要求，如强制审核、限期治理等；
② 外部的产业发展要求，如产业升级、技术改造等；
③ 内部的发展规划要求，如工艺改进、设备更换等；
④ 内部的历史最好水平，如污染物排放的最低值等；
⑤ 同行业、类似规模企业的先进水平；
⑥ 清洁生产评价指标体系的Ⅰ、Ⅱ、Ⅲ级指标基准值。

案例解析3-11

以某电解锰生产企业为例，设置清洁生产目标

本轮清洁生产目标涉及生产工艺与装备等9个一级指标中的12个二级子目标项，根据《电解锰行业清洁生产评价指标体系》，将近期目标值设定为Ⅱ级清洁生产水平基准值，中远期目标设定为Ⅰ级清洁生产水平基准值。具体目标见表3-27。

表3-27　清洁生产审核目标一览表

序号	清洁生产指标	现状	清洁生产标准评价等级	近期目标（至2024年）	中远期目标（2026年以后）
（一）生产工艺与装备					
1	制粉设备	能耗在38 kW·h/t-矿粉以下	Ⅲ级	能耗在35 kW·h/t-矿粉以下	能耗在25 kW·h/t-矿粉以下
2	清洁方式运输比例	18%	低于Ⅲ级	≥20%	≥40%
（二）能源消耗					
3	直流电耗	6200kW·h/t-Mn	Ⅲ级	≤6000 kW·h/t-Mn	≤5800 kW·h/t-Mn
（三）水资源消耗					
4	单位产品取水量①	3.5m³/t-Mn	Ⅲ级	≤3 m³/t-Mn	≤2 m³/t-Mn

续表

序号	清洁生产指标	现状	清洁生产标准评价等级	近期目标（至2024年）	中远期目标（2026年以后）
（四）原/辅料消耗					
5	二氧化硒（或二氧化硫）单耗	1.2kg/t-Mn	Ⅱ级	≤1.1 kg/t-Mn	≤1.0 kg/t-Mn
（五）资源综合利用					
6	电解锰渣综合利用率	15%	Ⅱ级	≥20%	≥25%
（六）污染物产生与排放					
7	单位产品废水氨氮产生量①	2200g/t-Mn	Ⅲ级	≤2000 g/t-Mn	≤1200 g/t-Mn
8	单位产品废气硫酸雾排放量	72g/t-Mn	Ⅱ级	≤62 g/t-Mn	≤52 g/t-Mn
（七）碳排放					
9	单位产品二氧化碳排放量	7.2tCO_2/t-Mn	Ⅲ级	≤7.0 t CO_2/t-Mn	≤6.7 t CO_2/t-Mn
（八）产品特征					
10	产品合格率（符合YB/T 051中相应规格的成分要求）	97%	Ⅲ级	≥98	100
（九）清洁生产管理					
11	清洁生产组织、管理及实施①	缺少专职管理人员	低于Ⅲ级	设有清洁生产管理部门和至少1名环境类大专及以上学历专职管理人员	
12	生产工艺用水管理①	未安装三级计量仪表	低于Ⅲ级	安装三级计量仪表，主要用水点位制定定量考核制度	

①为限定性指标。

随堂练习3-9 （难度：★★★）

企业清洁生产目标，除了来源于评价指标体系的指标项和基准值，也可以包括有利于企业实现“节能、降耗、减污、增效”的其他指标。如果某些行业还未发布国家清洁生产评价指标体系，其清洁生产目标设置也可参考其他技术规范的要求。完成表3-28清洁生产目标的设置，并说明理由。

表3-28　清洁生产目标一览表

企业	清洁生产指标		单位	企业现状	近期目标（2025年）	中远期目标（2027年）
陶瓷生产企业	吸水率≤0.5%的陶瓷砖能效		$kgce/m^2$	9		
废弃锂电池处理处置企业	生产洁净化指标要求（基础工艺D）	大气污染物（VOCs）	mg/m^3	100		
		水污染物（氨氮）	mg/L	30		
	废物资源化指标（基础工艺D）	锂	%	90		
	能源低碳化（基础工艺D）		kgce/t	550		

提示：可参考《高耗能行业重点领域节能降碳改造升级实施指南（2022年版）》、《废弃锂电池处理处置行业绿色工厂评价要求》（2023年实施）。

小提示3-4

预审核阶段最后的任务是“提出并实施清洁生产方案”，该任务的具体要求详见【项目6　方案产生与筛选】。

课中解析-编写任务章节3

案例3-4　汽车零部件企业案例解析 ……

课中解析－企业案例解析

小提示3-5

不同咨询机构按照不同的方式开展预审核工作，并编写预审核章节，详见表3-29。

表3-29　清洁生产审核报告预审核章节目录

3 预审核（企业1）	3 预审核（企业2）	3 预审核（企业3）
3.1 企业生产概况 3.2 企业环境保护状况 3.3 产业政策符合性分析 3.4 企业清洁生产水平评估 3.5 确立审核重点 3.6 设置清洁生产目标 3.7 提出和实施显而易见的方案	3.1 公司概况 3.2 生产工艺及说明 3.3 生产设备情况 3.4 主要产品及原辅材料消耗情况 3.5 能源资源消耗情况 3.6 企业环境保护现状 3.7 清洁生产水平评价 3.8 确定审核重点 3.9 设置清洁生产目标 3.10 预审核阶段产生的无/低费方案	3.1 企业基本概况 3.2 生产工艺预审核 3.3 设施设备预审核 3.4 产品预审核 3.5 原/辅料与能源消耗预审核 3.6 产排污预审核 3.7 过程控制预审核 3.8 管理预审核 3.9 员工预审核 3.10 审查产业政策合规性 3.11 评价清洁生产水平 3.12 分析清洁生产潜力 3.13 确定审核重点 3.14 设置清洁生产目标 3.15 提出和实施显而易见的方案

实训3-5　城镇污水处理厂实训考评

实训目的

1. 掌握清洁生产预审核的工作流程。
2. 评价污水处理厂清洁生产水平，并分析清洁生产潜力。
3. 确定污水处理厂清洁生产审核重点，并设置清洁生产目标。

实训准备

1. 地点：理实一体化教室。
2. 材料：某污水处理厂相关资料。

实训流程

1. 评价清洁生产水平

根据《污水处理及其再生利用行业清洁生产评价指标体系》，结合本轮审核实际情况，对某污水处理厂进行清洁生产水平评价，详见表3-30。通过对标分析，先判断各二级指标的评价等级，再计算综合评价指标Y值，然后评价清洁生产水平（将结果填入表3-30中）。

表3-30　某污水处理厂清洁生产指标及评价结果

一级指标	一级指标权重	序号	二级指标	单位	二级指标权重	Ⅰ级基准值	Ⅱ级基准值	Ⅲ级基准值	本轮审核现状	评价等级	得分
生产工艺及装备指标	0.29	1	工艺先进性及设计规范性		0.21	使用二级处理+深度处理工艺		使用二级处理工艺；工艺设计符合国家相关规范要求	使用二级处理+深度处理工艺		
		2	自动控制系统		0.16	配套精确控制系统，如精确曝气系统或反馈控制系统等	建有废水处理设施运行中控系统，在满足工艺控制条件的基础上合理选择配置集散控制系统（DCS）或可编程控制器（PLC）自动控制系统		建有废水处理设施运行中控系统，配置集散控制系统（DCS）		
		3	投药系统		0.07	配套反馈系统的全自动加药装置	全部药剂添加使用计量泵加药		全部药剂添加使用计量泵加药		
		4	污泥处理工艺		0.16	配套污泥消化、干化以及综合利用（土地利用、建筑材料等）、焚烧等其他资源化工艺	配套污泥浓缩或脱水工艺		配套污泥浓缩工艺		
		5	消毒工艺		0.10	配套非加药的消毒工艺，如紫外线消毒或臭氧消毒工艺等		配套加药的消毒工艺，如投加液氯、二氧化氯的消毒工艺等	配套紫外线消毒工艺		

续表

一级指标	一级指标权重	序号	二级指标	单位	二级指标权重	Ⅰ级基准值	Ⅱ级基准值	Ⅲ级基准值	本轮审核现状	评价等级	得分
生产工艺及装备指标	0.29	6	臭气处理		0.10	对恶臭气体有良好收集、净化装置，并定期检测达标		恶臭气体厂界达标	对恶臭气体有良好收集、净化装置，并定期检测达标		
		7	设备		0.10	采用泵与风机容量匹配及变频技术，且达到一级能效水平		没有使用国家明文规定需要落后淘汰的设备；采用泵与风机容量匹配或变频技术，且达到国家规定的能效标准	没有使用国家明文规定需要落后淘汰的设备；采用泵与风机容量匹配或变频技术，且达到国家规定的能效标准		
		8	调节池和应急池		0.10	污水处理设施应设置足够容积的调节池和应急池，并根据相关规定做好日常的管理维护工作			污水处理设施设置足够容积的调节池和应急池，并根据相关规定做好日常的管理维护工作		
资源能源消耗指标	0.23	1	处理单位污水的新鲜水耗量	$m^3/10^4t$	0.09	1.50	3.00	7.00	4.50		
		2	处理单位污水的耗电量（华南、华中、华东）[①]	kW·h/t	0.45	0.11	0.15	0.20	0.10		
		3	去除单位化学需氧量的耗电量（华南、华中、华东）	kW·h/kg	0.30	0.70	0.90	1.20	1.10		

续表

一级指标	一级指标权重	序号	二级指标	单位	二级指标权重	Ⅰ级基准值	Ⅱ级基准值	Ⅲ级基准值	本轮审核现状	评价等级	得分
资源能源消耗指标	0.23	4	处理单位绝干污泥的絮凝剂用量	kg/t	0.16	1.50	2.00	3.00	1.20		
资源综合利用指标	0.10	1	尾水回用率（一般地区）	%	0.55	15.00	2.00	0.0	10.00		
		2	一般工业固体废物综合利用率	%	0.35	90.0	70.0	50.0	95.0		
		3	危险废物处置率	%	0.10	100	100	100	100		
污染物产生指标	0.16	1	污泥含水率	%	0.53	40	60	75	60		
		2	处理单位污水产生绝干污泥量	$t/10^4t$	0.17	0.50	1.0	1.50	0.50		
		3	去除单位COD产生绝干污泥量	kg/kg COD	0.15	0.20	0.35	0.50	0.30		
		4	去除单位SS产生绝干污泥量	kg/kgSS	0.15	0.30	0.50	0.80	0.25		
产品特征指标	0.14	1	化学需氧量去除率①	%	0.35	95.0	90.0	85.0	95.0		

续表

一级指标	一级指标权重	序号	二级指标	单位	二级指标权重	Ⅰ级基准值	Ⅱ级基准值	Ⅲ级基准值	本轮审核现状	评价等级	得分
产品特征指标	0.14	2	氨氮去除率[①]	%	0.35	97.00	90.00	85.00	98.00		
		3	出水色度	稀释倍数	0.15	6	15	30	6		
		4	出水稳定度 ST_{EQ}		0.15	0.08	0.15	0.25	0.10		
清洁生产管理指标	0.08	1	环境法律法规标准执行情况[①]		0.20	符合国家和地方相关环境法律、法规，严格遵循“三同时”管理制度，废水、废气、噪声等污染物排放符合国家和地方排放标准；主要污染物排放应达到国家和地方污染物排放总量控制指标；尾水回用应满足国家对不同用途的水质标准要求			符合国家和地方相关环境法律、法规，严格遵循“三同时”管理制度，废水、废气、噪声等污染物排放符合国家和地方排放标准；主要污染物排放应达到国家和地方污染物排放总量控制指标；尾水回用应满足国家对不同用途的水质标准要求		
		2	产业政策执行情况		0.14	生产规模和工艺符合国家和地方相关产业政策，不采用国家明令禁止和淘汰的生产工艺、装备			生产规模和工艺符合国家和地方相关产业政策，未采用国家明令禁止和淘汰的生产工艺、装备		
		3	环境管理体系制度、清洁生产审核情况、危险化学品管理		0.20	按照GB/T 24001建立并运行环境管理体系，环境管理程序文件及作业文件齐备；按照国家和地方要求，开展清洁生产审核；符合《危险化学品安全管理条例》相关要求		拥有健全的环境管理体系和完备的管理文件；按照国家和地方要求，开展清洁生产审核；符合《危险化学品安全管理条例》相关要求	按照GB/T 24001建立并运行环境管理体系，环境管理程序文件及作业文件齐备；按照国家和地方要求，开展清洁生产审核；符合《危险化学品安全管理条例》相关要求		

续表

一级指标	一级指标权重	序号	二级指标	单位	二级指标权重	Ⅰ级基准值	Ⅱ级基准值	Ⅲ级基准值	本轮审核现状	评价等级	得分
清洁生产管理指标	0.08	4	废水处理设施运行管理①		0.19	符合HJ 978要求，出水口有自动监测装置，建立运行台账，至少每月自行或委托监测一次，并对监测数据进行记录、整理、统计和分析；应设水质检验室，配备检验人员和仪器；具有健全的设备维护保养制度，并有效实施		符合HJ 978要求，出水口有自动监测装置，建立运行台账；应设水质检验室，配备检验人员和仪器；具有健全的设备维护保养制度，并有效实施	符合HJ 978要求，出水口有自动监测装置，建立运行台账，至少每月自行或委托监测一次，并对监测数据进行记录、整理、统计和分析；设水质检验室，配备检验人员和仪器，具有健全的设备维护保养制度，并有效实施		
		5	固体废物管理情况①		0.15	应保持污泥处理设施稳定运行，产生的污泥应及时处理和清运，防止二次污染，记录污泥产生、处置及出厂总量，污泥处理处置情况应全程跟踪，并严格执行污泥转移联单制度。污泥暂存间地面应采取防雨、防渗漏措施，排水设施应采取防渗措施。采用符合国家规定的废物处置方法处置废物：一般固体废物按照GB 18599相关规定执行；危险废物按照GB 18597相关规定执行		应保持污泥处理设施稳定运行，产生的污泥应及时处理和清运，记录污泥产生、处置及出厂总量，污泥处理处置情况应全程跟踪。采用符合国家规定的废物处置方法处置废物：一般固体废物按照GB 18599相关规定执行；危险废物按照GB 18597相关规定执行	保持污泥处理设施稳定运行，产生的污泥及时处理和清运，记录污泥产生、处置及出厂总量，污泥处理处置情况全程跟踪，并严格执行污泥转移联单制度。污泥暂存间地面应采取防雨、防渗漏措施，排水设施采取防渗措施。采用符合国家规定的废物处置方法处置废物：一般固体废物按照GB 18599相关规定执行；危险废物按照GB 18597相关规定执行		

续表

一级指标	一级指标权重	序号	二级指标	单位	二级指标权重	Ⅰ级基准值	Ⅱ级基准值	Ⅲ级基准值	本轮审核现状	评价等级	得分
清洁生产管理指标	0.08	6	环境应急预案		0.06	建立、制定环境突发性事件应急预案（预案要通过相应生态环境部门备案）并定期演练			建立、制定环境突发性事件应急预案（预案要通过相应生态环境部门备案）并定期演练		
		7	环境信息公开		0.04	按照《企业环境信息依法披露管理办法》，公开相关环境信息			按照《企业环境信息依法披露管理办法》，公开相关环境信息		
		8	劳动安全卫生指标		0.02	建立职业健康安全管理体系		建立安全生产管理相关规定，与污水、污泥有直接接触的员工配备口罩、手套等劳保用品	建立安全生产管理相关规定，与污水、污泥有直接接触的员工配备口罩、手套等劳保用品		
计算评价综合指标得分：											
评价清洁生产水平：											
分析清洁生产潜力：											

①为限定性指标。

2. 确定清洁生产审核重点

审核小组根据各备选审核重点的情况，按照权重因素的因子进行打分，将计算结果填入表3-31中。

表3-31 权重法确定审核重点打分表

因素	权重（W）（1～10）	备选审核重点得分			
		工艺运行环节		污泥处理环节	
		R	$R \times W$	R	$R \times W$
原/辅料、能源消耗	10	9		7	
污染物产生	7	2		8	
清洁生产潜力	6	8		6	
员工合作	3	8		8	
总分					
排序					
确定本轮清洁生产审核重点：					

3. 设置清洁生产目标

审核小组根据企业实际情况，对照清洁生产评价指标体系，将清洁生产目标内容填入表3-32中。

表3-32 清洁生产目标一览表

一级指标	序号	二级指标	单位	本轮审核现状	近期（2025年）	中远期（2027年）
生产工艺及装备指标	1	污泥处理工艺		配套污泥浓缩或脱水工艺	配套污泥消化、干化以及综合利用（土地利用、建筑材料等）、焚烧等其他资源化工艺	—
资源能源消耗指标	2	处理单位污水的新鲜水耗量	$m^3/10^4t$	4.5	3.0	1.5
	3	去除单位化学需氧量的耗电量	kW · h/kg	1.1	0.9	0.7
资源综合利用指标	4	尾水回用率	%	10	15	—

续表

一级指标	序号	二级指标	单位	本轮审核现状	近期（2025年）	中远期（2027年）
污染物产生指标	5	污泥含水率	%	60	50	40
清洁生产管理指标	6	劳动安全卫生指标		建立安全生产管理相关规定，与污水、污泥有直接接触的员工配备口罩、手套等劳保用品	建立职业健康安全管理体系	—

实训评价

1. 学生自评

班级：	学生：	学号：	
评价类型	评价内容	配分	得分
过程（50分）	进行现状调研和现场考察	15	
	评价清洁生产水平	15	
	确定审核重点	10	
	设置清洁生产目标	10	
成果（30分）	认证了企业清洁生产水平	20	
	找出了企业清洁生产潜力	10	
增值（20分）	技能水平（清洁化评估+绿色化改造）	10	
	审核素养（激浊扬清+审思明辨）	10	
总分		100	

2. 专业教师或技术人员评价

教师：	技术人员：		
评价类型	评价内容	配分	得分
知识与技能（80分）	面向企业基础资料的统计与分析能力	20	
	面向企业清洁生产水平的评价与分析能力	20	
	面向企业审核重点的筛选能力	20	
	面向企业清洁生产目标的设置能力	20	
审核素养（20分）	激浊扬清：问题意识、工程思维	10	
	审思明辨：标准意识、目标意识、工匠精神、担当精神	10	
总分		100	

实训总结

存在主要问题：	收获与总结：	改进与提高：

实训思考

1. 新建企业的清洁生产水平应达到哪个标准？

2. 利用权重总和计分排序法打分时应注意哪些事项？

实训拓展

课后拓展－企业审核实训

1. 填空题

（1）预审核阶段，现状调研内容包括______、______、______三个方面。

（2）清洁生产评价指标分为____和____两类。

（3）企业Ⅰ级清洁生产水平应同时满足_____、_____和_____三个条件。

（4）确定清洁生产审核重点的方法有_____和_____两种。

（5）清洁生产方案一般从原辅料及能源、_____、_____、_____、_____、_____、产品和废弃物等8个方面提出。

2. 判断题

（1）调研企业生产与管理状况时，仅需列出本年度的原辅料、产品等信息。（　　）

（2）一般采用清洁生产评价指标权重及基准值进行企业清洁生产水平评价。（　　）

（3）清洁生产审核重点只能是某一分厂或车间，不可能是某一种物质或资源。（　　）

（4）审核目标要有激励作用，有利于企业“节能、降耗、减污、增效”。（　　）

（5）堵塞“跑冒滴漏”，简单修改岗位操作规程是预审核阶段常见的方案。（　　）

项目 4

审核

教学导航

【项目4　审核】是清洁生产现场审核的第三阶段，具有较大的技术难度。审核阶段的目的是对审核重点生产和服务过程的投入产出进行分析，建立物料平衡、水平衡或能量平衡以及污染因子平衡，分析物料和能量流失的环节，查找材料储运、过程控制、生产运行与管理等存在的问题，找出物料流失、资源浪费环节和污染物产生的原因以及与国内外先进水平的差距，以确定清洁生产方案。该阶段的工作重点是建立物料平衡。

电子教案

项目三维目标导图

激浊——清洁化评估			扬清——绿色化改造
模块1 建章立制——审核准备	模块2 审思明辨——审核实施	中期考核	模块3—模块4—终期考核

项目4　审核	知识目标	能力目标	素质目标
任务4-1　进行资料收集和物料实测 步骤4-1-1　准备审核重点资料 步骤4-1-2　实测输入输出物流	（资料类型） 掌握审核重点的资料类型和现场调查的要点 （实测要求） 掌握审核重点输入输出物流的监测要点和注意事项	（绘制图形） 具备绘制工艺流程图、功能说明表的能力 （汇总数据） 具备指导现场实测并汇总实测数据的能力	（激浊扬清） 强调发现问题、分析问题、解决问题 增强问题意识，提升工程思维 （审思明辨） 坚决以“零容忍”态度依法查处环境违法行为 树牢诚信意识，自觉践行诚信行为
任务4-2　开展平衡测算和潜力查找 步骤4-2-1　建立物料平衡 步骤4-2-2　查找清洁生产潜力	（平衡测算） 掌握物料平衡的类型及建立物料平衡的注意事项 （八个方面） 掌握审核问题产生原因分析的八个方面	（解析结果） 具备分析和解释物料平衡结果的能力 （查找潜力） 具备查找审核重点清洁生产潜力的能力	（激浊扬清） 强调发现问题、分析问题、解决问题 增强问题意识，提升工程思维 （审思明辨） 唯有热爱才会坚持，唯有坚持才能成就 弘扬劳模精神 培育正确的劳动观念和奋斗精神
案例4-3　矿业公司案例解析			
实训4-4　化工企业实训考评			

项目内容思维导图

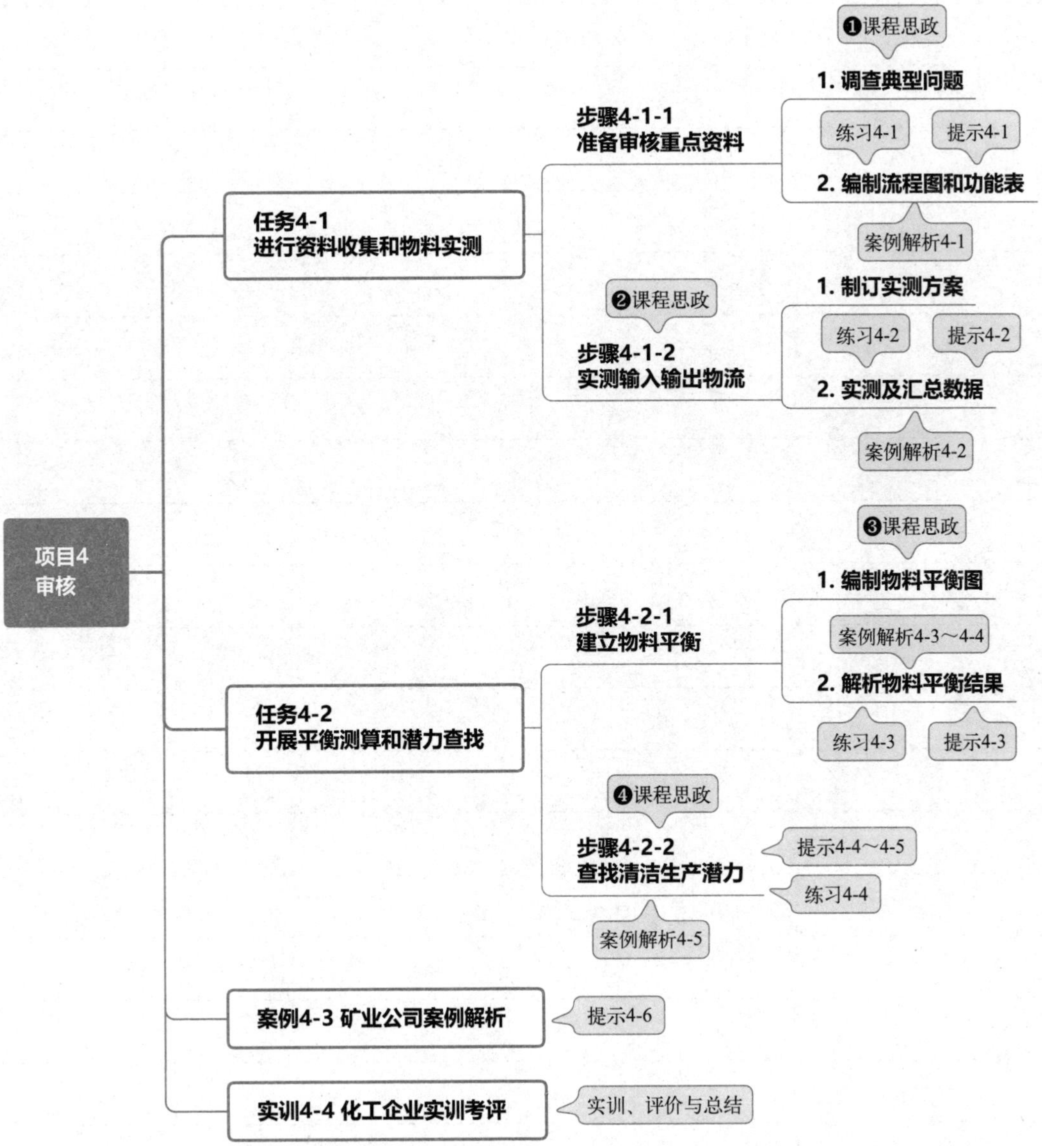
项目4
审核
任务4-1
进行资料收集和物料实测
步骤4-1-1
准备审核重点资料
❶课程思政
1. 调查典型问题
练习4-1
提示4-1
2. 编制流程图和功能表
案例解析4-1
❷课程思政
步骤4-1-2
实测输入输出物流
1. 制订实测方案
练习4-2
提示4-2
2. 实测及汇总数据
案例解析4-2
任务4-2
开展平衡测算和潜力查找
步骤4-2-1
建立物料平衡
❸课程思政
1. 编制物料平衡图
案例解析4-3～4-4
2. 解析物料平衡结果
练习4-3
提示4-3
❹课程思政
步骤4-2-2
查找清洁生产潜力
提示4-4～4-5
练习4-4
案例解析4-5
案例4-3 矿业公司案例解析
提示4-6
实训4-4 化工企业实训考评
实训、评价与总结

笔记

任务4-1

进行资料收集和物料实测

情景设定

小清所在的审核小组已将工作重心从全厂范围转向审核重点，虽然工作范围缩小了，但工作深度增加了，他该如何围绕审核重点收集资料和调查问题？如何补充和编制针对审核重点的流程图和功能表？

小洁所在的审核小组发现针对审核重点收集的数据严重不足，决定实测审核重点的输入输出物流，她又该如何指导实测工作？如何保障这一阶段的数据满足后续物料平衡测算的要求？

任务目标

✓知识目标

（资料类型）掌握审核重点的资料类型和现场调查的要点。

（实测要求）掌握审核重点输入输出物流的监测要点和注意事项。

✓能力目标

（绘制图形）具备绘制工艺流程图、功能说明表的能力。

（汇总数据）具备指导现场实测并汇总实测数据的能力。

✓素质目标

（激浊扬清）强调发现问题、分析问题、解决问题，增强问题意识，提升工程思维。

（审思明辨）坚决以“零容忍”态度依法查处环境违法行为，树牢诚信意识，自觉践行诚信行为。

任务实施

任务步骤4-1-1　准备审核重点资料

该任务实施过程类似于预审核阶段的现状调研和现场考察过程，但要求更加细致，收集的资料和调查的典型问题可以为制订实测计划和开展物料平衡测算提供依据。

1. 调查典型问题

（1）收集资料　收集资料包括工艺资料、原材料和产品资料、废弃物资料和国内外同行业资料四个方面，详见表4-1。

课前导学－准备资料

表4-1 收集审核重点基础资料

编号	审核重点资料类型	审核重点收集资料内容
1	工艺资料	①工艺流程图；②工艺设计的物料、热量平衡数据；③工艺操作手册和说明；④设备技术规范和运行维护记录；⑤管道系统布局图；⑥车间内平面布局图
2	原材料和产品资料	①产品的组成及月、年度产量表；②物料消耗统计表；③产品和原材料库存记录；④原料进厂检验记录；⑤能源费用；⑥车间成本费用报告；⑦生产进度表
3	废弃物资料	①年度废弃物排放报告；②废弃物（废水、废气、废渣）分析报告；③废弃物管理、处理和处置费用；④排污费；⑤废弃物处理设施运行维护费
4	国内外同行业资料	①国内外同行业单位产品原辅材料消耗情况；②国内外同行业单位产品排污情况；③列表与本企业比较

（2）现场调查

① 补充与验证已有数据。主要包括：确定调查日期与周期，编制现场调查计划，不同操作周期的取样、化验，现场提问、现场考察记录（追踪所有物流），建立物料记录（主要产品、原料及添加剂、废物流等）。

② 现场调查要求。主要包括：调查时间应与生产周期相协调；同一周期内应在不同班次取样；应请厂内外专家、顾问参加现场调查，使他们充分发现问题。

③ 现场调查典型问题。主要包括：低碳措施、污染防治等方面存在的典型问题。调查越充分，越容易发现清洁生产机会，越有助于清洁生产提升改造。

激浊扬清　审思明辨

课程思政材料：近期，中央生态环境保护督察公布了部分企业存在不正常运行污染治理设施、不落实重污染天气应急减排措施、在线监测和手工监测数据弄虚作假等违法违规问题。中央生态环境保护督察由面到线再到点深入企业开展督察工作，敢于动真碰硬，坚决以“零容忍”态度依法查处环境违法行为，尤其是企业和第三方监测公司相互串通、伪造篡改监测数据等问题，性质严重，影响恶劣，触犯刑法，必须坚决打击，充分发挥警示作用。

课程思政要点：将中央（省级）生态环境保护督察工作与审核重点典型问题调研结合。审核人员要坚持问题导向，增强问题意识，认真调查企业存在的典型问题，不回避问题，不替企业隐瞒问题，引导企业牢固树立环保红线意识，严格落实环保主体责任，积极履行社会责任。

2. 编制流程图和功能表

（1）编制工艺或设备流程图　为了更充分和较全面地对审核重点进行实测和分析，以工艺流程图方式（如图4-1所示）整理、标示审核重点工艺过程及进入和排出系统的物料、能源以及废物流的情况。

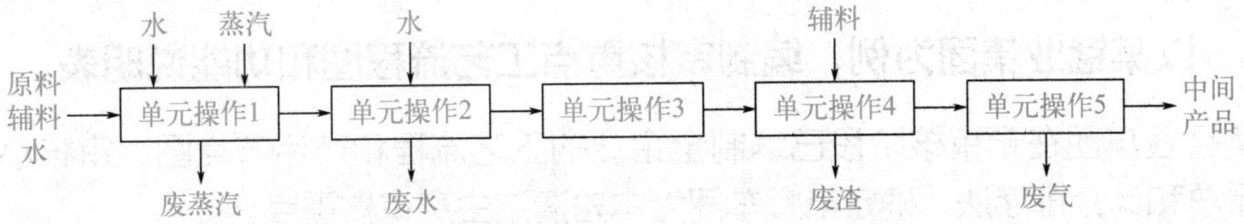

图4-1　审核重点工艺流程示意图

当审核重点包含较多的单元操作，而一张审核重点工艺流程图难以反映各单元操作的具体情况时，应在审核重点工艺流程图的基础上，分别编制各单元操作工艺流程图，如图4-2所示。

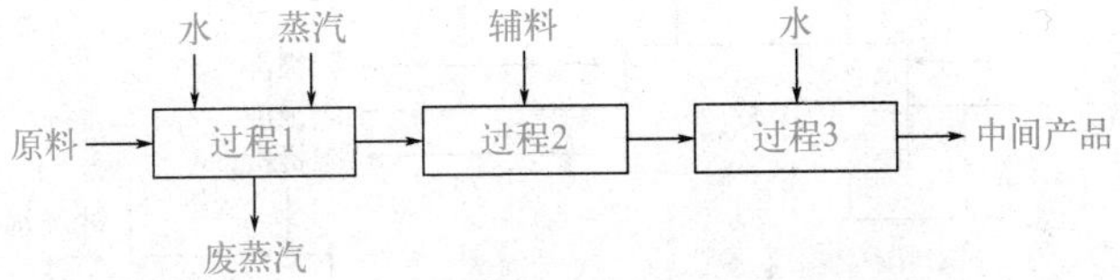

图4-2　单元操作1工艺流程示意图

（2）编制工艺或设备功能说明表　针对工艺或设备流程图，还需编制功能说明表，如表4-2所示。

表4-2　审核重点各工序功能说明表

序号	工序名	功能
1	单元操作1	…
2	单元操作2	…
3	单元操作3	…
4	单元操作4	…
5	单元操作5	…

随堂练习4-1　（难度：★★）

请用Word或CAD绘制图4-3电解车间的工艺流程和产污节点图。

小提示4-1

在实际审核工作中，有时除了编制工艺流程图，还需编制设备流程图，二者的区别在于，工艺流程图主要强调工艺过程不同，而设备流程图强调的是进出设备的物流。编制设备流程图应分别标明重点设备输入、输出物流及监测点。

案例解析4-1

以某锰业集团为例，编制审核重点工艺流程图和功能说明表

某锰业集团在预审核阶段已编制全企业的工艺流程和产污节点图，审核小组通过权重总和计分排序法，确定电解车间为本轮清洁生产审核重点。

本次任务针对电解车间收集了相关资料并进行了现场考察，审核小组在此基础上，绘制了电解车间的工艺流程和产污节点图（图4-3），并编制了各工序功能说明表（表4-3）。

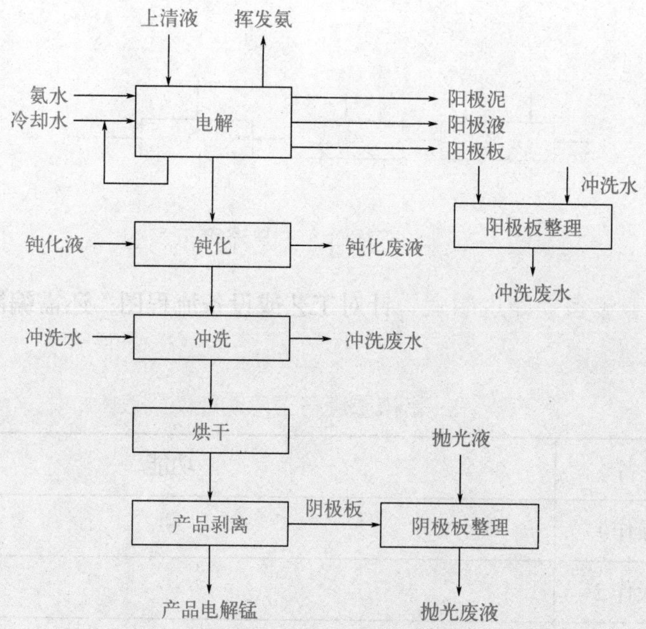

图4-3 电解车间的工艺流程和产污节点图

表4-3 电解车间各工序功能说明表

序号	工序名称	功能
1	电解	在直流电的作用下，将上清液中的锰离子转换为锰单质，回收锰
2	钝化	以重铬酸钾作钝化液，给产品上一层保护膜，提高产品质量
3	冲洗	冲洗残余重铬酸钾溶液
4	烘干	烘干水分
5	产品剥离	金属锰与阴极板分离
6	阴极板整理	用抛光液（磷酸：硫酸=3 ：1）冲洗处理阴极板，去除杂质
7	阳极板整理	清除阳极渣，冲洗阳极板

任务步骤4-1-2　实测输入输出物流

激浊扬清　审思明辨

课程思政材料：最高人民法院发布的《中国环境资源审判》及典型案例，依法惩处了生态环境监测数据弄虚作假犯罪。所谓“弄虚作假”，是指伪造和篡改监测数据。监测弄虚作假要承担行政处罚、治安处罚、刑事责任、连带责任。作为清洁生产从业人员，在实测输入输出数据时，要牢记“谁出数谁负责、谁签字谁负责”的责任意识，确保监测数据“真、准、全”。

课程思政要点：将环境监测数据造假入刑警示案例与实测输入输出物流科学严谨融合，强调企业信用等级和个人信用体系的重要性，普及守信激励和失信惩戒的案例，树立诚信观念，自觉践行诚信行为。

1. 制订实测方案

（1）确定输入输出　审核工作人员要熟悉审核重点每一个单元操作相关的功能和工艺变量，核对单元操作的所有资料。对于复杂的生产工艺流程，可能一个单元操作就表明一个简单的生产工艺流程，必须一一列出、分析，并绘制审核重点的输入与输出物流示意图，参见图4-4。

课前导学-实测物流

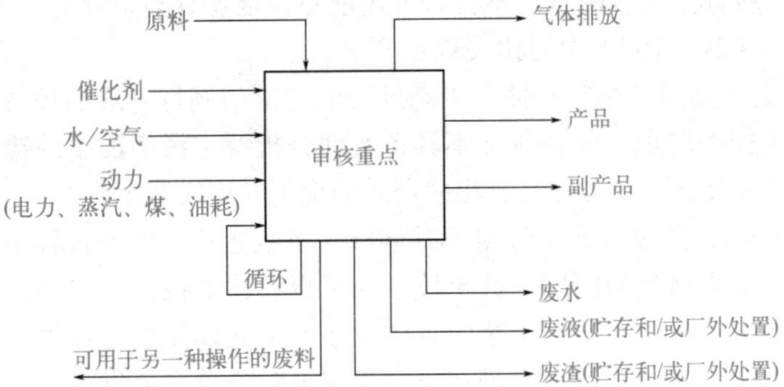

图4-4　审核重点的输入与输出物流

（2）确定实测方案

① 准备工作。制订现场实测计划，确定监测项目、监测点位、实测时间和周期；校验监测仪器和计量器具。

② 实测内容。实测输入物流指实测所有投入生产的输入物，包括进入生产过程的原料、辅料、水、气、中间产品、循环利用物等物料流的数量、组分（应有利于物料流分析），以及实测时的工况条件。实测输出物流指实测所有排出单元操作或某台设备、某一管线的排出物，包括产品、中间产品、副产品、循环利用物以及废弃物（废气、废渣、废水等）和废物流的数量、组分（应有利于废物流分析），以及实测时的工况条件。

(3) 明确实测要求

① 监测项目。应对审核重点全部的输入输出物流进行实测，包括原料、辅料、水、产品、中间产品及废弃物等。物流中组分的测定根据实际工艺情况而定，有些工艺应测，有些工艺则不一定都测，测定原则是监测项目应满足对废物流的分析。

② 监测点位。监测点位的设置须满足物料衡算的要求，即主要的物流进出口要监测，但对因工艺条件所限无法监测的某些中间过程，可用理论计算数值代替。

③ 实测时间和周期。对周期性（间歇性）生产企业，按正常一个生产周期（即一次配料由投入到产品产出为一个生产周期）进行逐个工序的实测，而且至少实测三个周期；对于连续生产的企业，应连续跟班72小时。输入输出物流的实测应注意同步性，即在同一生产周期内完成相应的输入和输出物流的实测。

④ 实测条件。在正常的工况下，按正确的检测方法进行实测。

⑤ 现场记录。边实测边记录，及时记录原始数据，并标出测定时的工艺条件（温度、压力等）。

⑥ 数据单位。数据收集的单位要统一，并注意与生产报表及年、月度统计表的可比性；间歇操作的产品采用单位产品进行统计，连续生产的产品可用单位时间产量进行统计。

2. 实测及汇总数据

(1) 实测难点

课中解析-编写任务章节

① 物质流的计量仪表配置缺乏是实测工作的首要难点。没有完善准确的计量器具配置，就不能为生产和生活的各个环节提供可靠的数据。计量仪表配置同时也是评价一个企业管理水平的一项重要标志。对于用能和用水，大多企业配置了一级计量仪表，而缺乏车间及机台班组的二、三级计量仪表配置，不符合《用能单位能源计量器具配备和管理通则》（GB 17167）中的相关规定要求。

② 不具备特定污染因子测定条件。生态环境职能部门例行开展的环境监测往往不能满足物料平衡测算工作的要求，而企业又不具备实地分析特定污染因子的检测条件。对于此种情况，审核人员应督促企业委托具有相应资质的单位开展实测工作。

③ 生产过程中物料的投入产出计量不甚明晰。多数企业在生产过程中凭借经验投料是清洁生产审核工作中常遇到的问题，甚至技术人员也仅知道投入原料和产出的估值，并以此判断生产过程是否正常，而生产工艺中具体工序或单元操作的计量更无从谈起。对于此类情况，审核人员应要求企业技术人员在正常工况下对各单元进行计量，并根据企业常年报表作辅助参考。

④ 对连续生产工艺的各单元或工段物质流实测存在困难。对于连续生产工艺，如电镀自动生产线，实测时可将整个生产线视为一个封闭系统，将该系统中的存量作为常量，仅考虑系统的原料投入和最终产出计量即可。

(2) 汇总数据

① 汇总各单元操作数据。将现场实测的数据经过整理、换算，汇总在一张或几张表上。

② 汇总审核重点数据。在单元操作数据的基础上，将审核重点的输入输出数据汇总成表，使其更加清楚明了；对于输入输出物料不能简单加和的，可根据组分的特点自行编制表格。

案例解析4-2

以某磷肥生产企业为例，汇总输入输出物流的实测数据

某磷肥生产企业对审核重点硫酸生产线进行了输入输出物流的实测，输入物流有硫铁矿、水和氧气，输出物流有98%硫酸和铁粉，具体数据见表4-4。

表4-4　审核重点硫酸生产线的输入输出情况表

输入物料		输出物料	
名称	数量/（t/d）	名称	数量/（t/d）
硫铁矿	116.47	98%硫酸	124.67
水	22.44	铁粉	81.53
氧气	74.80		
合计	213.71	合计	206.20

注：氧气量约为生产98%硫酸的60%，水量约为生产98%硫酸的18%，铁粉量约占硫铁矿的70%。

随堂练习4-2　（难度：★★）

某陶瓷生产企业制成车间进行了物料平衡实测，其中输入物料：粉料A为499kg/d、釉料B为28kg/d；输出物料：产品C为435kg/d、次品D为28kg/d、废坯土E为5kg/d、除尘器中回收粉料F为5kg/d、除尘器出口有组织排放粉尘G为1kg/d、蒸发水分Y为43kg/d。将上述实测数据填入表4-5中。

表4-5　审核重点制成车间输入输出情况表

输入物料		输出物料	
名称	数量/（kg/d）	名称	数量/（kg/d）
合计		合计	

小提示4-2

在实际审核工作中，有时针对审核重点收集的资料和数据较为系统和全面，特别是各工序（设备）的输入输出物流数据都分开记录，满足了对审核重点进行物料平衡分析的要求，此时，可以利用现有数据，无需进行实测。

任务4-2

开展平衡测算和潜力查找

情景设定

小清所在的审核小组针对审核重点完成了资料收集和物料实测，接下来，他该如何建立物料（特征污染因子、水、能量）平衡？如何解析物料平衡的结果？

小洁所在的审核小组建立了平衡又解析了结果，接下来，她该如何进一步查找审核重点的清洁生产潜力？从哪些方面着手提出清洁生产方案？

任务目标

✓知识目标

（平衡测算）掌握物料平衡的类型及建立物料平衡的注意事项。

（八个方面）掌握审核问题产生原因分析的八个方面。

✓能力目标

（解析结果）具备分析和解释物料平衡结果的能力。

（查找潜力）具备查找审核重点清洁生产潜力的能力。

✓素质目标

（激浊扬清）强调发现问题、分析问题、解决问题，增强问题意识，提升工程思维。

（审思明辨）唯有热爱才会坚持，唯有坚持才能成就，弘扬劳模精神，培育正确的劳动观念和奋斗精神。

任务实施

任务步骤4-2-1 建立物料平衡

1. 编制物料平衡图

（1）预平衡测算　进行物料平衡，旨在准确判断审核重点的废物流，定量确定废弃物的数量、成分以及去向，从而发现过去无组织排放或未被注意的物料流失，并为产生和研制清洁生产方案提供科学依据。因此，必须反复推算输入输出物流，使其总量相等。

课前导学-建立平衡

如果输入总量与输出总量之间的偏差在5%以内，则可以用物料平衡的结果进行随后的有关评估与分析，但对于贵重原料、有毒成分等的平衡偏差应更小或应满足行业要求；反之，则须检查造成较大偏差的原因，可能是实测数据不准或存在无组织排放等情况，这种情况下，应重新实测或补充监测，实在无法实测的，可根据经验修正。

（2）平衡图绘制　物料平衡是通过测定和计算，确定输出系统物流的量（或物流中某一组分的量）和输入系统物流的量（或物流中的某一组分的量）相符情况的过程，在清洁生产审核过程中，常见的平衡图包括以下4种。

① 物料平衡图。物料平衡图是指将审核重点的生产过程中输入输出物料之间的比较用示意图标出（即用图解的方式表示出预平衡的测算结果），并考虑可允许的偏差范围。

② 特征污染因子平衡图。特征污染物的平衡也是物料平衡的一种重要平衡形式，它是对某一物质（重金属或是某种重要的污染物）通过特征污染物平衡进行深入的讨论，有些有机污染物在生产过程中发生了复杂的化学变化，由于机理过于复杂，很少能采用物料平衡的方法进行计算。

③ 水平衡图。生产中水除了参与反应外，主要用于清洗和冷却，一般需要另外建立水平衡图；若审核重点的水平衡图并不能全面反映问题，可全厂编制一个水平衡图。

④ 能量平衡图。能量平衡，即能平衡，指考察一个体系的输入能量与有效能量、损失能量之间的平衡关系。

激浊扬清　审思明辨

课程思政材料：世界技能大赛水处理技术项目冠军、生态环境领域五一劳动奖获得者、绿色低碳典型人物、生态环保铁军典型人物等，因为热爱生态环境行业，所以努力克服各种困难，坚持总是伴随着辛苦，但热爱会将所有辛苦化为甘甜。清洁生产审核是一项专业性、业务性非常强的工作，不仅需要了解不同行业、不同生产工艺的产排污特点，还要从细微处发现问题、分析问题、解决问题，对审核人员知识储备、能力水平、经验积累的要求都非常高。作为清洁生产审核人员，物料平衡测算可为后续提出清洁生产中/高费方案提供依据，测算过程的复杂性和平衡结果的重要性表明，凡事都要耐心雕琢、严谨细致和精益求精。

课程思政要点：将生态环保领域典型人物的“付出=回报”与审核重点物料平衡的“输入=输出”融合，宣传榜样力量，弘扬模范精神，向先进学习、向榜样看齐，立足当下，放眼未来，在久久为功中提高能力，培育正确的劳动观念和奋斗精神。

2. 解析物料平衡结果

在实测输入输出物流及物料平衡的基础上，寻找废弃物及其产生部位，阐述物料平衡结果，对审核重点的生产过程作出评估。主要内容如下：

课中解析－编写任务章节

① 物料平衡的偏差；

② 实际原料利用率；

③ 物料流失部位（无组织排放）及其他废弃物产生环节；

④ 废弃物（包括流失的物料）的种类、数量和所占比例以及对生产和环境的影响部位。

随堂练习 4–3　（难度：★★）

某陶瓷生产企业制成车间进行了物料平衡实测，其中输入物料：粉料A为499kg/d、釉料B为28kg/d；输出物料：产品C为435kg/d、次品D为28kg/d、废坯土E为5kg/d、除尘器中回收粉料F为5kg/d、除尘器出口有组织排放粉尘G为1kg/d、蒸发水分Y为43kg/d。根据实测数据，完成以下内容。

（1）判断本次物料平衡数据的合理性。
（2）绘制审核重点物料平衡框图。
（3）解析审核重点物料平衡结果（计算制成车间无组织排放的粉尘量）。

案例解析 4-3

以某磷肥生产企业为例，开展物料平衡、水平衡和元素平衡审核

（1）物料平衡审核

① 实测数据汇总。某磷肥生产企业对审核重点硫酸生产线进行了输入输出物流的实测，物流汇总情况见表 4-4，物料平衡偏差符合核算要求。

② 平衡框图绘制。物料平衡框图见图 4-5。

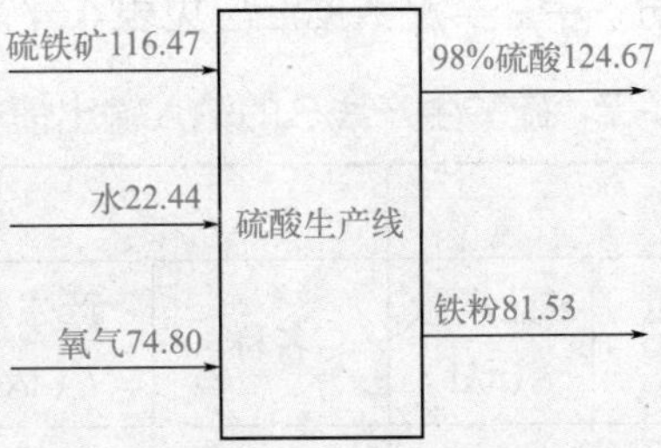

图 4-5　审核重点硫酸生产线物料平衡框图（单位：t/d）

③ 平衡结果解析。物料平衡偏差虽然符合要求，但物料损耗量仍较大（7.51t/d），分析可知，由于钢铁价格上涨带动硫铁矿价格上涨，为控制生产成本，企业实际使用的硫铁矿中硫的成分略低于 35%，系统实际消耗的氧气应小于理论值，导致输入系统物料偏大。

（2）水平衡审核

① 实测数据汇总。某磷肥生产企业用水量和耗水量经现场实测和估计，具体情况如表 4-6 所示，硫酸车间用水量约 46t/d，硫酸车间冷却水循环利用，约 1950t/d，不外排，损耗量约为 23.4t/d，其余进入产品硫酸中。

表 4-6　审核重点硫酸生产线的输入输出水量情况表

输入物料		输出物料	
名称	用水量/（t/d）	名称	耗水量/（t/d）
补充水	46.00	进入产品	22.44
		循环损耗水	23.40
合计	46.00	合计	45.84

② 预平衡测算。输入输出误差 =（46-45.84）÷46=0.35%<5%，符合平衡核算要求。

③ 平衡框图绘制。水平衡框图见图 4-6。

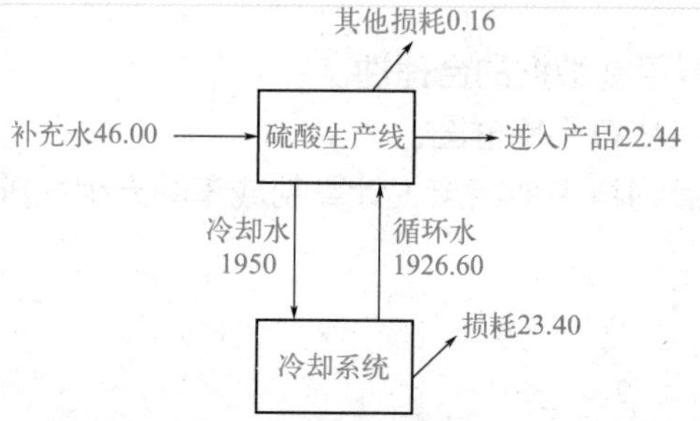

图4-6　审核重点硫酸生产线水平衡框图（单位：t/d）

④ 平衡结果解析。冷却系统损耗较大，主要原因是冷却设备长期缺少维修。另外，企业仍存在跑冒滴漏问题。

（3）硫元素平衡审核

① 实测数据汇总。进入硫酸生产线的硫（S）绝大部分最终被固定在产品中，极少量以气态形式进入大气中，微量以离子态元素进入废水压滤渣中，另有微量不可氧化的硫进入炉渣（铁粉）中。实测数据汇总见表4-7。

表4-7　硫酸生产线S的输入输出情况表

输入物料				输出物料			
名称	用量/（t/d）	含S量/%	S元素量/（t/d）	名称	产生量/（t/d）	含S量/%	S元素量/（t/d）
硫铁矿	116.4700	35%	40.7645	硫酸	124.67	32%	39.8944
				废气	0.0384	50%	0.0192
				其他			0.8509
合计			40.7645	合计			40.7645

② 预平衡测算。输入输出误差=0.8509÷40.7645=2.09%<5%，符合平衡核算要求。

③ 平衡框图绘制。硫元素平衡框图见图4-7。

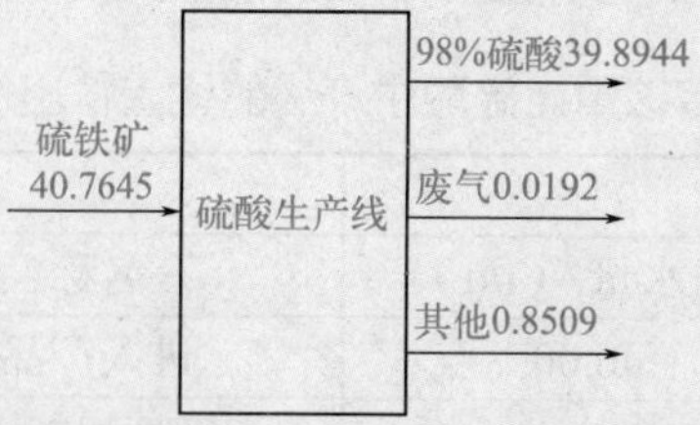

图4-7　审核重点硫酸生产线S元素平衡框图（单位：t/d）

④ 平衡结果解析。进入硫酸生产线中的S绝大部分都以硫酸（含污酸）的形式固定在产品中，占比97.87%，有进一步提高S转化率的潜力；废气中的S以二氧化硫形式外排，占比0.05%，数量较少；另外约有0.56t/d的S进入废水处理压滤渣和炉渣中，其他为无名损耗。

小提示4-3

在实际审核工作中，除了平衡框图这样比较简单的展示形式外，有时还需绘制平衡流程图，重点强调每个工序或设备的物流，以找出清洁生产潜力点。

案例解析4-4

以某化工、电池生产、造船、重工企业为例，开展审核重点（单一车间）物料、铅元素、水和能源平衡审核

（1）化工企业物料平衡审核

① 实测数据汇总。某化工企业歧化松香钾皂生产车间为清洁生产审核重点，审核小组对钾皂车间10批次25%歧化松香钾皂生产情况进行了物料平衡实测工作，其中：投入产出数据为工序单批投料量和产出量；投料数据来源于投料记录，产出数据来源于产出记录；固体物料投料量和产出量为称量数据，液体投料量为称量数据和体积测算数据；废气、废水为测算数据；并在实测工作结束后，对实测的数据进行了汇总，见表4-8。

表4-8　钾皂车间物料平衡实测数据表

单元操作	输入物料		输出物料	
	物料名称	投料量/kg	物料名称	产出量/kg
歧化松香熔解	歧化松香（固态）	6000	歧化松香（液态）	10140
	蒸汽	6300	废气（油雾和非甲烷总烃）	84
			固体杂质（未完全熔解的歧化松香及杂质）	106
			废蒸汽	1920
			残液及其他损失	50
	小计	12300	小计	12300
氢氧化钾溶解	氢氧化钾	1000	氢氧化钾溶液	7860
	软水	6900	残液及其他损失	40
	小计	7900	小计	7900
皂化反应	歧化松香（液态）	10140	歧化松香（溶液）	23870
	氢氧化钾溶液	7860	废气（油雾和非甲烷总烃）	61
	蒸汽	6660	废蒸汽	682
			残液及其他损失	47
	小计	24660	小计	24660

② 平衡流程图绘制。投入产出误差为0.56%，符合物料平衡误差要求，钾皂车间物料平衡流程图见图4-8。

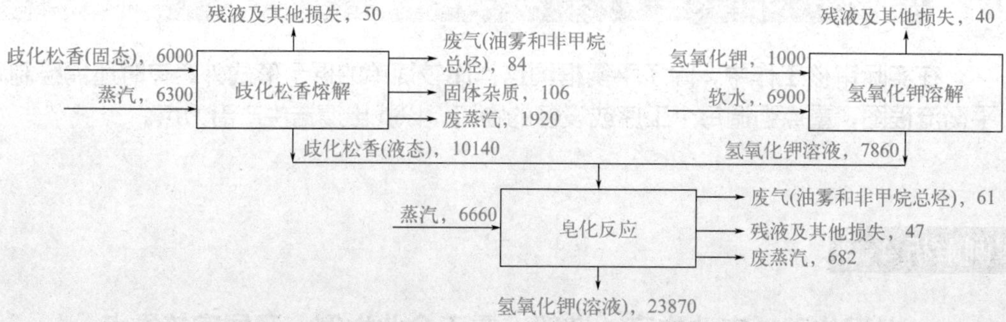

图4-8　钾皂车间物料平衡流程图（单位：kg）

③ 钾皂车间物料平衡解析情况如下。

a. 歧化松香熔解工序。该工序目前的原料有歧化松香（固态）和蒸汽。歧化松香是熔解生产工艺中主要的废气污染源，此外还有在熔解过程中形成的固态杂质。因此熔解工序的操作非常关键，要求制订严格的操作规程并严格执行，尽可能减少挥发性有机物（VOCs）的产生。

b. 氢氧化钾溶解工序。生产采用高品质片状氢氧化钾，其含量≥90.0%，由于采用手工投料，因此配料比不够精确，且投料过程中会有一定损失，建议改为定量溶解后隔膜泵输送配料。另外，提高氢氧化钾的纯度有利于提高产品质量。

c. 皂化反应工序。皂化反应中氢氧化钾投加不足，从理论上分析，可以进一步增加氢氧化钾的投料量，优化投料配比，从而提高产品的品质。

（2）电池生产企业铅元素平衡审核

① 实测数据汇总。某电池企业生产高容量全密封免维护铅酸蓄电池，生产一车间为清洁生产审核重点。根据实测期间审核小组对重点车间生产全过程材料投入及回料的平衡测试，获取了特征污染因子铅元素平衡实测数据，详见表4-9。

表4-9　铅元素平衡实测数据

输入物料		输出物料		
物料名称	数量/kg	物料名称		数量/kg
正负极板	4412.30	成品		4653.98
焊条、极柱等	312.78	废气	铅尘损失	15.60
			铅烟损失	
		废水	进入循环	1.56
		固体废物	铅尘粉尘	50.45
			铅烟粉尘	
			铅渣	
			含铅污泥	
合计	4725.08	合计		4721.59

② 平衡流程图绘制。符合物料平衡误差要求，铅元素平衡流程图见图4-9。

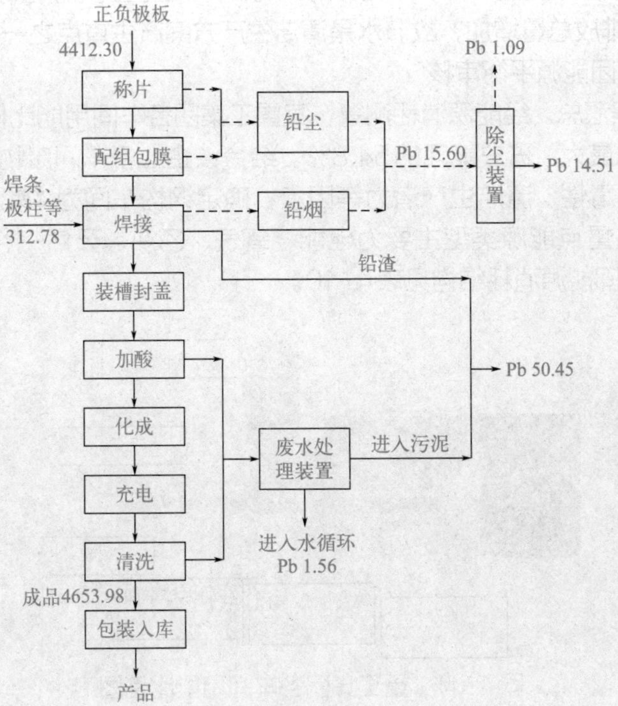

图4-9　铅元素平衡流程图（单位：kg）

③ 物料平衡解析。从特征污染因子（铅）物料平衡数据结果分析，98.5%转化为产品，铅渣、铅泥可全部集中回收，部分不合格品返工会产生能耗及人力、物力等消耗，铅酸蓄电池生产过程中铅烟、铅尘主要来自称片、配组包膜、焊接等工序。

（3）造船企业铅元素平衡审核

① 平衡流程图绘制。某船舶制造公司为审核重点，审核小组对该公司开展了为期三天的用水实测，各用水点水平衡图见图4-10。

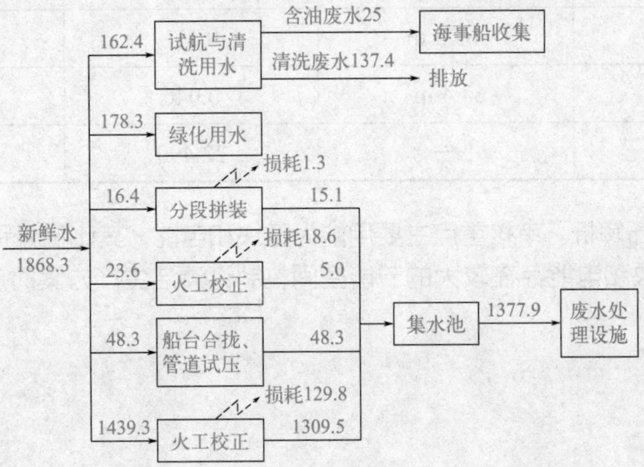

图4-10　各用水点水平衡图（单位：kg）

② 物料平衡解析。该企业生活用水占比为 78.6%，无回用水使用。将用水实测数据与国内先进造船企业用水指标进行对比可知，该企业水耗过高，废水排放量过大，引起COD排放总量增加，故节水是清洁生产方案产生重点之一。

（4）重工集团能源平衡审核

① 实测数据汇总。经能源消耗测算，某重工集团各车间用能比例见图4-11，其中钢构车间用能最大，占总能耗的54.8%。结合该企业各车间废物产生量、环境代价、原料及废物毒性、清洁生产潜力等因素，确定钢构车间为本轮审核重点。在生产过程中，审核重点能源类型主要为电能、氧气、乙炔、天然气、氮气和氩气等，审核重点实测期间能源消耗结构见表4-10。

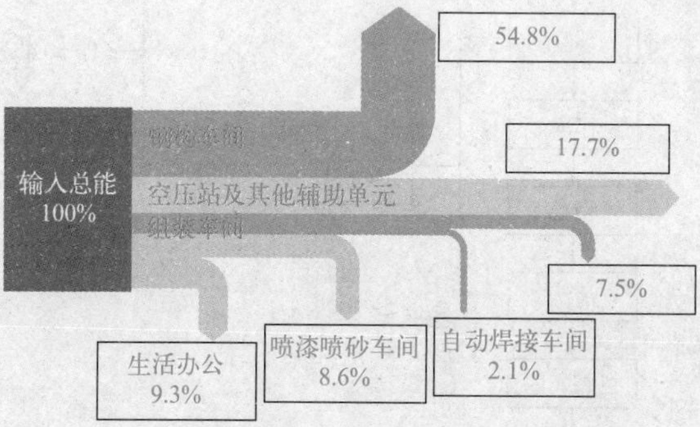

图4-11　重工集团各车间用能比例图

表4-10　审核重点实测期间能源消耗结构表

能源名称	能源消耗	综合能耗/tce	所占比例/%
乙炔	1206.6 m^3	10.032	44.6
电能	7.027×10^4kW·h	8.636	38.4
天然气	2060.8 m^3	2.741	12.2
氧气	2310.7 m^3	0.924	4.1
氮气	163.5 m^3	0.111	0.5
氩气	68.4 m^3	0.046	0.2
合计	—	22.490	100.0

② 物料平衡解析。审核重点主要用能为乙炔和电能，其比例分别达到44.6%和38.4%，故乙炔和电能存在较大的节能空间，制订清洁生产方案时应尽量降低乙炔和电能的消耗。

任务步骤 4-2-2 查找清洁生产潜力

小提示4-4

本阶段“查找清洁生产潜力”任务与预审核阶段“分析清洁生产潜力”任务比较相似，工作思路都是发现问题、分析问题、解决问题；不同点在于，前者是针对审核重点，涉及问题更复杂，技术难度更大，后者是针对全厂，涉及问题多样。

本任务具有较大的技术难度。分析清洁生产潜力实际上就是要找到废弃物产生、物料消耗高和能源消耗高的根本原因，清洁生产审核人员应对生产工艺、设备及涉及的环境问题和控制方法进行分析研究，可以按影响产生和服务过程的八种因素去逐种分析，并应按反复迭代原理一直分析，直到找到造成废弃物产生、物料消耗高和能源消耗高的根本原因。

课前导学－查找潜力

课中解析－编写任务章节

（1）原辅料和能源　因原辅料和能源而导致产生废弃物的主要原因：①原辅料不纯或未净化造成废弃物增加；②原辅料储运环节易流失从而成为废弃物；③原辅料的投入量或配比的不合理造成废弃物增多；④某种原材料使用导致废弃物处理难度增加；⑤有毒有害原辅料的使用影响环境；⑥未利用清洁能源、二次资源和二次能源。

（2）技术工艺　因技术工艺落后而导致产生废弃物的主要原因：①工艺转化率低使废弃物产生量过大；②设备布置不合理，能量损失大、泄漏点多；③反应及转化步骤过长使产品收率低；④间断生产导致能耗高、产生额外废弃物；⑤工艺条件要求过严、生产稳定性差；⑥需使用对环境有害的物料。

（3）设备　因设备而导致产生废弃物的主要原因：①设备效能低导致能耗高、产生额外废弃物；②设备功能不能满足工艺要求，产品质量低；③设备自动化程度低，产品质量不稳定；④设备破旧，物料易流失成为废弃物；⑤设备维护保养差，物料易流失成为废弃物；⑥设备间匹配度差，导致能耗高。

（4）过程控制　因过程控制而导致产生废弃物的主要原因：①工艺控制项目少，产生额外废弃物；②控制精度差，废品率高；③控制水平低，需人工干预，易不稳定。

（5）产品　因产品（中间产品、副产品、循环利用物）而导致产生废弃物的主要原因：①产品使用寿命终结后难以回收、处置；②不利于环境的产品形式、规格和包装；③产品在储运中流失成为废弃物。

（6）废弃物　因废弃物本身具有的特性而未能加以利用导致产生废弃物的主要原因：①废弃物中有毒性物质或难处理物质；②废弃物性状不利于后续处理和处置；③低热值能源未梯级利用；④废水未回用；⑤废弃物未尽可能资源化。

（7）管理　因管理而导致产生废弃物的主要原因：①清洁生产的制度未较好执行；②现行管理制度不能满足清洁生产的要求；③缺乏有效的清洁生产激励机制。

（8）员工　因员工而导致产生废弃物的主要原因：①员工综合素质不能满足清洁生产要求；②缺乏对员工的不断再培训；③员工缺乏参与清洁生产的热情。

激浊扬清　审思明辨

课程思政材料：2023年7月，习近平总书记在全国生态环境保护大会上强调：我国生态环境保护结构性、根源性、趋势性压力尚未根本缓解，生态文明建设仍处于压力叠加、负重前行的关键期；要加快推动发展方式绿色低碳转型，坚持把绿色低碳发展作为解决生态环境问题的治本之策，加快形成绿色生产方式和生活方式，厚植高质量发展的绿色底色。清洁生产审核是实现企业绿色低碳转型的重要方式，作为清洁生产审核人员，要以不服输、不气馁的精神紧盯突出环境问题的治理，协助企业提升环保主体责任意识，加快绿色低碳转型升级。

课程思政要点：将绿色低碳发展的迫切性与查找清洁生产潜力的工作态度融合，培育全方位参与企业绿色低碳转型的意识和行为，增强职业使命感、责任感、荣誉感，为美丽中国建设贡献力量。

案例解析4-5

以某磷肥生产企业和化工企业为例，分析废物产生的原因

（1）磷肥生产企业废物产生原因分析　针对磷肥生产企业审核重点硫酸车间，从影响清洁生产的八个方面进行产排污原因分析和能源资源消耗分析，具体分析情况见表4-11，其中，主要废弃物为扬尘、含SO_2废气、含As废水。

表4-11　废弃物产生原因分析一览表

影响因素	原因分析
原辅料和能源	硫铁矿第一轮审核期间存在的露天堆放现已解决，全部存放在有顶仓库中，物料存放损耗小；但由于价格等原因，其中有效成分硫含量略有不稳
技术工艺	采用“两转两吸”工艺制硫酸，废气中SO_2浓度较低；正常情况下废水不外排，对冷却系统进行增容改造后，冷却水全部循环利用，不外排
设备	设备使用时间长难免存在损坏，特别是余热锅炉系统和部分硫酸储罐内衬防腐材料损耗，存在余热资源利用率低及一定的安全隐患
过程控制	生产自动控制化程度高，主要物料均实现自动计量
产品	产品为浓硫酸，浓硫酸属于危险化学品，如储存不善会造成泄漏，污染环境；副产品铁粉露天堆放，增设密封皮带机，将铁粉输送至仓库内储存，存放过程中粉尘产生量大幅减少
废弃物特性	废水如排放在酸性条件下，As易超标；铁粉颗粒小，易起尘；废气含SO_2，对植物及建筑物等均有损害

续表

影响因素	原因分析
管理	企业管理水平一般，环境管理体系已建立并运转正常
员工	绝大部分员工对清洁生产工作的开展表示认可，员工整体积极性较高，认识到清洁生产、环境保护是化工企业唯一的出路

（2）化工企业废物产生原因分析　针对某化工企业歧化松香钾皂生产车间，从影响生产过程的八个方面，对每个物料流失和废弃物产生部位的每一种物料和废弃物进行分析，找出污染物产生的原因，具体分析情况见表4-12。

表4-12　废弃物产生原因分析和措施建议一览表

污染物	产生部位	影响因素	原因分析和措施建议
废水 废气 固废	废水产生部位： ① 歧化松香熔解 ② 氢氧化钾溶解 ③ 皂化反应 废气产生部位： ① 歧化松香熔解 ② 皂化反应 固体废物产生部位： ① 歧化松香熔解 ② 皂化反应	原料	① 生产过程中VOCs主要由歧化松香熔解产生，少量由皂化反应产生，因此在不能改变工艺条件的情况下，可以通过改善回收过程中的冷凝条件提高VOCs回收率，降低废气排放
			② 提高原料纯度，可以减少废水产生量并降低废水中污染物浓度
			③ 歧化松香和氢氧化钾纯度有待进一步提高，以降低固体残渣量，减少残液损耗
		技术工艺	① 皂化工序中氢氧化钾投加量不足，导致原料浪费，应进一步优化生产工艺和投料配比，提高投料计量精度
			② 采用人工方式投料，物料损耗较重，同时造成废气和废水污染，改为物料泵输送可以有效预防污染物的产生
		设备	① 部分设备为敞口式生产，虽然在料口配置了吸气罩，但仍导致生产过程中无组织废气排放，建议部分设备改为密闭式生产，以减少无组织废气排放
			② 设备维护保养不够到位，造成跑冒滴漏
		过程控制	① 歧化松香熔融过程对废弃物的影响较大，操作参数控制不到位明显影响废弃物的产生量，因此需制定更加严格的操作规程并加强监督管理，提高产品收率，减少废物排放
			② 生产过程中对投加料没有精确计量，残液、回收物料不进行统计计量

续表

<table>
<tr><th>污染物</th><th>产生部位</th><th>影响因素</th><th>原因分析和措施建议</th></tr>
<tr><td rowspan="8">废水
废气
固废</td><td rowspan="8">废水产生部位：
① 歧化松香熔解
② 氢氧化钾溶解
③ 皂化反应

废气产生部位：
① 歧化松香熔解
② 皂化反应

固体废物产生部位：
① 歧化松香熔解
② 皂化反应</td><td>过程控制</td><td>③ 单元操作缺少计量仪器仪表，无法分析工序的能耗、物耗</td></tr>
<tr><td>员工素质</td><td>部分员工技能认知只能满足正常操作要求，对清洁生产的理解不够到位</td></tr>
<tr><td>产品</td><td>整体产品质量控制较好，但中间产物和（或）原料的质量控制不够严谨，尚未建立中控体系，中间产物的计量、存放、使用均不够规范，转移、储存过程中有洒落现象，且临时储存过程中未进行标识</td></tr>
<tr><td rowspan="2">废弃物</td><td>① 各工序残液中还含有原料或中间产物，有进一步回收的潜力</td></tr>
<tr><td>② 固体废物管理需要进一步完善，部分非危险废物临时堆放在车间角落，应加强管理，完善标识，并适时转移</td></tr>
<tr><td rowspan="2">管理</td><td>① 未建立基于清洁生产的管理制度，造成生产原辅材料消耗的不正常波动</td></tr>
<tr><td>② 现场管理有待进一步提高，如物料堆放无固定场所，也未进行标识，设备空转现象时有存在</td></tr>
</table>

随堂练习4-4 （难度：★★★）

某陶瓷生产企业制成车间进行了物料平衡实测，其中输入物料：粉料A为499kg/d、釉料B为28kg/d；输出物料：产品C为435kg/d、次品D为28kg/d、废坯土E为5kg/d、除尘器中回收粉料F为5kg/d、除尘器出口有组织排放粉尘G为1kg/d、蒸发水分Y为43kg/d。调研同类企业可知，制成车间产品单耗平均水平为1.1kg/kg，产品合格率超过99%。

依据八个方面，查找制成车间的清洁生产潜力点。

小提示4-5

审核阶段最后的任务是“提出并实施清洁生产方案”，该任务的具体要求详见模块3项目6方案产生与筛选。

课中解析－编写任务章节

案例4-3　矿业公司案例解析

课中解析－企业案例解析

小提示4-6

不同咨询机构按照不同的方式开展审核工作，并编写审核章节，详见表4-13。

表4-13　清洁生产审核报告审核章节目录

4 审核（企业1）	4 审核（企业2）	4 审核（企业3）
4.1 审核重点概况及工艺 4.2 审核重点输入输出物流的测定 4.3 审核重点水平衡及分析 4.4 全厂能源审核及分析 4.5 审核阶段清洁生产方案汇总	4.1 审核重点概况 4.2 输入输出物流的测定 4.3 物料平衡 4.4 金属平衡 4.5 废弃物产生及能源消耗高的原因分析 4.6 审核阶段方案汇总	4.1 焦化厂审核 4.1.1 审核重点概况 4.1.2 输入输出物流的测定 4.1.3 物料平衡 4.1.4 能耗物耗及污染物产排原因分析 4.1.5 提出与实施方案 4.2 辅助系统审核 4.2.1 能源总厂水系统审核 4.2.2 能源总厂电系统审核 4.2.3 能源总厂风系统审核 4.2.4 能源总厂气系统审核 4.2.5 全公司污染物排放及许可审核 4.2.6 提出与实施方案

实训4-4　化工企业实训考评

实训目的

1. 掌握清洁生产审核的工作流程。
2. 具备建立物料平衡图的能力。
3. 具备查找清洁生产潜力的能力。

实训准备

1. 地点：理实一体化教室。

2. 材料：某化工行业相关资料。

实训流程

1. 编制审核重点流程图和功能表

某化工企业清洁生产审核重点确定为氯酸钠生产系统。氯酸钠生产系统包括精制盐水、过滤、一步电解、低温结晶和离心分离五个工序。各工序功能说明见表4-14。

表4-14　氯酸钠生产系统操作工序说明表

序号	工序	单元操作内容
1	精制盐水	氯化钠母液中加入水、NaOH、Na_2CO_3、$BaCl_2$除掉溶液中的Cr^{6+}、Ca^{2+}、Mg^{2+}等杂质
2	过滤	过滤去除杂质
3	一步电解	用HCl中和盐水的过量碱，调pH至6～7，与离心分离工序返回的母液配合，添加$Na_2Cr_2O_7$，通过一步电解制成合格的氯酸钠溶液，并产生水蒸气、氢气、氯气等气体
4	低温结晶	氯酸钠溶液送入低温真空蒸发器，结晶制得氯酸钠固液混合物，同时产生大量水蒸气（约50.05t/d）
5	离心分离	氯酸钠固液混合物经离心分离制得氯酸钠，送至干燥包装工序，制成氯酸钠产品，含氯化钠母液返回电解工序循环利用

根据氯酸钠生产系统操作工序说明表，请在下列方框中绘制审核重点的工艺流程图（图4-12）。

图4-12　氯酸钠生产系统工艺流程图

2. 建立物料平衡

氯酸钠生产系统平衡测算包括物料平衡、特征污染因子元素Cr平衡和水平衡审核。

（1）物料平衡　氯酸钠生产系统物料平衡测算数据见表4-15。

表4-15　氯酸钠生产系统物料平衡表

车间	输入物料		输出物料	
	原料	含量/（t/d）	产出种类	含量/（t/d）
氯酸钠生产系统	氯化钠母液	87.013	铬酸钡渣	0.006
	水	3.059	杂质	0.008
	NaOH（30%）	0.579	水蒸气	51.833
	Na_2CO_3 (98%)	0.962	氢气	2.295
	$BaCl_2$ (98%)	0.551	氯气	0.016
	HCl (31%)	1.542	氯酸钠	39.55
	$Na_2Cr_2O_7$	0.002		
	物料合计：93.708		物料合计：93.708	

根据氯酸钠生产系统的五个操作工序和物料平衡测算数据，分别绘制氯酸钠生产系统的物料平衡框图（图4-13）和物料平衡流程图（图4-14）。

图4-13　氯酸钠生产系统物料平衡框图（单位：t/d）

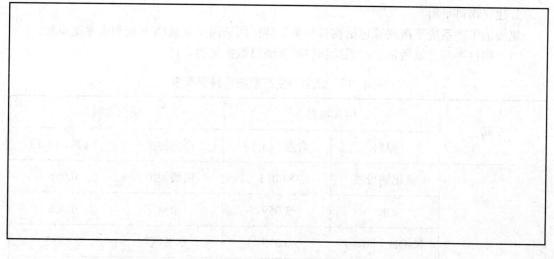

图4-14　氯酸钠生产系统物料平衡流程图（单位：t/d）

（2）Cr元素平衡　经测算，全厂Cr元素平衡见表4-16。

表4-16　全厂Cr元素平衡表

车间	输入		输出	
	原料	含量/（kg/d）	产出种类	含量/（kg/d）
全厂生产系统	$Na_2Cr_2O_7$	0.698	高氯酸钾	0.003
			盐泥	0.036
			铬酸钡渣	0.638
			无名损耗	0.021
	物料合计：0.698		物料合计：0.698	

根据全厂Cr元素平衡数据，计算平衡偏差______________，绘制全厂Cr元素平衡框图（图4-15）。

图4-15　全厂Cr元素平衡框图（单位：kg/d）

（3）水平衡 根据全厂水平衡流程（图4-16），补充括号中的数据。

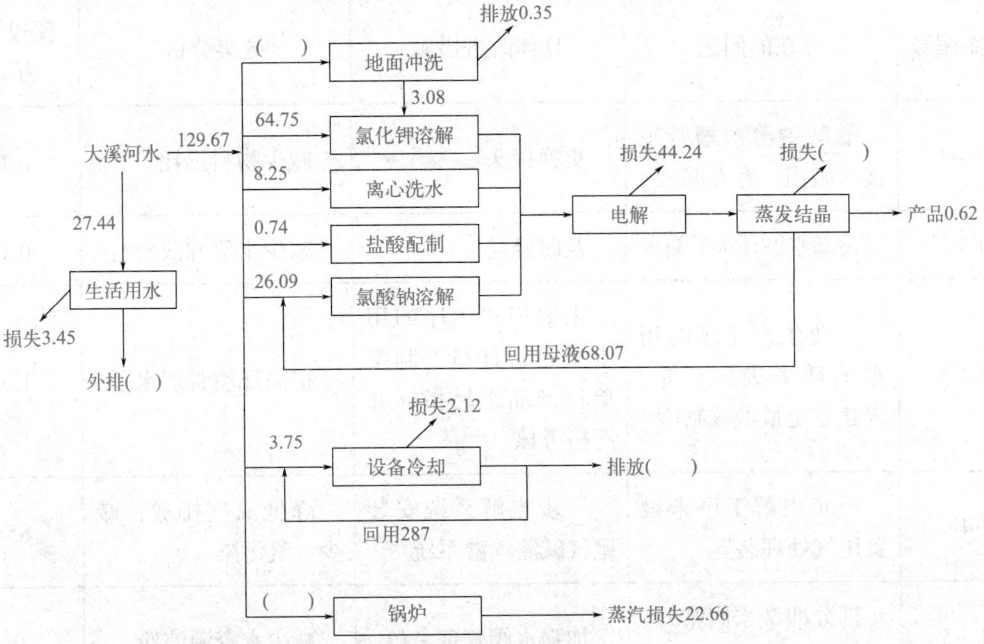

图4-16 全厂生产用水平衡流程图（单位：m^3/d）

（4）平衡分析 氯酸钠生产系统中物料无名损耗较少，但个别管道接头有破损，全厂Cr元素的无名损耗较多；排放废水主要为地面冲洗废水和设备冷却水，地面冲洗阀常开，无人管理，冷却水循环水泵有些漏水；氯酸钠生产系统产生的氢气、氯气直接排放。

3. 查找清洁生产潜力

根据物料平衡结论，从八个方面分析存在问题的原因，找出企业清洁生产潜力，至少写出三条。

4. 提出清洁生产方案

根据审核重点物料平衡的结论，结合现状调查发现的问题，审核小组提出了五项清洁生产方案，详见表4-17。

表4-17 审核阶段清洁生产方案一览表

方案编号	存在的问题	具体改进措施	效果分析	预投资/万元
F4-1	氯酸钠溶解槽管道接头破损，存在漏液	更换接头	减少物料损耗	0.1
F4-2	冷却水循环水泵漏水	及时修复	减少水资源浪费	0.1
F4-3	主要生产工序的用水消耗未进行计量，未建立定量考核制度	主要用水工序的用水量进行计量，制定单位产品水耗指标并严格考核	提高环境管理水平	1.3
F4-4	一步电解工序未设置尾气处理装置	一步电解系统安装尾气碱液喷淋系统	降低氯气排放，减少大气污染	85
F4-5	部分冲洗水阀常开，无人管理	加强水阀管理考核	减少水资源浪费	0

实训评价

1. 学生自评

班级：　　学生：　　学号：

评价类型	评价内容	配分	得分
过程（50分）	准备审核重点资料	10	
	实测输入输出物流	10	
	建立物料平衡图	20	
	查找清洁生产潜力	10	
成果（30分）	完成了企业物料平衡测算	20	
	找出了企业清洁生产潜力	10	
增值（20分）	技能水平（清洁化评估+绿色化改造）	10	
	审核素养（激浊扬清+审思明辨）	10	
总分		100	

2. 专业教师或技术人员评价

教师：　　　　技术人员：			
评价类型	评价内容	配分	得分
知识与技能（80分）	面向审核重点典型资料的统计与分析能力	20	
	面向审核重点实测物流的数据汇总能力	20	
	面向审核重点物料平衡的测算与解析能力	20	
	面向审核重点典型问题的分析与处理能力	20	
审核素养（20分）	激浊扬清：问题意识、工程思维	10	
	审思明辨：诚信意识、劳动观念、奋斗精神	10	
总分		100	

实训总结

存在主要问题：	收获与总结：	改进与提高：

实训思考

1. 审核阶段与预审核阶段关于清洁生产潜力分析的异同点有哪些？
2. 针对物料平衡实测（或收集）数据的合理性分析具体包括哪些方面？

实训拓展

1. 多选题

（1）针对审核重点进行现场调查的典型问题有（　　）。

A. 车间废物流的产生环节在哪

B. 废物流的主要成分是什么、数量有多少

C. 处理措施有哪些、处理费用是多少

D. 清洁生产的机会还有哪些

课后拓展－企业审核实训

（2）针对输入输出物流的实测要求，下列说法正确的是（　　）。

A. 物流中测定项目应根据实际工艺情况而定

B. 因工艺条件所限无法监测的某些中间过程，可用理论计算数值代替

C. 周期性（间歇性）生产企业，应至少实测两个周期

D. 测定需记录温度、压力等工艺参数

（3）下列关于物料平衡的说法正确的是（　　）。

A. 输入总量与输出总量之间的偏差应控制5%以内

B. 对于贵重原料、有毒成分等的平衡偏差应更小

C. 实测数据不准会造成偏差变大

D. 存在无组织排放会造成偏差变小

（4）建立物料平衡包括（　　）。

A. 物料平衡图　　B. 特征污染因子平衡　　C. 水平衡　　D. 能量平衡

（5）阐述物料平衡结果包括（　　）。

A. 物料平衡的偏差

B. 实际原料利用率

C. 物料流失部位（无组织排放）及其他废弃物产生环节

D. 废弃物（包括流失的物料）的种类、数量和所占比例以及对生产和环境的影响部位

2. 判断题

（1）实测输入输出物流时，对于连续生产的企业，应连续跟班48小时。（　　）

（2）物料平衡偏差在5%以内，符合平衡核算要求。（　　）

（3）对贵重原料、有毒成分应单独进行物质或元素的细致的物料平衡分析。（　　）

（4）审核阶段提出的无/低费方案是针对全厂的。（　　）

（5）审核阶段可从八个方面分析废物产生的原因。（　　）

★中期考核

项目 5 中期审核评估

教学导航

【项目5　中期审核评估】是对【激浊——清洁化评估】阶段的考核。该阶段的工作重点是编制清洁生产审核中期报告，初步评估企业清洁生产审核报告的规范性、清洁生产审核过程的真实性。

项目三维目标导图

激浊——清洁化评估			扬清——绿色化改造
模块1 建章立制——审核准备	模块2 审思明辨——审核实施	中期考核	模块3—模块4—终期考核

项目5　中期审核评估	知识目标	能力目标	素质目标
任务5-1　编制清洁生产审核中期报告 步骤5-1-1　明确清洁生产审核报告编制要求 步骤5-1-2　编制简易性清洁生产审核中期报告 步骤5-1-3　编制自愿性清洁生产审核中期报告	**（审核报告）** 掌握简易/快速、自愿性清洁生产审核中期报告的结构框架	**（编制报告）** 具备编制简易/快速、自愿性清洁生产审核中期报告的能力	**（激浊扬清）** 增强质量意识，规范职业行为，强化廉洁意识 坚决抵制（微）贪污（微）腐败，树立时代新风
任务5-2　开展清洁生产审核中期评估 步骤5-2-1　明确清洁生产审核评估要求 步骤5-2-2　开展清洁生产审核评估	**（评估要点）** 掌握企业清洁生产审核评估工作的要点	**（评估成果）** 具备合理评估企业清洁生产中期审核报告与审核过程的能力	**（激浊扬清）** 增强质量意识，规范职业行为，强化廉洁意识 坚决抵制（微）贪污（微）腐败，树立时代新风

项目内容思维导图

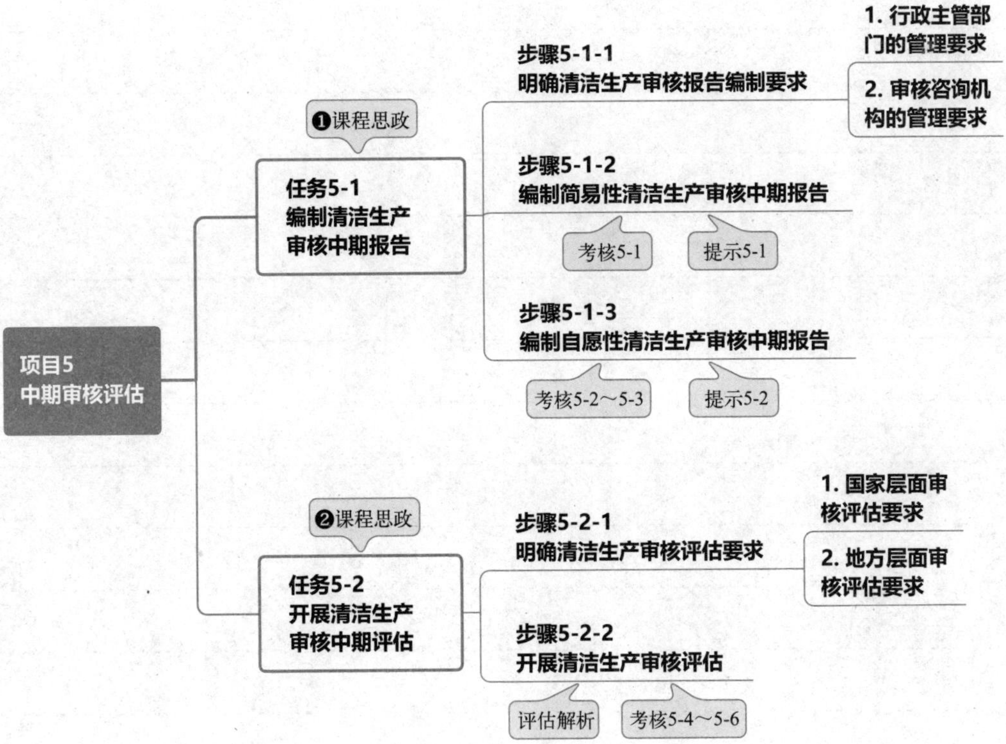
项目5
中期审核评估
❶课程思政
任务5-1
编制清洁生产审核中期报告
步骤5-1-1
明确清洁生产审核报告编制要求
1. 行政主管部门的管理要求
2. 审核咨询机构的管理要求
步骤5-1-2
编制简易性清洁生产审核中期报告
考核5-1
提示5-1
步骤5-1-3
编制自愿性清洁生产审核中期报告
考核5-2～5-3
提示5-2
❷课程思政
任务5-2
开展清洁生产审核中期评估
步骤5-2-1
明确清洁生产审核评估要求
1. 国家层面审核评估要求
2. 地方层面审核评估要求
步骤5-2-2
开展清洁生产审核评估
评估解析
考核5-4～5-6

笔记

任务5-1

编制清洁生产审核中期报告

情景设定

小清审核的企业属于简易/快速审核类型，该类型的审核工作较为简单，他该如何确定简易/快速清洁生产审核模式的适用范围？又该如何编制简易/快速清洁生产审核中期报告？

小洁审核的企业属于自愿性审核类型，该类型比简易/快速审核类型的工作难度大一些，她又该如何编制自愿性清洁生产审核中期报告？

任务目标

✓知识目标

（审核报告）掌握简易/快速、自愿性清洁生产审核中期报告的结构框架。

✓能力目标

（编制报告）具备编制简易/快速、自愿性清洁生产审核中期报告的能力。

✓素质目标

（激浊扬清）增强质量意识，规范职业行为，强化廉洁意识，坚决抵制（微）贪污（微）腐败，树立时代新风。

任务实施

激浊扬清

课程思政材料：2021年到2022年7月，生态环境部指导全国各级生态环境部门加强常态化监管，已将存在环评文件编制质量等问题的265家单位和217人列入环评失信"黑名单"或限期整改名单。各地生态环境部门加大执法力度，据不完全统计，已依法查处环评文件严重质量案件50多件，罚款金额1400多万元。同样，对不按规定实施清洁生产审核或在审核中弄虚作假的，或者实施清洁生产审核的企业不报告或者不如实报告审核结果的，各级生态环境部门将严格按照《清洁生产促进法》和《清洁生产审核办法》有关条款依法予以处罚。

网络检索本区域最新的处理案例，以"身边事"警示"身边人"。

课程思政要点：将依法依规严肃查处的真实案例与清洁生产审核报告的质量要求融合，培育清洁生产审核从业人员的质量意识，规范职业行为，提高职业道德水平。

任务步骤5-1-1 明确清洁生产审核报告编制要求

清洁生产审核报告是清洁生产审核工作的阶段性总结文件，也是职能部门进行评估与验收的重要佐证材料。清洁生产审核报告编制宜与企业清洁生产审核工作同步进行、相互配合；报告编制宜遵循发现问题、分析问题、解决问题的逻辑；报告编制宜体现审核过程，突出审核目标和绩效。

1. 行政主管部门的管理要求

2020年10月，生态环境部等印发了《关于深入推进重点行业清洁生产审核工作的通知》（环办科财［2020］27号），要求进一步完善技术咨询服务体系，提升清洁生产管理能力和技术水平。部分地方行政主管部门为了提升本辖区审核咨询机构业务能力和规范审核报告编制，相继发布相关技术规范，详见表5-1。

表5-1　部分地方行政主管部门发布的清洁生产审核管理要求

序号	管理文件	主要内容	实施时间
1	郑州市《工业企业清洁生产审核　报告编制技术规范》（DB4101/T 61—2023）	规定了工业企业清洁生产审核报告的编制原则、总体要求、审核报告及审核验收报告正文编写技术要求	2023年9月
2	北京市《工业企业清洁生产审核报告编制技术规范》（DB11/T 1040—2022）	规定了工业企业清洁生产审核报告的总体要求和审核报告编写的技术要求	2023年4月
3	北京市《工业企业清洁生产审核技术通则》（DB11/T 1156—2021）	规定了工业企业开展清洁生产审核的基本原则、逻辑、程序、技术要求以及报告编制基本要求	2022年1月
4	《上海市清洁生产审核报告编制技术导则》（沪经信节［2021］48号）	更好地指导本市企业清洁生产审核工作及审核报告编制，提升审核咨询机构业务能力和报告编制的规范化	2021年1月
5	《甘肃省清洁生产审核报告编制指南》（甘环气候发［2020］5号）	适用于重点企业清洁生产审核报告编制管理，其他企业参照执行	2021年1月
6	广州市《工业企业清洁生产审核　第3部分：快速审核报告编制规范》（T/GZCECP 3.3—2022）	对快速清洁生产审核报告编制框架及各章节的编制内容进行规定，规范快速清洁生产审核报告的编制	2022年6月

2. 审核咨询机构的管理要求

各地区的清洁生产学会、协会等团体机构以及咨询机构为加强行业自律，规范清洁生产审核行为，保障清洁生产审核质量，促进清洁生产审核能力提升，科学推进清洁生产工作，也会制定相关的管理文件，某清洁生产审核咨询机构制定《××企业清洁生产审核质量管理办法》，主要内容如下：

① 对外承接清洁生产审核工作，由项目负责人按有关技术合同管理条件，严格执行合同条款，对审核结论负责；

② 开展清洁生产审核工作时，必须持证上岗，参加编制的专业人员要尽力指导企业有效开展清洁生产审核，按清洁生产评价指标体系的内容，收集各类指标数据，寻找清洁生产潜力，确保报告书编制质量；

③ 清洁生产审核中不得编造数据、弄虚作假；

④ 清洁生产审核程序见图5-1；

⑤ 清洁生产审核质量管理体系见图5-2，清洁生产审核报告实行二审制。

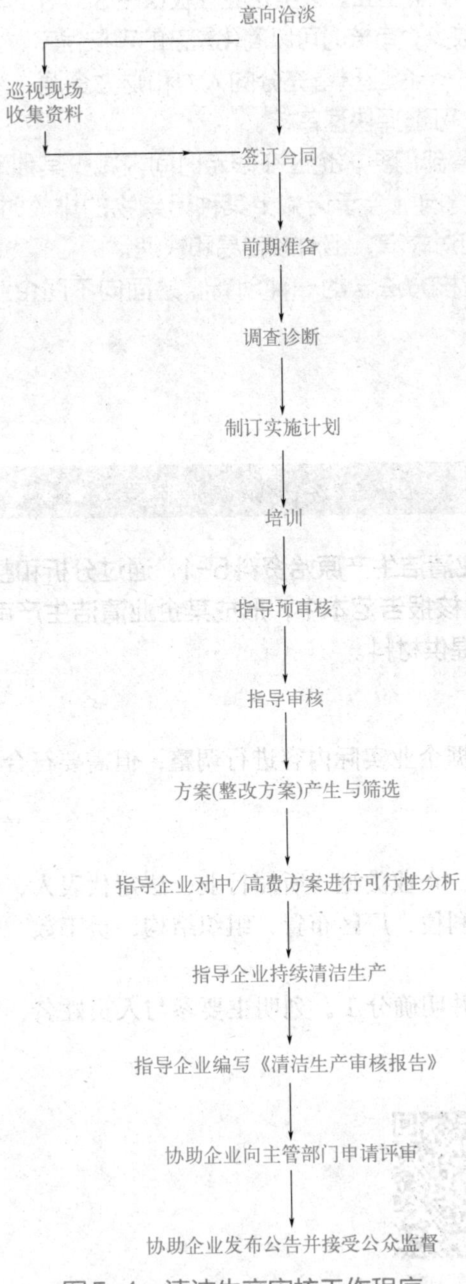

图5-1　清洁生产审核工作程序

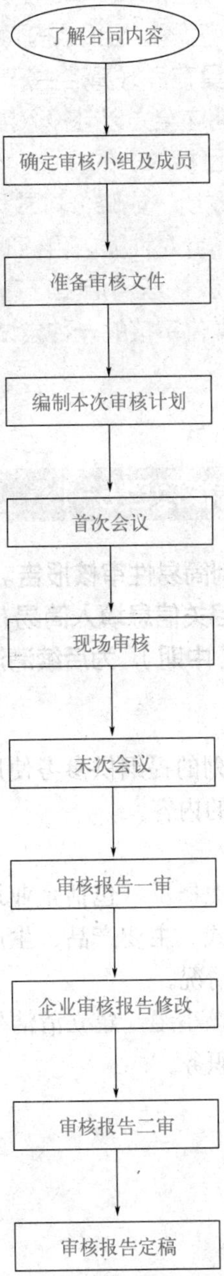

图5-2　清洁生产审核质量管理程序

任务步骤5-1-2 编制简易性清洁生产审核中期报告

小提示5-1

传统清洁生产审核包括7个阶段35个步骤，实施时间为6 ~ 12个月；简易/快速清洁生产审核是在原来审核的基础上缩短审核流程和审核时间，完成一轮快速审核只需1 ~ 3个月时间。简易/快速清洁生产审核模式适用以下企业类型。

① 已经过一轮清洁生产审核的企业。当这些企业进行第二轮审核时，可以省去与上一轮审核重复的工作，直接进入最关键审核步骤。

② 一些技术简单、工艺流程短的乡镇中小型企业。该类企业往往仅由3 ~ 5个车间组成，管理层组织结构简单，企业员工人数少，审核时可以简化繁杂的审核程序。

③ 具有良好清洁生产基础的企业。当一个企业具备充分的人力和财力资源，准备在短期内全力以赴投入清洁生产审核时，可选择快速审核。

④ 目标单一的企业。当一个企业的主管部门要求企业在限定时间内减少某种污染物排放量，或降低排放浓度，或企业自觉向社会承诺减少某种污染物的排放时，审核工作针对性强、目标明确、工作范围相对较窄，相对较容易和快速。

简易/快速清洁生产审核是清洁生产审核方法学的一种创新，是面向不同企业开展差异化审核的一种尝试。

考核项目5-1 （难度：★★★）

编制简易性审核报告。根据提供的企业清洁生产原始资料5-1，通过分析和整理，将相关信息填入简易/快速清洁生产审核报告范本中，形成某企业清洁生产审核报告（中期），为后续清洁生产审核评估提供材料。

下面所列的提纲供参考使用，使用时可根据企业实际内容进行调整，但需要符合编制要求所规定的内容。

1. 审核准备

（1）企业概况　包括企业地址、建厂日期、企业类型、所属行业、法定代表人、联系人与联系方式、主要产品、生产规模、产值与利税、厂区布置、组织结构、员工数、工作制度等基本情况。

（2）审核小组　建立清洁生产审核小组，并明确分工。列明主要参与人员姓名、审核小组及部门职务。

简易性清洁生产审核报告提纲

2.现状调研及问题分析

（1）现状调研

① 产品。列出近三年主要产品种类、产量与产品产值等情况，见表5-2。

表5-2 近三年主要产品产量、产值与产品品质情况

类别	名称	单位	近三年		
产品产量	×××				
	…				
产值	×××				
产品一次合格率	×××				
	…				
不合格产品产生原因及去向说明					

② 生产工艺流程及过程控制。介绍企业主要生产工艺流程及各工序（表5-3），要求以框图表示主要工艺流程，并标示主要原辅料、水、能源及废弃物的流入、流出和去向，示例图见图5-3。

表5-3 主要生产工序说明表

序号	工序	工序说明	产污情况
…			

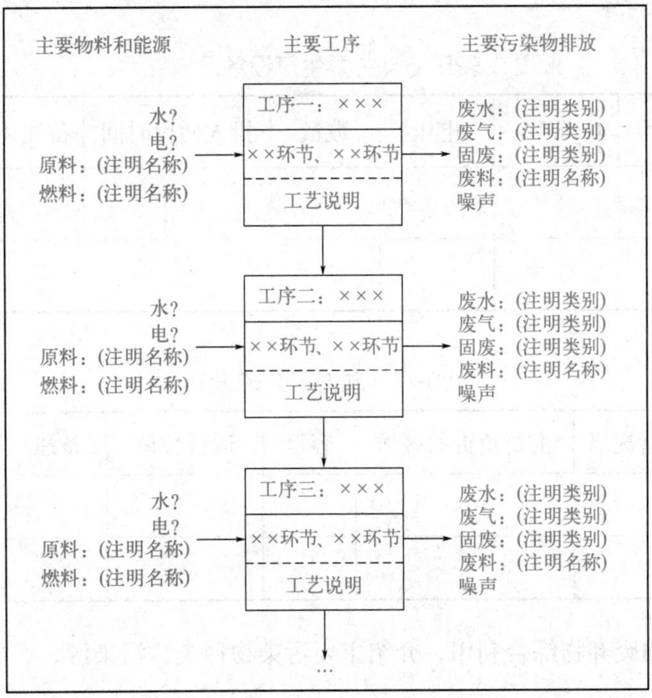

图5-3 生产工艺流程图

③ 原辅材料消耗。列表说明近三年原辅材料消耗情况（表5-4）。

表5-4　近三年主要原辅材料消耗情况

主要原辅材料	主要成分	单位	近三年		
×××					
…					

④ 主要能源、资源消耗。列表说明近三年主要能源、资源消耗情况（表5-5）。

表5-5　近三年主要能源、资源消耗情况

主要能源、资源	使用部门	单位	近三年		
…					

注：主要能源、资源包括电能、原煤、天然气、柴油、水资源等。

⑤ 主要设备。介绍主要生产设备及公用设备运行情况，是否有国家明令淘汰的设备等，见表5-6和表5-7。

表5-6　主要生产设备设施

设备名称	型号	功率/kW	电压	数量	投入使用时间	备注（淘汰、节能说明）
…						

表5-7　动力等公辅设施

编号	变压器规格	主要负责的区域	容量	运行负荷	备注（淘汰、节能说明）
…					

⑥ 污染防治和废弃物综合利用。介绍主要污染物种类、污染源、产生量、控制措施及去向等，见表5-8。

表5-8 主要污染源一览表

污染物种类	污染物	污染源	近一年产生量	控制措施	去向
废水	工艺废水				
	生活污水				
	…				
废气	××废气				
	…				
噪声	生产设备及辅助设备噪声		—		
	…		—		
一般固体废物	废包装材料				
	…				
危险废物	废灯管				
	…				
执行的排放标准及达标情况：大气污染物________水污染物________噪声________					

⑦ 管理状况。介绍管理状况（表5-9）。

表5-9 管理状况

序号	内容	已有的相关管理制度	执行部门
1	质量管理		
2	原辅材料管理		
3	用水管理		
4	用能管理		
5	设备设施管理		
6	环保安全管理		
…			

（2）问题分析 至少选择1～2个方面进行问题分析，见表5-10。

表5-10　本轮简易流程清洁生产审核主要问题分析

项目	存在问题	改善建议
	问题1	
	问题2	
…	…	
本轮简易流程清洁生产审核拟解决的问题：		

注："项目"栏填写产品、原辅材料、生产工艺（服务）过程、设备设施、能源利用、水资源利用、污染防治和废弃物综合利用、人员和管理等。

（3）设置清洁生产目标　设置本轮简易流程清洁生产审核目标（表5-11）。清洁生产目标指标的设置应以节能、降耗、减污、增效为主。

表5-11　本轮简易流程清洁生产审核目标

项目	单位	现状	目标
…			

任务步骤5-1-3　编制自愿性清洁生产审核中期报告

小提示5-2

《"十四五"全国清洁生产推行方案》提出"鼓励企业开展自愿性清洁生产评价认证，对通过评价认证且满足清洁生产审核要求的，视同开展清洁生产审核"。在完成简易/快速清洁生产审核报告（中期）的基础上，进阶完成自愿性清洁生产审核报告（中期）的编制。针对自愿性清洁生产审核工作，可参考《湖南省自愿性清洁生产审核工作规程》（湘经信节能［2018］256号）、《呼和浩特市工业和信息化局关于规范自愿性清洁生产审核和评估验收工作的通知》（呼工信节综字［2022］27号）、广东省清洁生产协会《粤港澳清洁生产审核与评估验收规范》（T/GDCPA 006-2022）等文件。

考核项目5-2

（难度：★★★★）

编制自愿性审核报告，参考《长沙市自愿性清洁生产审核报告（编制范本）》。根据提供的企业清洁生产原始资料5-2，通过分析和整理，将相关信息填入自愿性清洁生产审核报告范本中，形成某企业清洁生产审核报告（中期），为后续清洁生产审核评估提供材料。

考核项目5-3（选做）

（难度：★★★★）

网络检索《呼和浩特市自愿性清洁生产审核报告（编制范本）》，编制自愿性审核报告。根据提供的企业清洁生产原始资料5-3，通过分析和整理，将相关信息填入自愿性清洁生产审核报告范本中，形成某企业清洁生产审核报告（中期），为后续清洁生产审核评估提供材料。

下面所列的提纲供参考使用，使用时可根据企业实际内容进行调整，但需要符合编制要求所规定的内容。

自愿性清洁生产审核报告提纲

1.前言

包括企业简要概况，审核的背景和目的，企业存在的主要能耗、物耗、环境问题等以及审核报告编制依据。

2.审核准备

（1）取得领导支持　叙述企业高层领导支持与参与清洁生产工作的主要做法。

（2）组建清洁生产审核小组　建立清洁生产审核领导小组和清洁生产审核工作小组。如企业规模较小，可只成立清洁生产审核小组。

应有图表：清洁生产领导小组成员表、清洁生产工作小组成员表。

（3）制订工作计划　工作计划应包括清洁生产审核各阶段的具体工作内容、责任部门、时间进度、职责分工等。

应有图表：清洁生产审核工作计划表。

（4）开展培训和宣传教育　包括在宣传、教育和培训方面主要做的工作、开展的活动，在树立员工清洁生产观念、提高员工对实施清洁生产审核的认识和主动性方面采取的措施。

（5）建立清洁生产的激励机制　企业开展清洁生产审核应制定相应合理的清洁生产管理制度和激励机制，以保障清洁生产的有效持续进行。

3.预审核

（1）企业概况

① 企业基本情况。

a.基本信息。包括企业地址、建厂日期、投产日期、企业类型、所属行业、法定代表人、联系人与联系方式、主要产品、生产规模、固定资产等基本情况。

b.组织结构：企业组织结构、部门/车间分工情况、人员与管理状况等。

应有图表：企业组织架构图、企业各部门/车间主要功能/职责表。

c.地理位置：企业所在地的地理位置和生态环境等基本情况，以及企业厂区周边情况，并分析企业是否因周围环境需特别注意某些环境因素及如何改进（如周边有学校，应主要控制噪声）。

应有图表：企业所在地理位置示意图。

d.厂区布置：企业厂区平面布置（应包括企业周边环境情况）、部门/车间分布情况，分析厂区布置是否存在改进空间，如优化工艺流程、将高噪声环节或设备置于远离环境敏感点的位置。

应有图表：企业平面布置图。

② 企业生产现状。

a.主要产品及产量：企业产品与生产能力情况，企业近三年主要产品、产量和主要经济指标。

应有图表：近三年主要产品产量及产值情况表。

b.主要生产工艺：企业主要生产工艺流程介绍及各工序说明。要求以框图表示主要工艺流程，标示主要原辅料、水、能源及废弃物的流入、流出和去向，并根据相关资料分析生产工艺方面存在的清洁生产空间。

应有图表：主要生产工艺流程图。

c.企业原辅材料、水、能源消耗。

（a）原辅材料消耗：包括近三年企业主要原辅材料种类及消耗情况、有毒有害原辅材料的使用和替代情况分析。根据原辅材料的图表、数据，分析原辅材料方面存在的清洁生产空间。

应有图表：近三年主要原辅材料使用情况表、主要原辅材料安全环境因素分析表。

（b）水的供给与消耗：企业供水方式和用水情况，包括水的计量、近三年消耗情况、重复用水情况等。根据相关资料分析水的供给与消耗方面存在的清洁生产空间。根据全厂实测数据（或统计数据）建立全厂水平衡图。

应有图表：近三年用水情况表、用水计量情况表、全厂水平衡图。

（c）能源的供给与消耗：企业能源消耗情况，包括能源类型、能源计量、近三年消耗情况等。根据相关资料分析能源的供给与消耗方面存在的清洁生产空间。

应有图表：近三年能源消耗情况表、全厂能源流向图、能源计量情况表。

（d）企业主要设备：企业主要生产设备水平、维护及保养情况，是否有国家明令淘汰的设备等。根据相关资料分析设备方面存在的清洁生产空间。

应有图表：主要设备情况表。

（2）企业环境保护状况

① 环境管理状况。企业的环境管理现状，包括环境管理机构人员设置、相关环境管理制度设置和执行情况等。

② 产排污状况。

a.产排污环节及污染因子分析：根据生产过程，全面合理分析和评价企业的产排污状况、水平和存在问题，指明企业现存的主要问题和薄弱环节。

应有图表：污染物产生节点及原因分析表（建议按工段分析并附工段操作说明）。

b.废水的产生、治理及排放：废水产生源分析、废水水质情况、近年产生量情况、废水处理设施情况、废水排放情况，是否存在清洁生产空间。

宜有图表：废水污染物产生情况表、废水处理工艺流程图、近年废水排放水质监测情况表、近年废水污染物排放总量情况表。

c.废气的产生、治理及排放：废气产生源分析、废气污染物情况、近年产生量情况、废气处理设施情况、废气排放情况，是否存在清洁生产空间。

宜有图表：废气污染物产生情况表、废气处理工艺流程图、近年废气排放监测情况表、近年废气污染物排放总量情况表。

d.固体废物的产生及处置：固体废物产生源分析、废弃物特性情况、近年产生量情况、综合利用及处理处置情况。是否存在清洁生产空间。

宜有图表：近年固体废物产生量、种类及处理处置情况表。

e.噪声情况：噪声产生源分析、企业降噪措施、近年厂界噪声监测达标情况，是否存在清洁生产空间。

宜有图表：主要噪声源强度表、近年厂界噪声监测情况表。

③ 环境保护情况。包括执行环境标准与达标情况、环境污染总量控制与在线监测情况、重大污染事故与风险防范措施。

（3）企业的管理状况　企业主要管理制度及执行情况，企业理念、文化、精神、环境方针等情况及存在的清洁生产空间。

（4）清洁生产水平评估（审核前）　根据企业现状，对照行业清洁生产标准进行水平评价；行业无清洁生产标准的，与行业清洁生产评价指标体系比较，或以行业准入条件、产业政策等比较。

应有图表：企业清洁生产水平评价表（审核前）。

（5）确定审核重点　清洁生产审核重点的确定应依据企业所在行业特性，综合考虑实际情况来确定。确定审核重点的方法有简单比较法和权重总和计分排序法，如生产工艺过于简单可直接采用简单比较法确定审核重点。

宜有图表：备选审核重点权重总和计分排序情况表。

（6）设置清洁生产目标　清洁生产目标指标的设置应以节约原辅材料和能源、减少污染物排放量或减少有毒有害物质的使用量为主。

应有图表：企业清洁生产目标表。

（7）提出和实施清洁生产方案　无/低费方案应遵循边审核边实施的原则，通过多种方式产生无/低费方案，并及时投入实施，取得清洁生产成效；中/高费方案在研制后确定是否实施。

应有图表：预审核阶段清洁生产方案汇总表。

4.审核

（1）审核重点概况

① 审核重点概况。审核重点概况应涵盖其工艺/设备资料、原辅材料和产品及生产管理资料、废弃物资料、同行业资料和现场调查数据等信息。

宜有图表：审核重点平面布置图。

② 审核重点工艺流程。审核重点工艺流程应体现主要原辅材料、水、能源及污染物、废弃物的流入、流出和去向，并作全面合理的介绍和分析。

应有图表：审核重点生产工艺流程图。

宜有图表：审核重点各单元操作工艺流程图、审核重点单元操作功能说明表。

（2）输入输出物料的测定　实测审核重点原辅材料、水、重点污染因子和能源的输入和输出。应做到准备工作完善，监测项目、监测点、监测时间和周期等明确，监测方法符合相关要求，监测数据翔实可信。

宜有图表：审核重点主要输入输出物料统计表。

（3）建立物料平衡 根据输入输出物料实测数据建立审核重点物料、水、重点污染因子等平衡图和能源流向图。分析各物料平衡的结果是否符合清洁生产审核的要求，是否符合实际生产的情况，并进行平衡误差分析。

应有图表：审核重点物料平衡图。

宜有图表：审核重点水/特征污染因子平衡图。

（4）阐述物料平衡结果 阐述平衡结果，找出物料流失、水及能源浪费和废弃物产生的环节和部位。

（5）能耗、物耗以及废弃物产生原因分析 结合企业的实际情况，从影响生产过程的八个方面深入分析能耗、物耗及废弃物产生原因，为制定清洁生产方案提供科学依据。

（6）针对审核重点提出清洁生产方案 针对审核重点，根据能耗、物耗及废弃物产生原因分析，提出清洁生产方案。

宜有图表：针对审核重点提出的清洁生产方案表。

任务5-2
开展清洁生产审核中期评估

情景设定

小清作为评估专家或行政管理人员，参与某企业清洁生产审核的评估工作，根据《清洁生产审核评估评分表》，他该如何进行打分并界定评估结果?

小洁作为评估专家或行政管理人员，也参与某企业清洁生产审核的评估工作，根据《清洁生产审核评估评分表》和《清洁生产审核评估技术审查意见表》，她又该如何出具评估结果和技术审查意见?

任务目标

✓知识目标

（评估要点）掌握企业清洁生产审核评估工作的要点。

✓能力目标

（评估成果）具备合理评估企业清洁生产中期审核报告与审核过程的能力。

✓素质目标

（激浊扬清）增强质量意识，规范职业行为，强化廉洁意识，坚决抵制（微）贪污（微）腐败，树立时代新风。

任务实施

激浊扬清

课程思政材料：坚持受贿行贿一起查，零容忍惩治行贿犯罪。2021年9月，中央纪委国家监委与中央组织部、中央统战部、中央政法委、最高人民法院、最高人民检察院联合印发的《关于进一步推进受贿行贿一起查的意见》中明确，坚决查处在生态环保领域的行贿受贿行为。中纪委网站“一周‘纪’录”曝光了多起环保企业负责人、技术员在开展环保业务时行贿国家公职人员被依法处理的案件，如某市环境保护科学研究院工作人员受贿近300万元，帮企业谋取不正当利益，获刑五年三个月。开展清洁生产审核工作，审核企业负责人、第三方技术人员、评估验收专家及行政管理人员，都应该坚决抵制行贿受贿行为，拒绝贿赂，从我们做起!

网络检索本区域最新的处理案例，以“身边事”警示“身边人”。

课程思政要点：将“受贿行贿一起查”的警示案例与清洁生产审核的评估工作融合，弘扬社会正气，增强清洁生产审核从业人员的反腐倡廉意识，规范职业行为，提高职业道德水平。

任务步骤5-2-1 明确清洁生产审核评估要求

1. 国家层面审核评估要求

2018年4月，生态环境部等印发了《清洁生产审核评估与验收指南》（环办科技［2018］5号），明确了清洁生产审核评估的定义、程序和工作要点。

清洁生产审核评估与验收指南

（1）定义　清洁生产审核评估是指企业基本完成清洁生产无/低费方案，在清洁生产中/高费方案可行性分析后和中/高费方案实施前的时间节点，对企业清洁生产审核报告的规范性、清洁生产审核过程的真实性、清洁生产中/高费方案及实施计划的合理性和可行性进行技术审查的过程。

（2）材料要求　需开展清洁生产审核评估的企业应提交以下材料。

①《清洁生产审核报告》及相应的技术佐证材料。

② 委托咨询服务机构开展清洁生产审核的企业，按要求提交具备条件的证明材料；自行开展清洁生产审核的企业，按要求提供相应技术能力证明材料。

（3）评估内容　清洁生产审核评估应包括但不限于以下内容。

① 清洁生产审核过程是否真实，方法是否合理；清洁生产审核报告是否能如实客观反映企业开展清洁生产审核的基本情况等。

② 对企业污染物产生水平、排放浓度和总量，能耗、物耗水平，有毒有害物质的使用和排放情况是否进行客观、科学的评价；清洁生产审核重点的选择是否反映了能源、资源消耗、废物产生和污染物排放方面存在的主要问题；清洁生产目标设置是否合理、科学、规范；企业清洁生产管理水平是否得到改善。

③ 提出的清洁生产中/高费方案是否科学、有效，可行性是否论证全面，选定的清洁生产方案是否能支撑清洁生产目标的实现。对“双超”和“高耗能”企业通过实施清洁生产方案的效果进行论证，说明能否使企业在规定的期限内实现污染物减排目标和节能目标；对“双有”企业实施清洁生产方案的效果进行论证，说明其能否替代或削减其有毒有害原辅材料的使用和有毒有害污染物的排放。

（4）评估结果和技术审查意见　本地具有管辖权限的生态环境主管部门或节能主管部门组织专家或委托相关单位成立评估专家组，各专家可采取电话函件征询、现场考察、质询等方式审阅企业提交的有关材料，最后专家组召开集体会议，参照《清洁生产审核评估评分表》打分界定评估结果并出具技术审查意见。

① 清洁生产审核评估结果实施分级管理，总分低于70分的企业视为审核技术质量不符合要求，应重新开展清洁生产审核工作；总分为70～90分的企业，需按专家意见补充审核工作，完善审核报告，上报主管部门审查后，方可继续实施中/高费方案；总分高于90分的企业，可依据方案实施计划推进中/高费方案的实施。

② 技术审查意见参照《清洁生产审核评估技术审查意见样表》内容进行评述，提出清洁生产审核中尚存的问题，对清洁生产中/高费方案的可行性给出意见。

2. 地方层面审核评估要求

以河北省《清洁生产审核评估和验收技术导则》（DB13/T 1579—2021）为例。

（1）评估内容

① 清洁生产审核过程是否真实，方法是否合理；清洁生产审核报告是否能如实客观反映企业开展清洁生产审核的基本情况等。审核方向和审核重点的选择是否符合清洁生产审核目

标任务要求、区域清洁生产管理要求及所属行业特征；清洁生产审核重点的选择是否反映了能源消耗、资源消耗、废物产生和污染物排放等方面存在的主要问题。

② 对企业污染物产生水平、排放浓度和总量，能耗、物耗水平，有毒有害物质的使用和排放情况等的调查是否真实、准确；清洁生产目标设置是否合理、科学、规范，是否符合清洁生产审核目标任务要求；企业清洁生产水平是否得到改善。

③ 提出的清洁生产中/高费方案是否科学、合理，可行性是否论证全面，选定的清洁生产方案是否能支撑清洁生产目标的实现。对“双超”企业通过实施清洁生产方案的效果进行论证，说明能否使企业在规定的期限内实现污染物浓度稳定达标排放、污染物排放量满足总量要求；对“高耗能”企业通过实施清洁生产方案的效果进行论证，说明能否使企业满足单位产品能源消耗限额标准和节能目标；对“双有”企业实施清洁生产方案的效果进行论证，说明其能否替代或削减其有毒有害原辅材料的使用和有毒有害污染物的排放。通过提出的清洁生产方案的实施，能否使企业达到清洁生产审核目标任务要求的清洁生产水平。

④ 综合评价咨询服务机构的技术支撑能力。

（2）评估过程

负责组织评估的清洁生产主管部门根据各自的职责范围组织或委托相关单位成立评估专家组，评估专家组原则上应由清洁生产审核、节能、环保及行业专家组成，且不少于3人。

任务步骤5-2-2 开展清洁生产审核评估

考核项目5-4（难度：★★★）

评估简易/快速审核项目（按国家标准评估）。根据《清洁生产审核评估评分表》，针对提交的清洁生产审核评估材料5-4，结合审核人员的现场汇报，进行审核报告的规范性和审核过程的真实性评估（暂不开展审核方案的可行性评估），打分界定评估结果。

考核项目5-5（难度：★★★★）

评估自愿性审核项目（按国家标准评估）。根据《清洁生产审核评估评分表》，针对提交的清洁生产审核评估材料5-5，结合审核人员的现场汇报，进行审核报告的规范性和审核过程的真实性评估（暂不开展审核方案的可行性评估），打分界定评估结果。

考核项目5-6（选做）（难度：★★★★★）

评估自愿性审核项目（按地方标准评估）。根据《清洁生产审核评估评分表》，针对提交的清洁生产审核评估材料5-6，结合审核人员的现场汇报，进行审核报告的规范性和审核过程的真实性评估（暂不开展审核方案的可行性评估），打分界定评估结果。同时，根据《清洁生产审核评估技术审查意见样表》，出具技术审查意见。

评估解析

以某机械加工企业为例，开展企业清洁生产审核评估工作

1. 打分界定评估结果

2022年5月5日，某生态环境局主持召开了清洁生产审核报告评审会，审批部门、审核企业和咨询单位的领导和代表参加会议，会议邀请了三位专家组成评审组。与会领导和专家认真审查该企业清洁生产审核工作，参照《清洁生产审核评估评分表》进行打分，最终得分为83分，详见表5-12。

评估结果：企业需按专家意见补充审核工作，完善审核报告，上报主管部门审查后，方可继续实施中/高费方案。

表5-12　清洁生产审核评估评分表

序号	指标内容	要求	分值	得分
一、清洁生产审核报告规范性评估				
1	报告内容框架符合性	清洁生产审核报告符合《清洁生产审核指南　制订技术导则》中附录E的规定	3	3
2	报告编写逻辑性	体现了清洁生产审核发现问题、分析问题、解决问题的思路和逻辑性	7	7
二、清洁生产审核过程真实性评估				
1	审核准备	企业高层领导支持并参与	2	2
		建立了清洁生产审核小组，制订了审核计划	1	1
		广泛宣传教育，实现全员参与	1	1
2	现状调查情况	企业概况、生产状况、工艺设备、资源能源、环境保护状况、管理状况等情况内容齐全，数据翔实	4	4
		工艺流程图能够体现主要原辅物料、水、能源及废物的流入、流出和去向，并进行了全面合理的介绍和分析	3	2
		对主要原辅材料、水和能源的总耗和单耗进行了分析，并根据清洁生产评价指标体系或同行业水平进行客观评价	4	3
3	企业问题分析情况	能够从原辅材料（含能源）、技术工艺、设备、过程控制、管理、员工、产品、废物等八个方面全面合理地分析和评价企业的产排污现状、水平和存在的问题	3	3
		客观说明纳入强制性审核的原因，污染物超标或超总量情况，有毒有害物质的使用和排放情况	2	2
		能够分析并发现企业现存的主要问题和清洁生产潜力	3	3

续表

序号	指标内容	要求	分值	得分
4	审核重点设置情况	能够将污染物超标、能耗超标或有毒有害物质使用或排放环节作为必要考虑因素	4	4
		能够着重考虑消耗大、公众压力大和有明显清洁生产潜力的环节	2	1
5	清洁生产目标设置情况	能够针对审核重点，具有定量化、可操作性，时限明确	4	3
		如是“双超”企业，其清洁生产目标设置能使企业在规定的期限内达到国家或地方污染物排放标准、核定的主要污染物总量控制指标、污染物减排指标；如是“高耗能”企业，其清洁生产目标设置能使企业在规定的期限内达到单位产品能源消耗限额标准；如是“双有”企业，其清洁生产目标设置能体现企业有毒有害物质减量或减排要求	4	4
		对于生产工艺与装备、资源能源利用指标、产品指标、污染物产生指标、废物回收利用指标及环境管理要求指标设置至少达到行业清洁生产评价指标三级基准值的目标	3	2
6	审核重点资料的准备情况	能涵盖审核重点的工艺资料、原材料和产品及生产管理资料、废弃物资料、同行业资料和现场调查数据等	3	3
		审核重点的详细工艺流程图或工艺设备流程图符合实际流程	3	2
7	审核重点输入输出物流实测情况	准备工作完善，监测项目、监测点、监测时间和周期等明确，监测方法符合相关要求，监测数据翔实可信	4	3
8	审核重点物料平衡分析情况	准确建立了重点物料、能源、水和污染因子等平衡图，针对平衡结果进行了系统的追踪分析，阐述清晰	6	4
9	审核重点废弃物产生原因分析情况	结合企业的实际情况，能从影响生产过程的八个方面深入分析，找出审核重点物料流失或资源、能源浪费、污染物产生的环节，分析物料流失和资源浪费原因，提出解决方案	6	4
三、清洁生产方案可行性的评估				
1	无/低费方案的实施	无/低费方案能够遵循“边审核、边产生、边实施”原则基本完成，并能够现场举证，如落实措施、制度、照片、资金使用账目等可查证资料	3	3

续表

序号	指标内容	要求	分值	得分
1	无/低费方案的实施	对实施的无/低费方案进行了全面、有效的经济和环境效益的统计	3	3
2	中/高费方案的产生	中/高费方案针对性强，与清洁生产目标一致，能解决企业清洁生产审核的关键问题	6	4
3	中/高费方案的可行性分析	中/高费方案具备翔实的环境、技术、经济分析	6	4
		所有量化数据有统计依据和计算过程，数据真实可靠	6	5
4	中/高费方案的实施计划	有详细合理的统筹规划，实施进度明确，落实到部门	2	1
		具有切实的资金筹措计划，并能确保资金到位	2	2
总分			100	83

2. 出具技术审查意见

评估组参照《清洁生产审核评估技术审查意见样表》，给出本轮清洁生产审核评估的总体评价，并提出进一步完善修改清洁生产审核报告的建议，详见表5-13。

表5-13 清洁生产审核评估技术审查意见表

<table>
<tr><td>企业名称</td><td colspan="3">××有限公司</td></tr>
<tr><td>企业联系人</td><td>×××</td><td>联系电话</td><td>139××××××××</td></tr>
<tr><td>评估时间</td><td colspan="3">2022年5月5日</td></tr>
<tr><td>组织单位</td><td colspan="3">××生态环境局</td></tr>
<tr><td>清洁生产咨询服务机构</td><td colspan="3">××环保科技有限公司</td></tr>
<tr><td colspan="4">评估技术审查意见</td></tr>
<tr><td colspan="4">一、清洁生产审核评估总体评价
1.企业概况（企业领导重视程度、培训教育工作机制、企业合规性及清洁生产潜力分析是否到位）
本公司是一家专门从事废旧包装桶翻新生产的民营企业，在循环经济工业基地内进行“钢桶循环再制造及包装桶生产项目”建设，引进“自动化包装桶循环再制造生产线”，拥有一条废包装桶循环再制造生产线和一支专业的运输车队，采用“拆盖—去残—加温打磨—抛光—整形清洗—组装试漏—外部喷涂—包装出售”工艺，对废弃包装桶进行再生利用。本项目于2020年5月取得环境影响报告书批复，2021年3月取得排污许可证，2021年11月开始推行清洁生产审核。</td></tr>
</table>

续表

本次清洁生产潜力主要从生产工艺与装备、污染物治理、废物回收利用方面进行了分析。

2.对审核重点、目标确定结果及审核重点物料平衡分析的技术评估结果

清洁生产审核重点基本能反映企业能源、资源消耗、废物产生和污染物排放方面存在的主要问题；清洁生产目标设置较合理、科学、规范；审核重点物料平衡分析应进一步核实、完善。

3.对无/低费方案质量、数量、实施情况及绩效的核查结果

在本次清洁生产审核中，通过对公司的生产工艺流程、产污排污环节和生产现场的调研，提出8个无/低费方案，企业能够遵循“边审核、边产生、边实施”原则基本完成，通过现场核查，无/低费方案已基本实施到位，公司已取得了一定的经济效益、环境效益，逐步实现“节能、降耗、减污、增效”目标。

4.从方案的科学合理和针对性角度对拟实施中/高费方案进行评估（“双超”企业达标性方案、“高耗能”企业节能方案和“双有”企业的减量或替代方案）

提出的3个清洁生产中/高费方案科学、有效、可行，选定的清洁生产方案基本能支撑清洁生产目标的实现。

5.对本次审核过程的规范性、针对性、有效性给出技术评估结果

该审核报告编制较规范，审核过程基本符合清洁生产审核程序的要求，提出的清洁生产方案有一定的针对性和有效性，能基本客观反映企业开展清洁生产审核的基本情况，专家评估评分83分，建议进一步完善审核报告后，可作为本轮清洁生产方案实施依据。

二、对企业规范审核过程，不断深化审核，完善清洁生产审核报告以及进行整改的技术意见

1.明确企业原料类型，核实企业的“双有”审核类型；

2.补充说明企业的竣工环保验收情况；

3.强化企业危险废物运营的符合性评价；

4.核实企业的大气污染物和噪声排放执行标准；

5.进一步核实企业的生产工艺及用、排水情况，核实企业污废水产生及处理和排放情况，核实企业水平衡；

6.结合涂装等相关工序涉及行业，优化清洁生产评价指标体系，在此基础上进一步核实企业的清洁生产水平；

7.进一步完善清洁生产目标指标；

8.进一步完善中/高费方案的经济可行性分析；

9.建议结合企业现有生产工艺，针对企业人工操作环节，补充企业工艺过程控制的相关方案；

10.补充有效的危险废物处置协议。

专家组组长（签名）：朱×× 陈×× 谢××

2022年5月5日

笔记

模块 3

绿色低碳——审核方案

项目 6

方案产生与筛选

教学导航

【项目6　方案产生与筛选】是对物料流失、资源浪费、污染物产生和排放进行分析，提出清洁生产中/高费方案，并对其进行初步筛选，确定几个最有可能实施的方案，供后续进行方案可行性分析。该阶段的工作重点是筛选出两个以上清洁生产中/高费方案，同时汇总已实施清洁生产无/低费方案的成效。

电子教案

项目三维目标导图

激浊——清洁化评估	扬清——绿色化改造		
模块1—模块2—中期考核	模块3 绿色低碳——审核方案	模块4 绿水青山——审核成效	终期考核

项目6　方案产生与筛选	知识目标	能力目标	素质目标
任务6-1　产生和分类汇总方案 步骤6-1-1　产生备选方案 步骤6-1-2　分类汇总方案	（方案类型） 掌握企业清洁生产方案的来源和类型	（产生方案） 具备产生清洁生产备选方案的能力 （分类方案） 具备分类和汇总清洁生产备选方案的能力	（激浊扬清） 增强岗位意识，提升创新思维 培育服务企业绿色低碳转型发展的意识 （绿色低碳） 培育选用甚至开发新工艺、新技术、新设备的创新思维 增强绿色低碳科技报国的家国情怀和时代精神
任务6-2　筛选和研制方案 步骤6-2-1　筛选备选方案 步骤6-2-2　研制方案	（筛研因素） 掌握企业清洁生产备选方案的筛选和研制要点	（筛选方案） 具备初步筛选清洁生产备选方案的能力 （研制方案） 具备研制清洁生产中/高费方案的能力	（激浊扬清） 增强岗位意识，提升创新思维 培育服务企业绿色低碳转型发展的意识 （绿色低碳） 培育选用甚至开发新工艺、新技术、新设备的创新思维 增强绿色低碳科技报国的家国情怀和审核素养
案例6-3　垃圾焚烧企业案例解析			
实训6-4　金属冶炼企业实训考评			

项目内容思维导图

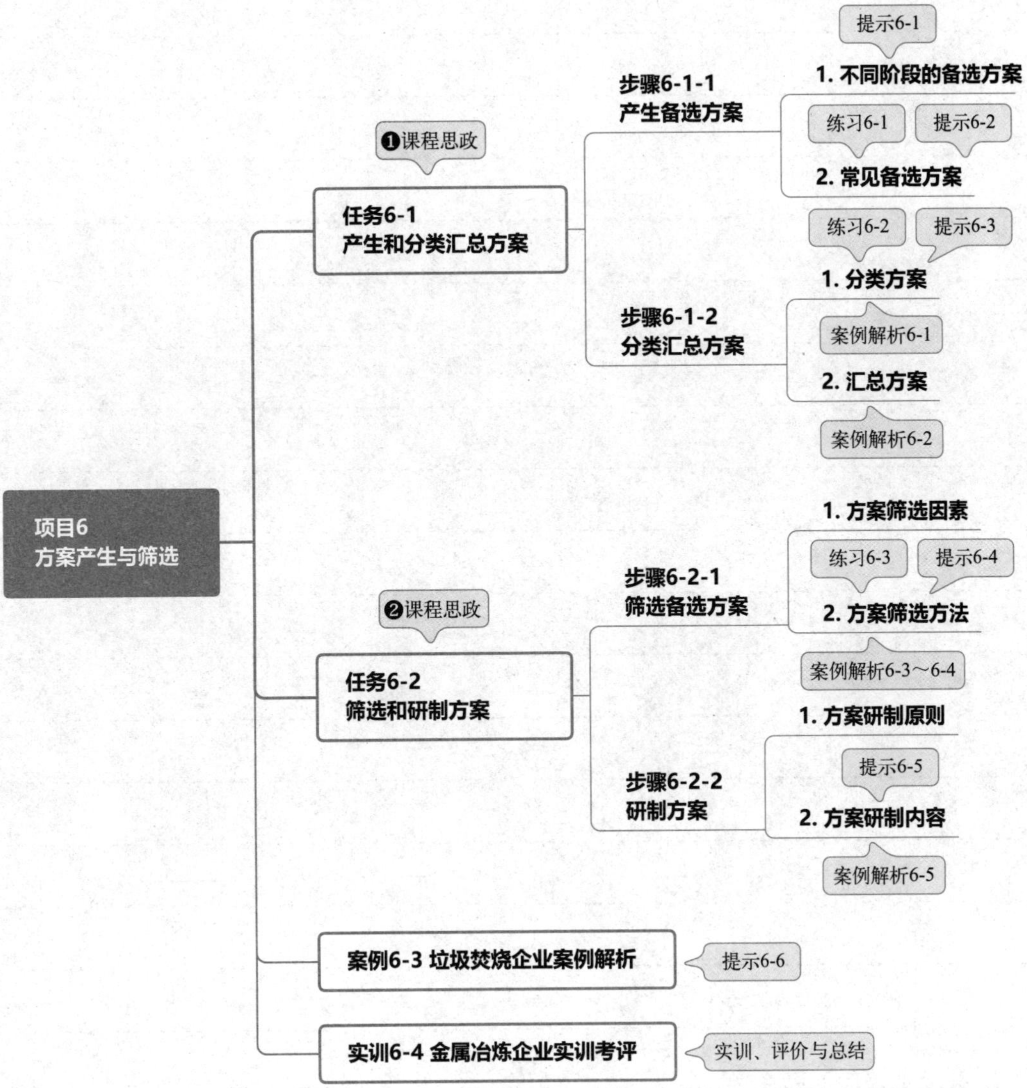
项目6
方案产生与筛选
❶课程思政
任务6-1
产生和分类汇总方案
步骤6-1-1
产生备选方案
提示6-1
1. 不同阶段的备选方案
练习6-1
提示6-2
2. 常见备选方案
步骤6-1-2
分类汇总方案
练习6-2
提示6-3
1. 分类方案
案例解析6-1
2. 汇总方案
案例解析6-2
❷课程思政
任务6-2
筛选和研制方案
步骤6-2-1
筛选备选方案
1. 方案筛选因素
练习6-3
提示6-4
2. 方案筛选方法
案例解析6-3～6-4
步骤6-2-2
研制方案
1. 方案研制原则
提示6-5
2. 方案研制内容
案例解析6-5
案例6-3 垃圾焚烧企业案例解析
提示6-6
实训6-4 金属冶炼企业实训考评
实训、评价与总结

笔记

任务6-1 产生和分类汇总方案

情景设定

清洁化评估后，小清所在的审核小组要求每位成员提出1～2个清洁生产方案，小清该如何提出方案?

清洁化评估后，小洁所在的审核小组通过多种形式已经收集了20个清洁生产方案，现在需要对这些方案进行分类和汇总，小洁又该如何分类和汇总方案?

任务目标

✓知识目标

（方案类型）掌握企业清洁生产方案的来源和类型。

✓能力目标

（产生方案）具备产生清洁生产备选方案的能力。

（分类方案）具备分类和汇总清洁生产备选方案的能力。

✓素质目标

（激浊扬清）增强岗位意识，提升创新思维，培育服务企业绿色低碳转型发展的意识。

（绿色低碳）培育选用甚至开发新工艺、新技术、新设备的创新思维，增强绿色低碳科技报国的家国情怀和时代精神。

任务实施

激浊扬清　绿色低碳

课程思政材料：学习中国国际“互联网+”大学生创新创业大赛、中国“互联网+”生态环境创新创业大赛的优秀案例，如长沙环境保护职业技术学院“天下无臭——基于高效复合菌剂的恶臭治理技术”项目获职教赛道全国银奖（第六届），江西环境工程职业学院“芬清科技——现代养猪废水碧水工程引领者”和“净溦科技——含铜废水净水工程领航者”项目获职教赛道金奖（第七届和第八届）。“天下无臭”创新创业项目来源于该校师生解决垃圾填埋场、污水处理厂、造纸厂等企事业单位恶臭难题时产生的一个改进方案，通过多年的研发与实践，掌握了以高效微生物复合菌剂为核心的除臭技术，市场前景广阔，已直接、间接带动就业人数1000人以上。作为清洁生产审核人员，提出清洁生产方案（或技术）同样需要创新思维，要以解决企业“卡脖子”难题为切入点，通过不断实践，研制出先进、适用的清洁生产方案（或技术），实现关键技术自主可控，破解企业绿色低碳转型发展的难题。

课程思政要点：将生态环境保护领域创新创业案例与清洁生产方案产生思路融合，引入身边师生的成功事迹，激发创造力，激励广大青年扎根中国大地，了解国情民情，锤炼意志品质，开拓国际视野，在创新创业中增长智慧才干，提升创新思维，把激昂的青春梦融入伟大的中国梦，努力成长为德才兼备的有为人才。

任务步骤6-1-1 产生备选方案

1. 不同阶段的备选方案

清洁生产方案的发现与提出贯穿于清洁生产审核全过程，但在不同的阶段发现与提出的方案是有所不同的。

课前导学－产生方案

（1）筹划与组织阶段　筹划与组织阶段会产生清洁生产方案。一是在与企业管理层领导或地方行政管理人员交流时，针对审核企业的重点问题会有初步解决思路或方案；二是在清洁生产宣传培训活动中，通过发放清洁生产潜力点收集表，产生清洁生产改进建议或方案。

（2）预审核阶段　预审核阶段主要产生无/低费方案（图6-1）。无/低费方案一般可以从现场考察过程中直接看出，而且是全厂范围内的，如堵住“跑冒滴漏”、简单修改岗位操作规程、加强现场操作管理等。

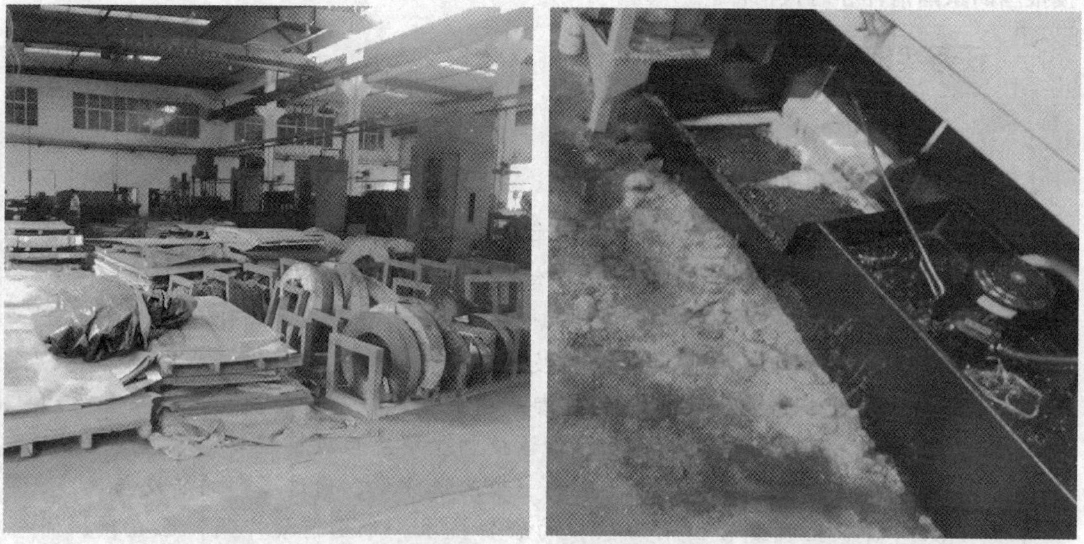

(a) 无费方案F1：分类整理车间杂物（方案实施前）　(b) 低费方案F2：有效收集地面切削液（方案实施前）

图6-1　无/低费方案示例

（3）审核阶段　审核阶段主要产生无/低费方案，也有中/高费方案（图6-2）。无/低费方案往往需要对审核重点的生产过程进行评估与分析后才能提出，主要涉及调整工艺参数、改进工艺流程、确定维修周期等，其中也会产生中/高费方案。

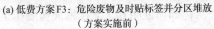

(a) 低费方案F3：危险废物及时贴标签并分区堆放（方案实施前）

(b) 中费方案F4：改造危险废物暂存间（方案实施后）

图6-2　审核阶段的清洁生产方案示例

（4）方案产生与筛选阶段　方案产生与筛选阶段主要产生中/高费方案（图6-3），也有无/低费方案。中/高费方案的提出更需要对审核重点的生产过程进行深入分析，常常需向有关行业技术专家咨询，其技术性较强，实施难度较大，其中也会产生无/低费方案。

高费方案F5：热处理车间氮化炉烟尘治理方案（方案实施前）

图6-3　高费方案示例

小提示6-1

作为清洁生产审核人员，不管处于哪个阶段，都必须具备创新思维，以创新思维更新观念，破解企业绿色低碳转型发展的难题。

2. 常见备选方案

（1）方案产生来源　清洁生产方案的数量、质量和可实施性直接关系到企业清洁生产审核的成效，是审核过程的一个关键环节，因而应广泛征集和产生各类方案，一般有以下几个方面：

① 鼓励全体员工提出清洁生产方案或合理化建议。

② 根据物料平衡和废弃物产生原因分析产生方案。

③ 与国内外同行业技术水平类比，寻找清洁生产机会。

④ 组织企业外部行业专家进行技术咨询。

⑤ 全面系统地产生方案。

（2）备选方案要求　提出的所有备选方案都应考虑下列要求：

① 方案对改善环境有何具体影响。

② 方案投资多少，是否有经济效益，能节省多少费用，如节省的运行维护费。

③ 方案能否在合理的时间内实施且不干扰原生产。

④ 方案是否有现成的技术，其工艺复杂程度如何、水平如何，和国内外同类企业相比，其先进性如何。

⑤ 方案的有效性有无先例，是否在实践中经过证实，如何证明其工艺技术能按要求运行。

⑥ 方案是否有良好的成功机会，要考虑生产规模、产品的市场需求、企业主要领导人对清洁生产目标的要求等。

（3）常见备选方案种类　一般可从以下几个方面考虑：

① 原材料替代备选方案（影响生产工艺流程和设备的选型）。选择无毒无害、能重复利用或综合利用的原材料。

② 技术改造备选方案。减少工艺流程中的单元操作或设备；实施连续操作，减少开车、停车的不稳定状态，提高自动化水平（不稳定工况会造成产品合格率低、增加废料的排放）；提高单元操作设备的生产能力，强化生产过程；更换设备。

③ 产品更换备选方案。更换产品及其包装（减少物料、能源的消耗）；改进产品设计，增强产品的使用寿命和稳定性（防火、防爆、防毒、防高温等特性）。

④ 废物回收利用备选方案。实现物料的循环利用；增加废料转换为资源的机会（使废料以副产品的形式出厂或成为另一个企业的原材料）。

小提示6-2

作为清洁生产审核人员要及时关注国家发布的新工艺、新技术、新设备，因此【项目1　识别与检索】的核心技能要不断应用和更新，以下文件每隔一段时间就会更新发布。

① 生态环境部等部门发布的《国家清洁生产先进技术目录》《国家重点推广的低碳技术目录》等；

② 国家发展改革委等部门发布的《高耗能行业重点领域节能降碳改造升级实施指南》《工业重点领域能效标杆水平和基准水平》等；

③ 工业和信息化部等部门发布的《国家工业和信息化领域节能技术装备推荐目录》《国家鼓励的工业节水工艺、技术和装备目录》《国家工业资源综合利用先进适用工艺技术设备目录》《低噪声施工设备指导名录》等。

随堂练习6-1

（难度：★★）

2023年7月，小清和小洁在两家企业分别看到两种不同的危险废物贮存、处置场警告图形（图6-4），（a）为“骷髅”图形，（b）为“枯树和鱼”图形。据此，针对图6-4（a）产生一条清洁生产方案。

(a)　　(b)

图6-4　警告图形

任务步骤6-1-2　分类汇总方案

1. 分类方案

按资金投入额度的多少，将所有的清洁生产方案，不论是已实施的还是未实施的，不论是属于审核重点的还是不属于审核重点的，划分成无费、低费、中费、高费四种方案类型。

案例解析6-1

以某汽车零部件及配件制造企业为例，分类清洁生产方案

清洁生产审核小组通过现场调查、与车间技术人员和操作工人座谈、咨询行业专家等渠道，共收集到清洁生产备选方案12项，审核小组依据公司规模、资金投入量，将清洁生产备选方案划分为四种类型，详见表6-1，再根据指标范围划分，对12项备选方案进行分类，详见表6-2。

表6-1　清洁生产备选方案类型划分表

方案类型	资金投入范围/万元
无费方案	0
低费方案	≤1
中费方案	$1 < x \leq 10$
高费方案	＞10

表6-2 清洁生产备选方案分类表

序号	清洁生产方案类型	资金投入量/万元	方案编号	个数
1	无费方案	0	F1、F4、F5、F6、F7	5
2	低费方案	≤1	F2、F8、F9、F10、F12	5
3	中费方案	$1<x\leq 10$	F11	1
4	高费方案	>10	F3	1
小计				12

12个清洁生产方案，共投资24.28万元，其中：无/低费方案10个，投资2.28万元；中/高费方案2个，投资22万元。

小提示6-3

不同规模企业划分的资金投入范围是不同的，无费方案的资金投入都为0，其他三种方案无法做到完全统一，一般资金投入范围划分时要确保中费方案和高费方案至少各有一条。

随堂练习6-2 （难度：★★）

扫码查看某企业的清洁生产方案汇总表，根据要求分类方案，并将结果填入表6-3中。

表6-3 清洁生产备选方案分类表

素材	序号	方案类型	资金投入量/万元	方案编号
课中实训-分类方案	1	无费方案		
	2	低费方案		
	3	中费方案		
	4	高费方案		

2. 汇总方案

按原辅材料和能源替代、技术工艺改造、设备维护和更新、过程优化控制、产品更换或改进、废弃物回收利用和循环使用、加强管理、员工素质的提高以及对其积极性的激励等八个方面，将所有的清洁生产方案汇总成无/低费和中/高费两类方案，分别列表简述方案名称、方案内容和预期效果等内容。

案例解析6-2

以某汽车零部件及配件制造企业为例，汇总清洁生产方案

本项目共产生无/低费方案10个，投资2.28万元，预计每年产生经济效益3.51万元，清洁生产无/低费方案汇总表见表6-4。

表6-4　清洁生产无/低费方案汇总表

方案类型	编号	方案分类	方案名称	问题及措施	投资/万元	预计效益	
						环境效益	经济效益
原辅材料和能源	F1	无费方案	白天车间及时关灯	未生产时车间白天长开灯，应及时关灯	0	减少电耗	节约电费0.21万元
技术工艺与设备	F2	低费方案	有效收集地面切削液	地面切削液泄漏严重，目前用木屑吸收，不符合环境管理要求，建议用托盘或其他器皿有效接收泄漏切削液	0.8	减少废液排放	节约维护成本0.4万元
	F4	无费方案	定期维护设备	加强管理和维护，减少液压油损耗及跑冒滴漏现象	0	减少辅料的消耗	节约成本0.4万元
废弃物	F5	无费方案	分类整理车间杂物	车间杂物未及时清理及分类整理，应及时清理及分类整理杂物，综合利用资源，节约作业空间	0	改善工作环境，现场整洁美观	间接效益0.1万元
	F6	无费方案	收集冲压边角料	边角料等废料未及时收集，应及时收集冲压边角料，回收利用	0	加强资源综合利用，减少废弃物排放	回收利用效益0.1万元
人员素质	F7	无费方案	规范操作要求	工作过程中，工人没有戴口罩、帽子，有抽烟的现象等，应严格按照各工序工人职业操作要求进行工作	0	减少环境风险	增加效益0.2万元

续表

方案类型	编号	方案分类	方案名称	问题及措施	投资/万元	预计效益	
						环境效益	经济效益
环境管理	F8	低费方案	完善清洁生产管理制度	未开展清洁生产审核，未制定清洁生产管理制度，要有齐全的管理规章和岗位职责，应制定清洁生产管理制度	0.06	提高环境管理水平	增加效益0.8万元
	F9	低费方案	危险废物及时贴标签并分区堆放	危险废物没有分类堆放，未及时入库，应及时贴标签并分区堆放	0.02	减少环境风险	间接效益0.2万元
	F10	低费方案	建立环保台账	环保设施的运行管理中，记录了运行数据并进行了统计，但未建立环保台账，应建立环保台账	0.2	提高环境管理水平	间接效益0.3万元
	F12	低费方案	有效开展环境监测	制订有效的自行监测方案，并按照监测方案的要求完成年度监测	1.2	减少环境风险，提高环境管理水平	间接效益0.8万元
合计					2.28		经济效益3.51万元

本项目共产生中/高费方案2个，投资22万元，预计每年产生经济效益9.3万元，清洁生产中/高费方案汇总表见表6-5。

表6-5 清洁生产中/高费方案汇总表

方案类型	编号	方案分类	方案名称	问题及措施	投资/万元	预计效益	
						环境效益	经济效益
技术工艺与设备	F11	中费方案	热处理车间氮化炉烟尘治理	氮化炉排出的废气仅收集而未处理，且氮化炉废气排气筒破损严重，未起到有组织排放的效果。增加废气处理装置，有效去除挥发性有机物；更换排气筒，并将三个排气筒合并为一个15米高的排气筒	8	有效治理废物，达到净化空气、改善工作环境的作用	增加间接效益3.2万元

续表

方案类型	编号	方案分类	方案名称	问题及措施	投资/万元	预计效益	
						环境效益	经济效益
技术工艺与设备	F3	高费方案	更新淋雨试验箱	原有的淋雨试验箱设备用水无法回收，每次试验后的水只能排放掉，耗水量大。更新为淋雨试验箱一台，新设备用水可以回收利用，实现水的循环利用	14	减少水耗，节约人工成本	节约水费0.068万元，节约人工成本6.032万元
合计					22		经济效益9.3万元

笔记

任务6-2

筛选和研制方案

情景设定

小清所在的审核小组汇总了20条清洁生产备选方案，现在需要对这20条备选方案进行初步筛选，判断是否为可行方案，小清该如何筛选备选方案呢?

小洁所在的审核小组通过初步筛选确定了1项高费方案和2项中费方案可行，现在需要对这3项中/高费方案进一步细化、分析和评价，小洁又该如何研制中/高费方案呢?

任务目标

✓知识目标

（筛研因素）掌握企业清洁生产备选方案的筛选和研制要点。

✓能力目标

（筛选方案）具备初步筛选清洁生产备选方案的能力。

（研制方案）具备研制清洁生产中/高费方案的能力。

✓素质目标

（激浊扬清）增强岗位意识，提升创新思维，培育服务企业绿色低碳转型发展的意识。

（绿色低碳）培育选用甚至开发新工艺、新技术、新设备的创新思维，增强绿色低碳科技报国的家国情怀和审核素养。

任务实施

激浊扬清　绿色低碳

课程思政材料：2023年全国生态环境保护大会提出“要加强科技支撑，推进绿色低碳科技自立自强”。科技创新是实现经济社会发展和“双碳”目标的关键，也是引领绿色低碳发展的第一动力。尽管我国在绿色低碳技术方面取得了众多突破，但科技创新力仍然不强，关键领域的核心技术依然受制于人，技术的“空心化”问题尚未得到根本解决。新时代的青年与绿色低碳息息相关，因此每个人必须承担起自己的使命与担当，共建天蓝地绿水清的美丽家园。作为清洁生产审核人员，在工作中要服务企业绿色低碳转型升级，在生活中要践行绿色低碳的生活方式。

课程思政要点：将绿色低碳科技的创新发展与清洁生产方案的筛选研制融合，成为绿色低碳的追梦人，有梦想才会有矢志不渝的追求，有梦想才能有持续奋斗的动力，推动形成节约适度、绿色低碳、文明健康的生活方式和消费模式。

任务步骤6-2-1 筛选备选方案

1. 方案筛选因素

清洁生产备选方案的筛选因素包括以下几个方面。

课前导学－筛选研制方案

① 技术可行性。主要考虑方案技术的成熟程度、技术水平是否先进、是否已在企业内部或同类企业采用过、采用的条件是否基本一致、是否可找到有经验的技术人员、运行维护是否容易等。

② 环境可行性。主要考虑方案是否可以减少废弃物的数量和毒性，或者改变组分使其易降解、易处理，减少有害性（如毒性、易燃性、反应性、腐蚀性等），减少对工人安全和健康的危害以及其他不利环境影响；是否遵循环境法规、达到环境标准等。

③ 经济可行性。主要考虑投资和运行费用能否承受得起、是否有经济效益、能否减少废弃物的处理处置费用（如环境保护税、污染罚款、事故赔偿费）等。

④ 可实施性。主要考虑是否在现有的场地、公用设施、技术人员等条件下即可实施或稍作改进即可实施，实施的时间长短，工人是否易接受等。

⑤ 对生产和产品的影响（可选）。主要考虑方案实施过程中对企业正常生产的影响程度以及方案实施后对产品产量、质量的影响。

2. 方案筛选方法

清洁生产备选方案的筛选方法有简易初步筛选法和权重总和计分排序法两种。

（1）简易初步筛选法　适用于所有清洁生产备选方案的筛选，由企业领导人、技术人员和现场操作工人以及厂内外工艺技术专家共同根据技术、环境、经济以及可实施性、影响程度等条件择优排序，见表6-6。

表6-6　方案简易筛选表

筛选因素	备选方案							
	F1	F2	F3	F4	F5	F6	F7	F8
技术可行性								
环境可行性								
经济可行性								
可实施性								
对生产和产品的影响								
结论								

注：“√”为可以入选可行性分析的方案，“×”为不可入选可行性分析的方案。

汇总筛选结果。按可行的无/低费方案（A类方案）、初步可行的中/高费方案（B类方案）和暂不可行方案（C类方案）列表汇总方案的筛选结果。

案例解析6-3

以某汽车零部件及配件制造企业为例，筛选清洁生产方案

针对12项清洁生产备选方案，清洁生产审核小组组织各车间主任、工程技术人员和环保人员进行集中讨论，从技术可行性、环境效益、经济效果和实施的难易程度等方面，结合各车间实际情况进行筛选，结果见表6-7。

表6-7 清洁生产备选方案简易筛选表

编号	方案分类	方案名称	投资/万元	筛选因素				结论
				技术可行性	环境可行性	经济可行性	可实施性	
F1	无费方案	白天车间及时关灯	0	√	√	√	√	√
F2	低费方案	有效收集地面切削液	0.8	√	√	√	√	√
F4	无费方案	定期维护设备	0	√	√	√	√	√
F5	无费方案	分类整理车间杂物	0	√	√	√	√	√
F6	无费方案	收集冲压边角料	0	√	√	√	√	√
F7	低费方案	完善雨污分流设施	1.5	√	√	√	√	√
F8	低费方案	完善清洁生产管理制度	0.06	√	√	√	√	√
F9	低费方案	危险废物及时贴标签并分区堆放	0.02	√	√	√	√	√
F10	低费方案	建立环保台账	0.2	√	√	√	√	√
F12	低费方案	有效开展环境监测	1.2	√	√	√	√	√
F11	中费方案	热处理车间氮化炉烟尘治理	8	√	√	×	√	√
F3	高费方案	更新淋雨试验箱	14	√	√	√	√	√

经初步筛选，可行的无/低费方案（A类方案）有10个，初步可行的中/高费方案（B类方案）有2个。

小提示6-4

清洁生产备选方案入选原则：当“技术可行性”和“可实施性”均可行（划“√”），并且“环境可行性”与“经济可行性”中有一项可行（划“√”）时，结论才为可行（划“√”）。所以，上述案例中F11，虽然经济可行性划“×”，但结论仍为可行。

（2）权重总和计分排序法　适用于中/高费清洁生产方案的筛选和排序，权重因素和权重值（W）的选取可参照以下执行：环境可行性权重值为8～10分，经济可行性权重值为7～10分，技术可行性权重值为6～8分，可实施性权重值为4～6分。见表6-8。

表6-8　方案权重总和计分排序表

因素	权重值（W）	方案							
		方案1		方案2		…		方案n	
		R（1～10）	R×W	R（1～10）	R×W	R（1～10）	R×W	R（1～10）	R×W
环境可行性									
经济可行性									
技术可行性									
可实施性									
总分[Σ(R×W)]									
排序									

随堂练习6-3　（难度：★★）

权重总和计分排序法适用于确定审核重点和筛选排序方案，请说出两者的异同点。

案例解析6-4

以某汽车零部件及配件制造企业为例，排序中/高费清洁生产方案

针对表6-7中两项中/高费清洁生产方案，审核小组和有关专家采用权重总和计分法进行排序，权重因子为经济可行性、技术可行性、环境可行性和可实施性四个方面，排序结果见表6-9。

表6-9　中/高费方案权重总和计分排序表

筛选因素	权重值（W）	方案			
		F3 更新淋雨试验箱		F11 热处理车间氮化炉烟尘治理	
		R	R×W	R	R×W
环境可行性	10	8	80	10	100
经济可行性	8	7	56	6	48
技术可行性	7	7	49	5	35
可实施性	5	5	25	5	25
总分[Σ(R×W)]		210		208	
排序		1		2	

方案F3涉及使用清洁能源，可以减少电耗，节约人工成本，具有明显的经济效果，应优先得到实施；方案F11涉及污染物治理，可以减少污染物的排放，改善工作环境，具有明显的环境效果，应优先得到实施。因此，方案F3和F11可在本轮清洁生产审核中相继实施。

任务步骤6-2-2　研制方案

方案研制是指筛选初步可行的中/高费清洁生产方案后，因为投资额较大，且对生产工艺有一定影响，需要进一步开展分析评价。方案研制是一种初步性质的工作，即只需考虑主要的指标，更细致的工作应在下一阶段即方案可行性分析阶段展开。

1. 方案研制原则

方案研制时应遵循以下原则。

① 系统性。考察每个单元操作在一个新的生产工艺流程中所处的层次、地位和作用，以及与其他单元操作的关系、新工艺与老工艺间的衔接匹配性。

② 综合性。一个新的工艺流程要综合考虑其经济效益和环境效益，而且还要照顾到排放废物的综合利用及其利与弊，促进加工产品和利用产品的过程中自然物流与经济物流的转化。

③ 闭合性。理想的清洁生产工艺应具有循环的生态特性，尽量使工艺流程对生产过程中的载体，例如水、溶剂等，实现闭路循环，最易做到的是水的闭路循环。

④ 无害性。清洁生产工艺应该是无害（或至少是少害）的生态工艺，要求不污染（或轻污染）空气、水体和地表土壤；不危害操作工人和附近居民的健康；不损坏风景区、休憩地的美学价值；生产的产品要使用可降解原材料和包装材料，提高其环保性。

⑤ 合理性。理想的清洁生产工艺是和谐的，主要特征包括合理利用原料、优化产品的设计和结构、降低能耗和物耗、减少劳动量和劳动强度等。

2. 方案研制内容

方案研制的内容包括以下四个方面。

① 方案的工艺流程。

② 方案的主要设备清单。

③ 方案的费用和效益估算。

④ 编写方案说明。

对每一个初步可行的中/高费清洁生产方案均应编写方案说明，主要内容包括技术原理、主要设备、主要的技术及经济指标、可能的环境影响等。

案例解析6-5

以某金属冶炼企业为例，研制一项中费清洁生产方案

针对F8（酸性水综合利用方案）中费清洁生产方案，审核小组进行了方案研制，结果见表6-10。

表6-10　F8酸性水综合利用方案研制表

<table>
<tr><td>方案编号</td><td colspan="4">F8</td></tr>
<tr><td>方案名称</td><td colspan="4">酸性水综合利用</td></tr>
<tr><td>提案人</td><td colspan="4">审核小组+朱××</td></tr>
<tr><td>方案实施目的或解决的问题</td><td colspan="4">解决现有酸性水中有价金属的资源浪费问题</td></tr>
<tr><td>方案描述</td><td colspan="4">通过高效膜SS分离、离子膜选择技术、离子交换吸附等工艺实现酸性废水中有价金属的回收</td></tr>
<tr><td rowspan="3">方案可行性分析（技术、环境、经济）</td><td colspan="4">技术可行性分析：根据不同离子沉淀pH条件不同，通过分步沉淀、离子交换等工艺实现离子成分综合回收利用</td></tr>
<tr><td colspan="4">环境可行性分析：减少污染物的排放</td></tr>
<tr><td colspan="4">经济可行性分析：回收有价金属</td></tr>
<tr><td rowspan="3">实施步骤</td><td>步骤</td><td>责任部门</td><td>预计实施/完成时间</td><td>备注</td></tr>
<tr><td>计划准备</td><td>综合技术部</td><td>2024年6月前</td><td></td></tr>
<tr><td>计划实施</td><td>综合技术部</td><td>长期</td><td></td></tr>
<tr><td>预算/万元</td><td colspan="4">5000</td></tr>
</table>

小提示6-5

方案产生与筛选阶段工作完成后，审核小组需要及时补充完善企业清洁生产中期审核报告。

案例6-3　垃圾焚烧企业案例解析

课中解析－企业案例解析

课中解析－编写项目章节

小提示6-6

不同咨询机构按照不同的方式开展方案产生与筛选工作，并编写方案产生与筛选章节，详见表6-11。

表6-11　清洁生产审核报告方案产生与筛选章节目录

6 方案产生与筛选 （企业1）	6 方案产生与筛选 （企业2）	6 方案产生与筛选 （企业3）
6.1 方案产生和汇总 6.2 方案筛选 6.3 方案筛选结果汇总及实施计划 6.4 继续实施无低费方案	6.1 方案产生和汇总 6.2 方案分类筛选 6.2.1 无/低费方案筛选 6.2.2 中/高费方案筛选 6.3 中/高费方案研制	6.1 方案产生和汇总 6.1.1 方案类型划分 6.1.2 方案汇总 6.2 方案实施和筛选 6.2.1 无/低费方案实施 6.2.2 中/高费方案筛选 6.3 中/高费方案研制 6.4 小结

实训6-4　金属冶炼企业实训考评

实训目的

1. 掌握清洁生产审核方案产生与筛选阶段的工作流程。
2. 具备分类清洁生产备选方案的能力。
3. 具备排序和研制中/高费清洁生产方案的能力。

实训准备

1. 地点：理实一体化教室。
2. 材料：某金属冶炼企业相关资料。

实训流程

某金属冶炼企业共产生15项清洁生产方案，详见表6-12。

表6-12 清洁生产方案汇总表

方案类型	序号	问题或原因	后果或影响	改进措施	预计投资/万元
原辅材料和能源	F1	原料库存在原料浪费现象	污染厂区环境，影响员工身体健康	改造原料仓库，及时收集散落的粉尘	9
	F2	个别应急物资存放不规范	若发生风险事故，应急物资不易获得	制定相应制度并严格执行	0
	F3	稻草仓库顶棚破损	有漏水现象	更换破损的顶棚瓦片	2
工艺技术、设备和过程控制	F4	车间环境集烟设备配备率不高	车间存在无组织排放废气	对无组织收尘设备进行改造	65
	F5	公司电气线路老化	造成能耗偏高	对公司电气线路进行穿管改造	5
	F6	拌料车间物料下料口收集的灰尘经卷扬机返回拌料车间，造成扬尘较大	扬尘大，产生无组织排放废气	在返回处增加喷淋设备，降低扬尘	0.5
	F7	制团车间制团机压头和模框有磨损老化现象	造成砖块密实度不够，降低砖块质量	更换制团机的压头和模框	1.5
	F8	公司煤炭消耗量大	能耗高、成本高	改进配料中氧化剂成分，降低焦炭消耗	35
	F9	个别负压抽风管道接口因破损有漏风现象	增加了抽风机的功率，降低了负压效果	及时维修，及时排查，定期维护	1
管理和员工	F10	1号平台渣料返回拌料车间，铲车转运时有外漏现象	造成物料浪费，存在安全隐患	及时清理道路卫生	0
	F11	车间部分设备的控制开关或接线端槽盒敞开，未关闭	存在一定的安全隐患	加强现场的管理，及时督促有关人员关闭槽盒，减少安全隐患	0
	F12	员工操作水平不稳定	影响原辅材料和能源消耗以及产品合格率	建立员工技术培训制度，提高员工技术水平	0.1
废弃物	F13	厂区外面一些废铁堆放未及时处理	污染厂区环境	及时处置	0
	F14	脱硫设备操作不够规范	存在环境风险	督促、监督员工，提高员工职业素养，加强公司职业卫生防护，降低生产风险	2
	F15	废水处理设施年限已久	存在环境风险	定期对废水回收设备、废水处理回收设备、废水循环利用设备进行检修和维护	5

1. 分类方案

参考案例解析6-1，以某汽车零部件及配件制造企业为例，自拟划分的金额，对金属冶炼企业的清洁生产方案进行分类，结果填入表6-13中。

表6-13　清洁生产备选方案分类表

序号	方案类型	资金投入量/万元	方案编号
1	无费方案		
2	低费方案		
3	中费方案		
4	高费方案		

2. 排序方案

参考案例解析6-4，以某汽车零部件及配件制造企业为例，采用权重总和计分排序法，对金属冶炼企业的两项中/高费清洁生产方案进行筛选和排序，结果填入表6-14中。

表6-14　中/高费方案的权重总和计分排序表

筛选因素			环境可行性	经济可行性	技术可行性	可实施性	总分	排序
方案得分	方案	权重						
		R	8	7	7	5		
		$R \times W$						
		R	10	6	5	5		
		$R \times W$						

3. 研制方案

以F4环境集烟改造清洁生产方案为例。根据《排污许可证申请与核发技术规范　有色金属工业——铅锌冶炼》（HJ 863.1）和《排污许可证申请与核发技术规范　有色金属工业——再生金属》（HJ 863.4）等文件要求，冶炼企业必须在各炉口、各无组织排放口安装收尘设施，建立环境集烟系统，减少对环境的污染，因此，公司须对配料工序、制团工序、鼓风炉进料出料炉口进行收尘改造。F4环境集烟改造清洁生产方案研制见表6-15。

表6-15　F4环境集烟改造清洁生产方案研制表

序号	设备及设施名称	投资/万元	实施时间
1	配料系统收尘	25	2024年1月～2024年5月
2	制团工序收尘	10	
3	鼓风炉前后渣环境集烟	30	
小计	—	65	—

目前，已有铅锌企业通过对配料、制团、炉口进料及出渣处安装环境集烟设施，收集无组织排放气体，经过脱硫处理后可达标排放，经平衡核算，鼓风机加装环境集烟设施可减少20万元/a的原料损失，制团工序可减少10万元/a的原料损失，配料工序可减少10万

元/a的原料损失，大大减少粉尘无组织排放，改善车间环境。

实训评价

1. 学生自评

班级： 学生： 学号：			
评价类型	评价内容	配分	得分
过程（50分）	产生方案	15	
	分类和汇总方案	15	
	筛选和排序方案	15	
	研制方案	5	
成果（30分）	提出了企业清洁生产备选方案	15	
	完成了企业中/高费清洁生产方案的分类和筛选	15	
增值（20分）	技能水平（清洁化评估+绿色化改造）	10	
	职业素养（激浊扬清+绿色低碳）	10	
总分		100	

2. 专业教师或技术人员评价

教师： 技术人员：			
评价类型	评价内容	配分	得分
知识与技能（80分）	面向企业清洁生产潜力的方案产生能力	25	
	面向企业清洁生产备选方案的分类和汇总能力	20	
	面向企业清洁生产备选方案的筛选和排序能力	20	
	面向企业中/高费清洁生产方案的研制能力	15	
审核素养（20分）	激浊扬清：岗位意识、创新思维	10	
	绿色低碳：推行新工艺、新技术、新设备	10	
总分		100	

实训总结

存在主要问题：	收获与总结：	改进与提高：

实训思考

1. 简述筹划与组织、预审核、审核、方案产生与筛选四个阶段方案产生的异同点。
2. 简述清洁生产中期审核报告的结构。

实训拓展

1. 多选题

（1）方案产生的来源包括（　　）。

A. 鼓励全体员工提出清洁生产方案或合理化建议

B. 根据物料平衡和废弃物产生原因分析产生方案

C. 与国内外同行业技术水平类比，寻找清洁生产机会

D. 组织企业外部行业专家进行技术咨询

课后拓展-企业审核实训

（2）常见备选方案有（　　）。

A. 原材料替代备选方案　　B. 技术改造备选方案

C. 产品更换备选方案　　D. 废物回收利用备选方案

（3）权重总和计分排序法筛选方案的权重因素有（　　）。

A. 技术可行性　　B. 环境可行性

C. 经济可行性　　D. 可实施性

（4）方案研制的内容包括（　　）。

A. 方案的工艺流程　　B. 方案的主要设备清单

C. 方案的费用和效益估算　　D. 编写方案说明

2. 判断题

（1）方案产生与筛选阶段主要产生中/高费方案，也产生无/低费方案。（　　）

（2）权重总和计分排序法在确定审核重点和筛选方案时权重因素和权重值都相同。（　　）

（3）清洁生产审核将无费和低费方案合并称为无/低费方案。（　　）

（4）一般按资金投入量来进行清洁生产方案的分类。（　　）

（5）权重总和计分排序法中环境可行性的权重值一般为6～8分。（　　）

笔记

项目 7 方案可行性分析

教学导航

【项目7　方案可行性分析】是对筛选出的清洁生产中/高费方案进行分析和评估，以选择最佳的、可实施的清洁生产方案。该阶段的工作重点是进行清洁生产中/高费方案的技术、环境、经济评估。

电子教案

项目三维目标导图

激浊——清洁化评估	扬清——绿色化改造		
模块1—模块2—中期考核	模块3 绿色低碳——审核方案	模块4 绿水青山——审核成效	终期考核

项目7　方案可行性分析	知识目标	能力目标	素质目标
任务7-1　进行技术和环境评估 步骤7-1-1　进行技术评估 步骤7-1-2　进行环境评估	（评估要点） 掌握清洁生产中/高费方案技术和环境评估的要点	（技术评估） 具备开展清洁生产中/高费方案技术评估的能力 （环境评估） 具备开展清洁生产中/高费方案环境评估的能力	（激浊扬清） 增强岗位意识，提升创新思维 培育服务企业绿色低碳转型发展的意识 （绿色低碳） 培育选用甚至开发最优降碳技术的创新思维 践行与宣传绿色消费等亲环境行为
任务7-2　进行经济评估 步骤7-2-1　计算现金流量指标 步骤7-2-2　计算动态盈利能力指标	（评估指标） 掌握清洁生产中/高费方案经济评估的指标类型	（计算指标） 具备计算清洁生产经济评估指标的能力 （经济评估） 具备开展清洁生产中/高费方案经济评估的能力	（激浊扬清） 增强岗位意识，提升创新思维 培育服务企业绿色低碳转型发展的意识 （绿色低碳） 培育选用甚至开发最优降碳技术的创新思维 践行与宣传绿色消费等亲环境行为
案例7-3　水泥生产企业案例解析			
实训7-4　金属冶炼企业实训考评			

项目内容思维导图

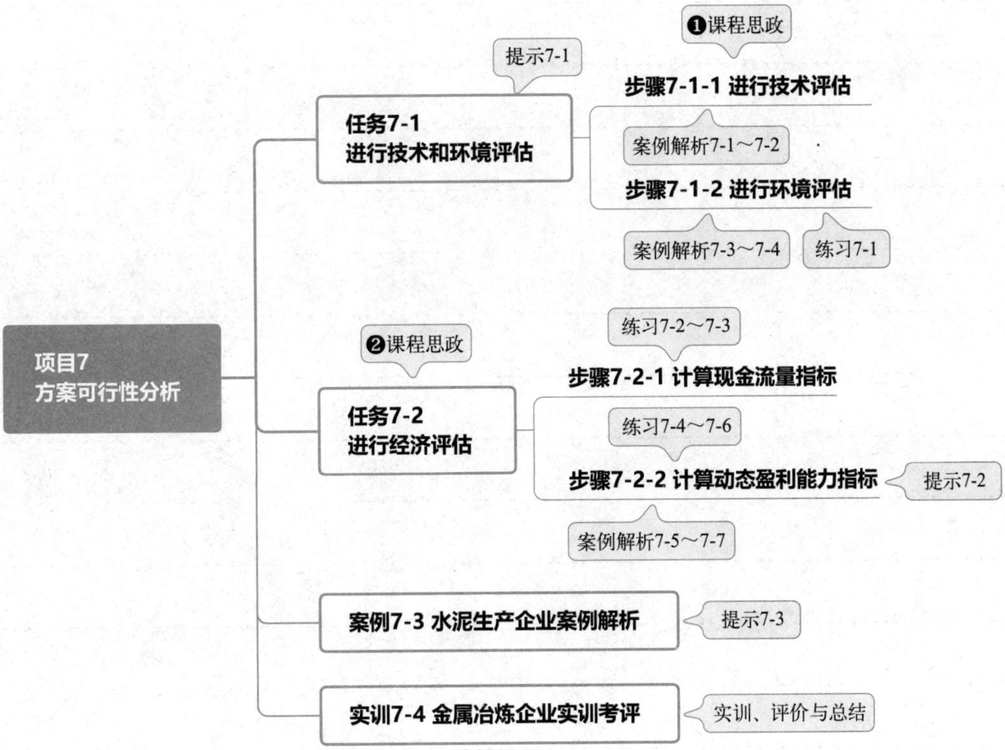
项目7
方案可行性分析
提示7-1
任务7-1
进行技术和环境评估
❶课程思政
步骤7-1-1 进行技术评估
案例解析7-1～7-2
步骤7-1-2 进行环境评估
案例解析7-3～7-4
练习7-1
❷课程思政
任务7-2
进行经济评估
练习7-2～7-3
步骤7-2-1 计算现金流量指标
练习7-4～7-6
步骤7-2-2 计算动态盈利能力指标
提示7-2
案例解析7-5～7-7
案例7-3 水泥生产企业案例解析
提示7-3
实训7-4 金属冶炼企业实训考评
实训、评价与总结

笔记

任务7-1 进行技术和环境评估

情景设定

小清所在的审核小组需要对筛选出的清洁生产中/高费方案开展进一步技术可行性评估，小清该如何确定方案的技术要点？如何开展技术评估工作？

小洁所在的审核小组需要对筛选出的清洁生产中/高费方案开展进一步环境可行性评估，小洁该如何确定方案的环境效益？如何开展环境评估工作？

任务目标

✓知识目标

（评估要点）掌握清洁生产中/高费方案技术和环境评估的要点。

✓能力目标

（技术评估）具备开展清洁生产中/高费方案技术评估的能力。

（环境评估）具备开展清洁生产中/高费方案环境评估的能力。

✓素质目标

（激浊扬清）增强岗位意识，提升创新思维，培育服务企业绿色低碳转型发展的意识。

（绿色低碳）培育选用甚至开发最优降碳技术的创新思维，践行与宣传绿色消费等亲环境行为。

任务实施

小提示7-1

如果上一阶段筛选出的清洁生产中/高费方案涉及拟对产品结构进行调整、有新的产品（或副产品）产生、将得到用于其他生产过程的原材料等情况，则本阶段首先需要进行市场调查；如果企业清洁生产中/高费方案不涉及上述情况，则不需进行市场调查。

在清洁生产审核过程中进行市场调查主要涵盖以下内容。

（1）调研市场需求　主要包括：①国内同类产品的价格、市场总需求量；②当前同类产品的总供应量；③产品进入国际市场的能力；④产品的销售对象（地区或部门）；⑤市场对产品的改进意见。

（2）预测市场需求　主要包括：①国内市场发展趋势预测；②国际市场发展趋势分析；③产品开发生产销售周期与市场发展的关系。

（3）确定方案的技术途径　通过市场调查和市场需求预测，可能会对原来方案中的技术途径和生产规模作相应调整。在进行技术、环境、经济评估之前，要先确定方案的技术途径，每一方案应包括2～3种不同的技术途径，以供选择。其内容应包括：①方案技术工艺流程详图；②方案实施途径及要点；③主要设备清单及配套设施要求；④方案所达到的技术经济指标；⑤可产生的环境、经济效益预测；⑥方案的投资总费用。

任务步骤 7-1-1 进行技术评估

课前导学 - 技术和环境评估

进行技术评估的目的是研究在预定条件下，清洁生产中/高费方案为达到投资目的而采用的工程技术、工艺路线、技术设备是否具有先进性、实用性和可实施性。主要包括：

① 技术的先进性，与国内外先进技术对比分析；

② 技术的安全性、可靠性、成熟程度，以及有无实施的先例；

③ 对生产能力的影响，包括生产率、生产量、产品质量、劳动强度等；

④ 对生产管理的影响，包括操作规定、岗位职责、生产检测能力、运行维护能力等；

⑤ 能否得到现有公共设施的服务，包括水、汽、热、电力等能耗要求；

⑥ 工期长短，是否要求停工停产，是否需要额外的储运设施与能力；

⑦ 设备选型情况，是否有足够的空间安装新的设备，设备操作控制的难易程度，设备的维修要求，等等；

⑧ 与国家有关的技术政策和能源政策的符合性；

⑨ 技术引进或设备进口是否符合我国国情，引进技术后有无消化吸收能力。

案例解析 7-1

以某金属冶炼企业为例，进行清洁生产中费方案技术评估

针对F8（酸性水综合利用方案）清洁生产中费方案，审核小组进行技术评估。

1. 方案思路

优先回收酸性废水中的SS（可提高金属回收率）；其次回收硫酸（可有效减少碱性材料的用量），并用硫酸制备纯度高的硫酸钙或硫酸钠；再次回收成分占比较大的铁和砷；然后通过电解法回收贵金属；最后回收其他有价物质。

2. 方案内容

① SS高效分离。采用先进的、低成本的膜分离技术，对沉淀池的出水进行高效分离。

② 硫酸的回收及硫酸钙的制备。采用离子膜技术或其他膜处理技术回收酸性废水中的硫酸。如果回收的稀硫酸有销路，可直接销售；如果稀硫酸无市场，则通过投加石灰或氢氧化钠生产硫酸钙或硫酸钠，视市场情况而定。

③ 铁资源的回收。通过调整pH值，采用高效分离技术，优先回收铁泥。

④ 电解回收贵金属（或隔膜电解）。通过电解方式，优先回收不活泼金属。

⑤ 离子交换树脂回收不同金属离子。选择合适的离子交换树脂，回收专有金属（镍、钴、锑、铜等）。

3. 技术分析

① SS高效分离技术发展较快，并通过膜分离技术实现了SS的高效分离。公司曾经与相关环保企业合作，对酸性废水进行了现场实验。通过膜分离技术对酸性废水中的SS进行分离，经过一个多月的实验研究，结果表明膜堵塞严重，导致处理成本大，难以推进。膜堵塞的主要原因是在生产工艺的沉淀过程中投入了大量的聚丙烯类高分子物质。

② 目前对硫酸的回收研究较多。该技术由一定数量的膜组成一系列结构单元，其中每个单元由一张阴离子膜隔成渗析室和扩散室，采用逆流操作，在阴离子均相膜的两侧分别通入废酸液及接受液（自来水）时，废酸液侧的酸及其盐的浓度远高于水的一侧。由于浓度梯度的存在，废酸及其盐类有向扩散室渗透的趋势，但膜对离子具有选择透过性，故在浓度差的作用下，废酸液侧的阴离子被吸引而顺利地透过膜孔道进入水的一侧。同时根据电中性原理，也会夹带阳离子，由于H^+的水化半径比较小，电荷较少，而金属盐的水化半径比较大，电荷较多，因此H^+会优先通过膜，这样废液中的酸就会被分离出来。

稀硫酸的回收有成功的案例，技术上是可行的，纯度较高的硫酸回收后用于硫酸钙和硫酸钠的制备，对产品质量有较大的保障。

③ 酸性废水中含有较多的铁，亚铁离子和三价铁在pH较低的情况下易转化为氢氧化铁。某铜矿在酸性废水的处理过程中采用低pH沉淀技术除铁，效果良好，但是通过现场调查了解，该公司回收的铁污泥是填埋处置，没有利用市场。

④ 贵金属一般为不活泼金属，在电解的作用下，较容易转化为金属物质。只要采用合适的电解参数，大部分贵金属均会电解沉积，从而实现回收金属的目的。

⑤ 其他不能回收的有价金属，通过选择专用离子交换树脂来回收不同的金属离子，具体树脂的选择还需要进一步通过实验确定。

案例解析 7-2

以某浴混式烟气深度净化技术装备方案为例，进行技术评估

以某环境工程科技有限公司浴混式烟气深度净化技术装备（高效湿式除雾除尘器）方案为例，审核小组进行技术评估。

1. 技术适用范围

适用于冶金、煤炭化工、火力发电、工业锅炉等行业烟气处理。

2. 技术原理及工艺

有害气体负压状态下经导流烟道进入净化箱体，运用多功能洗涤器，采用多单元顺向洗涤方式，通过水浴、多级、分段强化处理有害气体，进行烟气深度净化过程。通过气、液两相压力调节，形成紊动混合射流。并把水雾粒径与粉尘粒径的大小，以及气量和液量的比例控制在一定倍数范围之内，混合射流与气体处于非弹性碰撞状态，并与周围静止介质发生动量和质量交换，以达到吸附聚结的良好效果。因浴混过程速度较大，促使介质表面积迅速扩大至数十倍，提高更新速率，释放出良好的动量传递特性和优越的传热、传质效能，达到烟气高效深度净化效果。技术路线见图7-1。

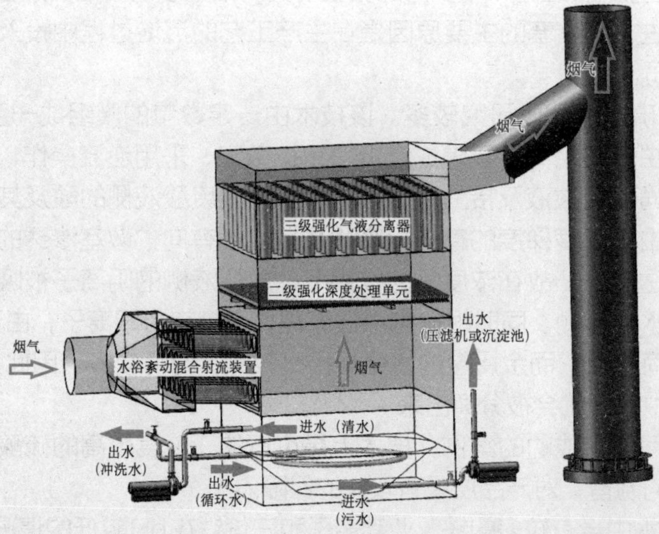

图7-1 技术路线图

3. 技术指标

除雾除尘效率指标：除尘效率 > 99%，除雾效率 > 95%，颗粒物排放指标 <5mg/m^3；有色烟羽排放，无可视化，烟气含湿量 < 5%，脱硫效率 > 99%。

4. 技术特点及先进性

① 采用多单元顺向洗涤方式，阻力低，系统阻力 < 300Pa；洗涤效果好；传质传热效率高，净化效率较强。

② 设备结构简单，占地面积小，投资成本低，维护量小，设备运行能耗低。

③ 工期短、适应性强。采用模块化设计，密封性能高，外形美观，组装快捷简单，适合各种含油、含水、含尘、含盐等高低温复杂工况条件的烟气。

④ 节约水资源。本技术工艺用水可采用厂区中水、浊环水和浓盐水等工业废水，不增加新水的消耗，且处理后的含尘废水可直接用于闷渣使用，实现循环利用的效果，同时也解决了工业废水单独处理的问题。

5. 应用案例

项目名称：× × 钢管有限公司中间渣场除尘项目

项目概况：项目范围包括从集尘罩、烟道、除尘系统以及多级净化装置、引风系统、烟囱及出口等，用于翻渣池、闷渣池和生产车间的钢渣乏汽及扬尘治理。总投资1200万元，总占地765m^2，处理风量80 × 10^{4}m^3/h。扬尘及乏汽收集效果良好，无外溢现象，收集率100%。粉尘 < 5mg/m^3，除尘效率 > 99%。无可溶性污染物排放，有色烟羽排放无可视化，除雾效率 > 95%，出口烟气含湿量5%，出口温度小于40℃。实现每年减少粉尘排放 2564.4吨（进口448mg/m^3，出口2.8mg/m^3，按300天计算），每年回收冷凝水 21600吨。该技术装置产业化实施后，预计可减少粉尘颗粒物排放25644t/a（10台套），减少水分蒸发216000t/a（10台套），消除可视化有色烟羽排放，减少含油等其它污染物排放，极大降低工业企业污染物排放，改善环境质量。

6. 推广前景

该技术装置单台套设备在工作状态下每小时可回收冷凝水3～5t（烟气量 $80\times10^4m^3/h$），总计每年回收冷凝水21600吨，预计单台套设备可减少粉尘颗粒物排放2564.4t/a，减少水分蒸发2160t/a，综合脱硫效率＞99%，除尘效率＞99%，除雾效率＞95%，实现真正意义上的“近零”排放。预计未来三年可实现年销售额16621万元。

激浊扬清　绿色低碳

课程思政材料：中国已成功进入创新型国家行列。在战略高技术领域，宽带移动通信实现部分领域国际领先，天宫、神舟、嫦娥、天问等重大成果极大振奋民族精神，超级计算持续保持领先优势，深海技术装备形成功能化、谱系化布局，北斗导航系统实现全球化运营。在大飞机研究、高铁建设、高性能装备、智能机器人等领域，都实现了以关键核心技术突破推动产业向中高端攀升。在绿色低碳领域，煤炭清洁高效利用、新型核电、特高压输电等绿色低碳技术走在世界前列，光伏、风电装机容量以及储能、制氢规模居世界首位，“深海一号”实现1500米超深水油气田开发能力。我国科技工作者坚定“科技为民”的价值追求，持续加强科技攻关，不断释放科技红利，造福千家万户。作为清洁生产审核人员，在进行技术评估时要及时关注国家出台的《国家清洁生产先进技术目录》《国家重点推广的低碳技术目录》等文件，推动新工艺、新技术和新设备的推广应用，破解企业绿色低碳转型发展的难题。

课程思政要点：将我国技术创新先进成果与清洁生产方案技术评估融合，了解我国当代科技前沿，领悟生态环境保护和绿色低碳领域科技发展的魅力，着力培养精益求精的大国工匠精神，激发科技报国的家国情怀和使命担当，增强民族自豪感和职业自信心。

任务步骤 7-1-2　进行环境评估

清洁生产方案都应有显著的环境效益，但也要防止在实施后会对环境产生新的影响，因此对一些复杂方案和设备、生产工艺变更、产品替代等清洁生产方案，必须进行环境评估。环境评估是方案可行性分析的核心，主要包括：

① 生产中废弃物排放量的变化；

② 污染物组分毒性的变化，能否降解；

③ 有无污染物在介质中的迁移，或有无二次污染或交叉污染；

④ 生产安全的变化（防火、防爆）；

⑤ 操作环境对人员健康的影响；

⑥ 废物/排放物回用、再生或资源化情况。

案例解析 7-3

以某金属冶炼企业为例，进行清洁生产中费方案环境评估

针对F8（酸性水综合利用方案）中费清洁生产方案，审核小组进行环境评估。

某企业年产酸性废水约$50 \times 10^4 m^3$，按回收率70%计算，可回收硫酸超过5000t/a，回收金0.64kg/a（此为废水净溶液中的金，如果包括废水SS中的金，预计回收金15kg/a），回收铁超过1000t/a，回收其他贵金属5t/a，大幅度减少了进入环境的总量，环境效益显著。

案例解析 7-4

以某车间废气治理改造升级项目为例，进行环境评估

针对酸雾处理系统改造方案，审核小组进行环境评估。

某企业现有车间废气采取抽风罩收集回收后，通过喷淋塔进行净化处理，存在酸雾收集不完全、有少量酸雾泄漏、处理能力有限、存在环境隐患等问题。因此，提出酸雾处理系统改造方案，包括改进车间内收集管道、提高废气收集效率、升级废气处理设施等内容。方案实施前后废气收集、处理、排放等变化情况见表7-1。计算可得，方案实施可减少HCl和硫酸废气排放量分别为1.255kg/a、120.02kg/a，满足现行环境管理要求，方案环境评估结论为可行。

表7-1 方案实施前后废气收集、处理、排放等变化表

序号	生产线	废气类型	改造前后	收集率	处理率	有组织排放速率	无组织排放速率	排放量
1	硅切片用金刚石线生产线	钢丝酸洗废气（HCl）	改造前	90%	90%	HCl：0.00012kg/h	HCl：0.00014kg/h	HCl：2.22kg/a
			改造后	95%	95%	HCl：0.000066kg/h	HCl：0.0000695kg/h	HCl：1.07kg/a
2	蓝开磁材切片用金刚石线生产线	反溶废气（HCl和硫酸）	改造前	90%	90%	HCl：0.00007kg/h；硫酸：0.07864kg/h	HCl：0.00007kg/h；硫酸：0.08738kg/h	HCl：0.21kg/a；硫酸：246.54kg/a
			改造后	95%	95%	HCl：0.000033kg/h；硫酸：0.0415055kg/h	HCl：0.000035kg/h；硫酸：0.04369kg/h	HCl：0.105kg/a；硫酸：126.52kg/a

随堂练习 7-1　（难度：★★★）

某企业清洁生产审核提出一项高费方案（改造烧结机废气处理系统），地方环境管理要求二氧化硫和烟尘减排量大于5.5t/a，铅减排量大于0.06 t/a，方案实施后系统脱硫效率从80%提高至85%，除尘器除尘效率从99%提高至99.5%，烧结废气排放总量约70000m^3/h，将计算过程数据填入表7-2中（结果保留小数点后4位），试进行方案的环境评估。

表7-2　清洁生产方案实施前后废气产排情况一览表

污染源	污染物	原排放浓度/（mg/m^3）	原排放量/（t/a）	清洁生产方案	预计排放浓度/（mg/m^3）	预计排放量/（t/a）	预计减排量/（t/a）
烧结废气	二氧化硫	38.1		旋风+（增加）袋式除尘+碱洗喷淋+水洗喷淋+30m烟囱			
	烟尘	20					
	铅	0.24					

笔记

任务7-2
进行经济评估

情景设定

小清所在的审核小组对企业清洁生产中/高费方案进行技术和环境评估，发现某方案技术评估不可行，小清是否还需要开展该方案的经济评估？

小洁所在的审核小组证实了企业清洁生产中/高费方案技术和环境评估都可行，接下来需要判定单个方案的经济可行性和多个方案哪个更经济更可行，小洁又该如何处理？

任务目标

✓知识目标

（评估指标）掌握清洁生产中/高费方案经济评估的指标类型。

✓能力目标

（计算指标）具备计算清洁生产经济评估指标的能力。

（经济评估）具备开展清洁生产中/高费方案经济评估的能力。

✓素质目标

（激浊扬清）增强岗位意识，提升创新思维，培育服务企业绿色低碳转型发展的意识。

（绿色低碳）培育选用甚至开发最优降碳技术的创新思维，践行与宣传绿色消费等亲环境行为。

任务实施

激浊扬清　绿色低碳

课程思政材料：《大学生金融反欺诈调研报告》指出：当代大学生消费行为较为普遍，且投资意识较强，有78.7%受访大学生表示有投资理财行为；大学生遭遇金融诈骗的场景中"网络诱导投资"占比排行靠前，诈骗活动组织者通常以"网恋交友""兼职招聘""投资导师推荐"等方式，将受害人引诱至虚假投资理财网站、应用软件实施诈骗。作为清洁生产审核人员，通过方案经济评估指标的计算和应用，帮助企业合理规划方案的投资和实施，也有利于提高抵制虚假投资行为的意识。同时，针对当代大学生消费行为较为普遍的现象，引导个体树立绿色消费观念，利用"美丽中国，我是行动者"等活动培育亲环境行为。

课程思政要点：将大学生网络诱导投资真实案例与清洁生产方案经济评估应用融合，在"互联网+"背景下，储备经济评估相关知识，培养理性对待线上线下投资的思维。同时养成绿色消费、节约水电、垃圾分类、低碳出行等亲环境行为，自主践行生态文明理念，做美丽中国建设的好公民。

清洁生产方案经济评估是指通过分析方案实施后产生的经济效益，计算方案相关的经济评估指标，明确方案在财务上的获利能力和清偿能力，从而选择效益最佳的方案，为投资决策提供依据。

清洁生产经济效益包括直接效益和间接效益两个方面，详见图7-2。

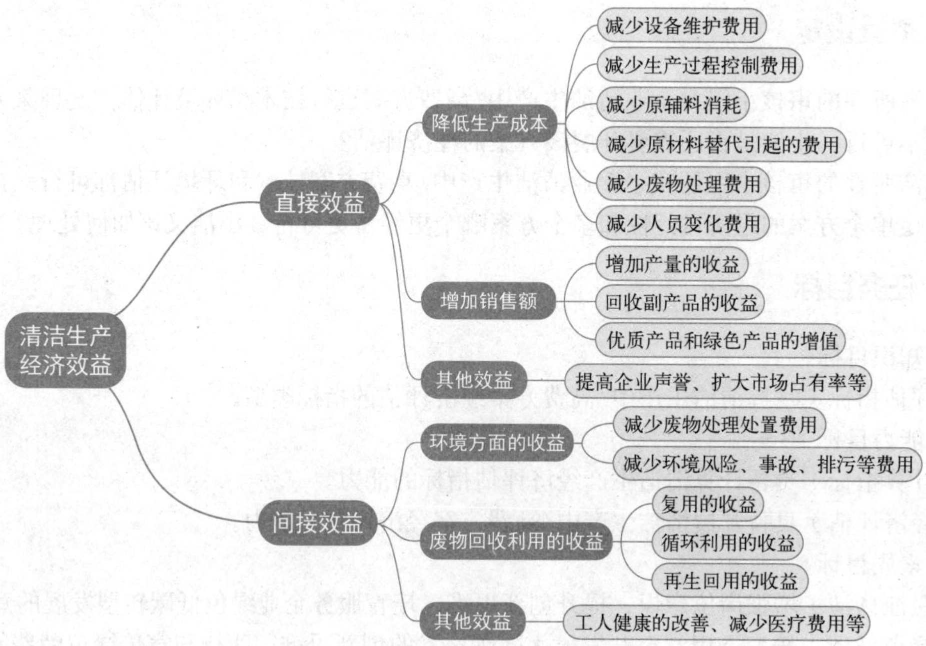

图7-2　清洁生产经济效益构成

经济评估指标主要包括现金流量和财务动态获利性两类指标，详见图7-3。

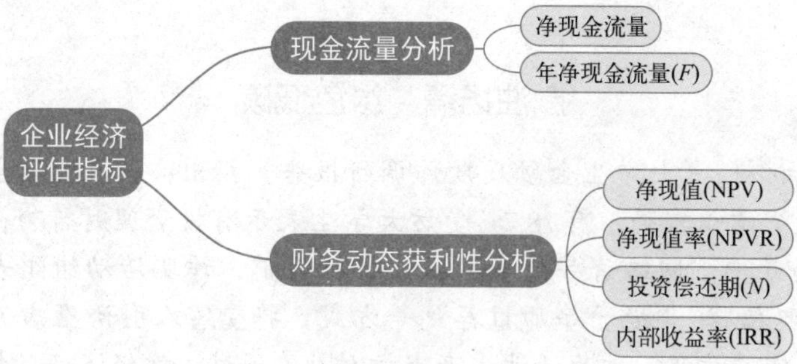

图7-3　清洁生产方案经济评估指标

任务步骤7-2-1　计算现金流量指标

1. 总投资费用（I）

投资汇总＝建设投资（A）＋建设期利息（B）＋流动资金（C）

总投资费用（I）＝投资汇总－总补贴

投资汇总分析见图7-4。

2. 年运行费用总节省金额（P）

在清洁生产方案经济评估领域，收入增加额（P_1）一般包括产量

课前导学-经济评估1

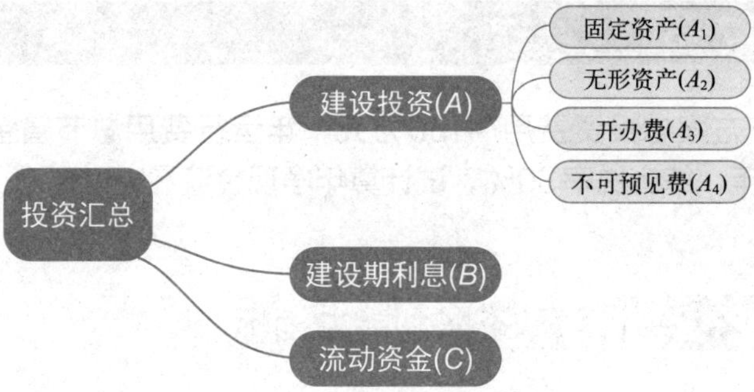

图7-4　投资汇总分析图

增加、质量提升、价格提高等带来的收入增加以及专项财政收益；总运行费用减少额（P_2）一般包括原辅料、动力和燃料、工资和维修、污染物治理、环境保护税等方面减少的费用。运行费用减少为正值，增加为负值，总运行费用减少额为其代数和。计算公式如下：

年运行费用总节省金额（P）= 收入增加额（P_1）+ 总运行费用减少额（P_2）

由于年运行费用总节省金额并未考虑新增（或技改）设备的折旧，故该指标值可看成因清洁生产方案实施产生的毛利润。

3. 年折旧费（D）

折旧费是指定期地计入成本费用中的固定资产的转移价值。在清洁生产方案经济评估领域，折旧费主要针对新增设备，计算公式如下：

$$新增设备年折旧费(D)=\frac{总投资费用(I)}{设备使用年限(Y)}$$

随堂练习 7-2　（难度：★★）

某企业清洁生产审核方案为更换一套设备，使用年限为10年，设备购置费90万元，材料费20万元，设备安装费5万元，其他费用5万元。项目实施后，节约电费5万元，节约物料费10万元，减少环保费5万元。试计算：①总投资费用；②年运行费用总节省金额；③年折旧费。

4. 年应税利润（T）

应税利润又称应税所得，是每一纳税年度企业收入总额减去准予扣除项目后的余额。在清洁生产方案经济评估领域，年应税利润（T）一般是指年运行费用总节省金额（P）扣除年折旧费（D）后的余额。计算公式如下：

年应税利润（T）= $P-D$

5. 年净利润（E）

净利润又称税后利润，是指企业应税利润总额减去所得税后的金额。计算公式如下：

年净利润（E）= 年应税利润（T）- 各类税 = 年应税利润（T）×（1- 税率）

6. 年净现金流量（F）

年净现金流量常称年收益，是指一年内企业现金流入和现金流出之差额。计算公式如下：

年净现金流量（F）= 销售收入 - 经营成本 - 各类税 = 年净利润（E）+ 年折旧费（D）

随堂练习7-3 （难度：★★）

某清洁生产方案总投资费用I=150万元，年运行费用总节省金额P=40万元，折旧年限n=10年，综合税率30%，试计算年净现金流量。

任务步骤7-2-2 计算动态盈利能力指标

课前导学-经济评估2

1. 投资偿还期（N）

投资偿还期是指项目投产后，以项目获得的年净现金流量来回收项目建设总投资所需的年限。计算公式如下：

$$投资偿还期(N)=\frac{总投资费用(I)}{年净现金流量(F)}$$

判别准则：N<基准年限（视不同项目而定）时，项目方案可接受。

作用特点：①反映方案投资回收能力，偿还期越短，经济效果越好；②未能反映资金的时间价值；③未能全面反映方案经济寿命期的效益；④是方案经济评价的简单辅助指标。

随堂练习7-4 （难度：★★）

某清洁生产方案总投资费用I=120万元，年运行费用总节省金额P=20万元，折旧年限为n=5年，综合税率30%，贴现率5%，试计算：①年净现金流量；② 投资偿还期。

2. 净现值（NPV）

净现值是指在项目经济寿命期内（或折旧年限内）将每年的净现金流量按规定的贴现率折现到计算期初的基年（一般为投资期初）现值之和。

$$净现值(NPV)=\sum_{j=1}^{n}\frac{F}{(1+i)^j}-I=KF-I$$

式中，i为贴现率，%；n为项目经济寿命期（或折旧年限），年；j为年份；$\sum_{j=1}^{n}\frac{1}{(1+i)^j}$为贴现系数（$K$），其值见表7-3。

判别准则：单一方案时，NPV > 0，方案可接受，NPV ≤ 0，方案被拒绝；多方案时，遵循净现值最大准则。

作用特点：①是动态分析的基本指标之一；②用于考察项目寿命期内获利能力；③不能反映资金利用效率。

表7-3 贴现系数表

	贴现率（1%～10%）									
年度	1%	2%	3%	4%	5%	6%	7%	8%	9%	10%
1	0.9901	0.9804	0.9709	0.9615	0.9524	0.9434	0.9346	0.9259	0.9174	0.9091

续表

贴现率（1% ～ 10%）										
年度	1%	2%	3%	4%	5%	6%	7%	8%	9%	10%
2	1.9704	1.9416	1.9135	1.8861	1.8594	1.8334	1.8080	1.7833	1.7591	1.7355
3	2.9401	2.8839	2.8286	2.7751	2.7232	2.6730	2.6243	2.5771	2.5313	2.4869
4	3.0920	3.8077	3.7171	3.6299	3.5460	3.4651	3.3872	3.3121	3.2397	3.1699
5	4.8534	4.7135	4.5797	4.4518	4.3295	4.2124	4.1002	3.9927	3.8897	3.7908
6	5.7955	5.6014	5.4172	5.2421	5.0757	4.9173	4.7665	4.6229	4.4859	4.3553
7	6.7282	6.4720	6.2303	6.0021	5.7864	5.5824	5.3893	5.2064	5.0330	4.8684
8	7.6517	7.3255	7.0197	6.7327	6.4632	6.2098	5.9713	5.7466	5.5348	5.3349
9	8.5660	8.1622	7.7861	7.4353	7.1078	6.8017	6.5152	6.2469	5.9952	5.7590
10	9.4713	8.9826	8.5302	8.1109	7.7217	7.3601	7.0236	6.7101	6.4177	6.1446
11	10.3676	9.7868	9.2526	8.7605	8.3064	7.8869	7.4987	7.1390	6.8052	6.4951
12	11.2551	10.5753	9.9540	9.3851	8.8633	8.3838	7.9427	7.5361	7.1607	6.8137
13	12.1337	11.3484	10.6350	9.9856	9.3936	8.8527	8.3577	7.9038	7.4869	7.1034
14	13.0037	12.1062	11.2961	10.5631	9.8986	9.2950	8.7455	8.2442	7.7862	7.3667
15	13.8651	12.8493	11.9379	11.1184	10.3797	9.7122	9.1079	8.5595	8.0607	7.6061
16	14.7179	13.5777	12.5611	11.6523	10.8378	10.1059	9.4466	8.8514	8.3126	7.8237
17	15.5623	14.2919	13.1661	12.1657	11.2741	10.4773	9.7632	9.1216	8.5436	8.0216
18	16.3983	14.9920	13.7535	12.6593	11.6896	10.8276	10.0591	9.3719	8.7556	8.2014
19	17.2260	15.6785	14.3238	13.1339	12.0853	11.1581	10.3356	9.6036	8.9501	8.3649
20	18.0456	16.3514	14.8775	13.5903	12.4622	11.4699	10.5940	9.8181	9.1285	8.5136
贴现率（11% ～ 20%）										
年度	11%	12%	13%	14%	15%	16%	17%	18%	19%	20%
1	0.9009	0.8929	0.8850	0.8772	0.8696	0.8621	0.8547	0.8475	0.8403	0.8333
2	1.7125	1.6901	1.6681	1.6467	1.6257	1.6052	1.5852	1.5656	1.5465	1.5278
3	2.4437	2.4018	2.3612	2.3216	2.2832	2.2459	2.2096	2.1743	2.1399	2.1065
4	3.1024	3.0373	2.9745	2.9137	2.8550	2.7982	2.7432	2.6901	2.6386	2.5887
5	3.6959	3.6048	3.5172	3.4331	3.3522	3.2743	3.1993	3.1272	3.0576	2.9906
6	4.2305	4.1114	3.9975	3.8887	3.7845	3.6847	3.5892	3.4976	3.4098	3.3255
7	4.7122	4.5638	4.4226	4.2883	4.1604	4.0386	3.9224	3.8115	3.7057	3.6046
8	5.1461	4.9676	4.7988	4.6389	4.4873	4.3436	4.2072	4.0776	3.9544	3.8372
9	5.5370	5.3282	5.1317	4.9464	4.7716	4.6065	4.4506	4.3030	4.1633	4.0310
10	5.8892	6.6502	5.4262	5.2161	5.0188	4.8332	4.6586	4.4941	4.3389	4.1925
11	6.2065	5.9377	5.6869	5.4527	5.2337	5.0286	4.8364	4.6560	4.4865	4.3271

续表

贴现率（11%～20%）										
年度	11%	12%	13%	14%	15%	16%	17%	18%	19%	20%
12	6.4924	6.1944	5.9176	5.6603	5.4206	5.1971	4.9884	4.7932	4.6105	4.4392
13	6.7499	6.4235	6.1218	5.8424	5.5831	5.3423	5.1183	4.9095	4.7147	4.5327
14	6.9819	6.6282	6.3025	6.0021	5.7245	5.4675	5.2293	5.0081	4.8023	4.6106
15	7.1909	6.8109	6.4624	6.1422	5.8474	5.5755	5.3242	5.0916	4.8759	4.6755
16	7.3792	6.9740	6.6039	6.2651	5.9542	5.6685	5.4053	5.1624	4.9377	4.7296
17	7.5488	7.1196	6.7291	6.3729	6.0472	5.7487	5.4746	5.2223	4.9897	4.7746
18	7.7016	7.2497	6.8339	6.4674	6.1280	5.8178	5.5339	5.2732	5.0333	4.8122
19	7.8393	7.3658	6.9380	6.5504	6.1982	5.8775	5.5845	5.3162	5.0700	4.8435
20	7.9633	7.4694	7.0248	6.6231	6.2593	5.9288	5.6278	5.3527	5.1009	4.8696
贴现率（21%～30%）										
年度	21%	22%	23%	24%	25%	26%	27%	28%	29%	30%
1	0.8264	0.8197	0.8130	0.8065	0.8000	0.7937	0.7874	0.7813	0.7752	0.7692
2	1.5095	1.4915	1.4740	1.4568	1.4400	1.4235	1.4074	1.3916	1.3761	1.3609
3	2.0739	2.0422	2.0114	1.9813	1.9520	1.9234	1.8956	1.8684	1.8420	1.8161
4	2.5404	2.4936	2.4483	2.4043	2.3616	2.3202	2.2800	2.2410	2.2031	2.1662
5	2.9260	2.8636	2.8035	2.7454	2.6893	2.6351	2.5827	2.5320	2.4830	2.4356
6	3.2446	3.1669	3.0923	3.0205	2.9514	2.8850	2.8210	2.7594	2.7000	2.6427
7	3.5079	3.4155	3.3270	3.2423	3.1611	3.0833	3.0087	2.9370	2.8682	2.8021
8	3.7256	3.6193	3.5179	3.4212	3.3289	3.2407	3.1564	3.0758	2.9986	2.9247
9	3.9054	3.7863	3.6731	3.5655	3.4631	3.3657	3.2728	3.1842	3.0997	3.0190
10	4.0541	3.9232	3.7993	3.6819	3.5705	3.4648	3.3644	3.2689	3.1781	3.0915
11	4.1769	4.0354	3.9018	3.7757	3.6564	3.5435	3.4365	3.3351	3.2388	3.1473
12	4.2784	4.1274	3.9852	3.8514	3.7251	3.6059	3.4933	3.3868	3.2859	3.1903
13	4.3624	4.2028	4.0530	3.9124	3.7801	3.6555	3.5381	3.4272	3.3224	3.2233
14	4.4317	4.2646	4.1082	3.9616	3.8241	3.6949	3.5733	3.4587	3.3507	3.2487
15	4.4890	4.3152	4.1530	4.0013	3.8593	3.7261	3.6010	3.4834	3.3726	3.2682
16	4.5364	4.3567	4.1894	4.0333	3.8874	3.7509	3.6228	3.5026	3.3896	3.2832
17	4.5755	4.3908	4.2190	4.0591	3.9099	3.7705	3.6400	3.5177	3.4028	3.2948
18	4.6079	4.4187	4.2431	4.0799	3.9279	3.7861	3.6536	3.5294	3.4130	3.3037
19	4.6346	4.4415	4.2627	4.0967	3.9424	3.7985	3.6642	3.5386	3.4210	3.3105
20	4.6567	4.4603	4.2786	4.1103	3.9539	3.8083	3.6726	3.5458	3.4271	3.3158

续表

贴现率（31% ～ 40%）										
年度	31%	32%	33%	34%	35%	36%	37%	38%	39%	40%
1	0.7634	0.7576	0.7519	0.7463	0.7407	0.7353	0.7299	0.7246	0.7194	0.7143
2	1.3461	1.3315	1.3172	1.3032	1.2894	1.2760	1.2627	1.2497	1.2370	1.2245
3	1.7909	1.7663	1.7423	1.7188	1.6959	1.6735	1.6516	1.6302	1.6093	1.5889
4	2.1305	2.0957	2.0618	2.0290	1.9969	1.9658	1.9355	1.9060	1.8772	1.8492
5	2.3897	2.3452	2.3021	2.2604	2.2200	2.1807	2.1427	2.1058	2.0699	2.0352
6	2.5875	2.5342	2.4828	2.4331	2.3852	2.3388	2.2939	2.2506	2.2086	2.1680
7	2.7386	2.6775	2.6187	2.5620	2.5075	2.4550	2.4043	2.3555	2.3086	2.2628
8	2.8539	2.7860	2.7208	2.6582	2.5982	2.5404	2.4849	2.4315	2.3801	2.3306
9	2.9419	2.8681	2.7976	2.7300	2.6653	2.6033	2.5437	2.4866	2.4317	2.3790
10	3.0091	2.9304	2.8553	2.7836	2.7150	2.6495	2.5867	2.5265	2.4689	2.4136
11	3.0604	2.9776	2.8987	2.8236	2.7519	2.6834	2.6180	2.5555	2.4956	2.4383
12	3.0995	3.0133	2.9314	2.8534	2.7792	2.7084	2.6409	2.5764	2.5148	2.4559
13	3.1294	3.0404	2.9559	2.8757	2.7994	2.7268	2.6576	2.5916	2.5286	2.4685
14	3.1522	3.0609	2.9744	2.8923	2.8144	2.7403	2.6698	2.6026	2.5386	2.4775
15	3.1696	3.0764	2.9883	2.9047	2.8255	2.7502	2.6787	2.6106	2.5457	2.4839
16	3.1829	3.0882	2.9987	2.9140	2.8337	2.7575	2.6852	2.6164	2.5509	2.4885
17	3.1931	3.0971	3.0065	2.9209	2.8398	2.7629	2.6899	2.6206	2.5546	2.4918
18	3.2008	3.1039	3.0124	2.9260	2.8443	2.7668	2.6934	2.6236	2.5573	2.4941
19	3.2067	3.1090	3.0169	2.9299	2.8476	2.7697	2.6959	2.6258	2.5592	2.4958
20	3.2112	3.1129	3.0202	2.9327	2.8501	2.7718	2.6977	2.6274	2.5606	2.4970

案例解析 7-5

以某金属冶炼企业为例，计算方案净现值并判断方案可行性

针对某金属冶炼企业F6和F8两个中费清洁生产方案，审核小组进行经济评估，计算过程和结果详见表7-4。

表7-4　冶炼企业两个中费方案的经济评估数据

指标	计算公式或判定依据	中费方案F6	中费方案F8
总投资费用（I）/万元	—	31.67	73.82
年运行费用总节省金额（P）/万元	—	15.03	28.20
年净现金流量（F）/万元	—	11.30	21.50

续表

指标	计算公式或判定依据	中费方案F6	中费方案F8
折旧期（n）/年	—	6	7
贴现率（i）/%	—	8	8
投资偿还期（N）（保留小数点后4位）/年	$N=I/F$	31.67/11.30=2.8027	73.82/21.50=3.4335
净现值（NPV）/万元	$NPV=KF-I$	4.6229 × 11.30−31.67=20.57	5.2064 × 21.50−73.82=38.12
根据净现值判断单一方案是否可行	NPV > 0，方案可接受；NPV ≤ 0，方案被拒绝	NPV>0，项目可行	NPV>0，项目可行
根据净现值判断两个方案哪个更可行	NPV最大准则	NPV（F8）> NPV（F6），F8更可行（可能与实际不符）	

小提示7-2

由于净现值不能反映资金的利用效率，用净现值判定多方案时，其结果可能与实际不符。

随堂练习7-5 （难度：★★）

某清洁生产方案总投资费用I=120万元，年净现金流量F=30万元，折旧期n=10年，贴现率i=5%，试计算净现值（NPV）。

3. 净现值率（NPVR）

净现值率为单位投资额所得到的净收益现值。如果两个项目投资方案的净现值相同，而投资额不同，则应对单位投资能得到的净现值进行比较，净现值率大者为更优方案。

$$净现值率(NPVR)=\frac{NPV}{I}$$

净现值和净现值率均按规定的贴现率进行计算而确定，它们不能体现出项目本身内在的实际投资收益率。因此，还需采用内部收益率指标来判断项目的真实收益水平。

案例解析7-6

以某金属冶炼企业为例，计算方案净现值率并判断方案可行性

针对某金属冶炼企业F6和F8两个中费清洁生产方案，审核小组进行经济评估，计算过程和结果详见表7-5。

表7-5　冶炼企业两个中费方案的经济评估数据

指标	计算公式或判定依据	中费方案F6	中费方案F8
净现值（NPV）/万元	NPV=*KF*−*I*	4.6229 × 11.30−31.67=20.57	5.2064 × 21.50−73.82=38.12
净现值率（NPVR）/ %	NPVR=NPV/*I*	20.57/31.67=0.65	38.12/73.82=0.52
根据净现值率判断两个方案哪个更可行	NPVR最大准则	NPVR（F6）>NPVR（F8），F6更可行	

4. 内部收益率（IRR）

内部收益率（IRR）是投资项目在计算期内各年净现金流量现值累计为零时的贴现率。

$$NPV=\sum_{j=1}^{n}\frac{F}{(1+IRR)^{j}}-I=0$$

计算内部收益率（IRR）的简易方法是试差法。

$$IRR=i_1+\frac{NPV_1(i_2-i_1)}{NPV_1+|NPV_2|}$$

式中，i_1为当净现值NPV_1为接近于零的正值时的贴现率，%；i_2为当净现值NPV_2为接近于零的负值时的贴现率。%。

NPV_1和NPV_2分别为试算贴现率i_1和i_2时对应的净现值；i_1和i_2可通过查表7-3获得，i_1与i_2的差值不应当超过2%。

判别准则：单一方案时，IRR ≥ i_c，方案可接受，IRR< i_c，方案被拒绝（i_c为基准收益率、行业收益率或银行贷款利率）；多方案时，选择IRR最大的方案。

作用特点：①是项目投资的盈利率，反映投资效益；②可用于确定能接受贷款的最低条件；③在多个投资方案供选择时，应选择IRR最大者。

案例解析7-7

以某金属冶炼企业为例，计算内部收益率并判断方案可行性

针对某金属冶炼企业F6和F8两个中费清洁生产方案，审核小组进行经济评估，计算过程和结果详见表7-6。

表7-6　冶炼企业两个中费方案的经济评估数据

指标	计算公式或判定依据	中费方案F6	中费方案F8
总投资费用（I）/万元	—	31.67	73.82
年运行费用总节省金额（P）/万元	—	15.03	28.20
年净现金流量（F）/万元	—	11.30	21.50
折旧期（n）/年	—	5	7
基准收益率（i_c）/%	—	21	21
投资偿还期（N）（保留小数点后4位）/年	$N=I/F$	31.67/11.30=2.8027	73.82/21.50=3.4335
查表得i_1、K_1和i_2、K_2	将N值作为贴现系数	i_1=23%、K_1=2.8035 i_2=24%、K_2=2.7454	i_1=21%、K_1=3.5079 i_2=22%、K_2=3.4155
计算净现值（NPV_1和NPV_2）	$NPV=KF-I$	$NPV_1=2.8035\times11.30-31.67=0.01$ $NPV_2=2.7454\times11.30-31.67=-0.65$	$NPV_1=3.5079\times21.50-73.82=1.60$ $NPV_2=3.4155\times21.50-73.82=-0.39$
计算内部收益率（IRR）	$IRR=i_1+\frac{NPV_1(i_2-i_1)}{NPV_1+\lvert NPV_2\rvert}$	$IRR=23\%+\frac{0.01\times(24\%-23\%)}{0.01+\lvert-0.65\rvert}=23.015\%$	$IRR=21\%+\frac{1.60\times(22\%-21\%)}{1.60+\lvert-0.39\rvert}=21.804\%$
根据内部收益率判断单一方案是否可行	$IRR\geqslant i_c$，方案可接受； $IRR<i_c$，方案被拒绝	$IRR=23.015\%>i_c=21\%$ 方案可接受	$IRR=21.804\%>i_c=21\%$ 方案可接受
根据内部收益率判断两个方案哪个更可行	IRR最大准则	IRR（F6）>IRR（F8），F6更可行	

随堂练习 7-6　（难度：★★★）

（1）已知i_1=4%，i_2=5%，折旧年限n=10年，总投资费用I=160万元，年净现金流量F=20万元，试计算内部收益率。

（2）某方案总投资费用I=150万元，年运行费用总节省金额P=40万元，折旧年限n=10年，综合税率30%，贴现率5%，行业基准收益率10%，试判断该方案是否可行。

笔记

案例 7-3 水泥生产企业案例解析

课中解析-企业案例解析

课中解析-编写项目章节

小提示 7-3

不同咨询机构按照不同的方式开展方案可行性分析工作，并编写方案可行性分析章节，详见表 7-7。

表 7-7 清洁生产审核报告方案可行性分析章节目录

7 方案可行性分析（企业 1）	7 方案可行性分析（企业 2）	7 方案可行性分析（企业 3）
7.1 方案可行性评估分析 7.1.1 煤改气方案可行性评估 7.1.2 尾气处理塔改造方案可行性评估 7.2 推荐可实施中/高费方案	7.1 中高费方案可行性分析 7.1.1 冷冻站改造方案 7.1.2 废气处理系统改造方案 7.2 推荐可实施中/高费方案 7.3 中/高费方案实施计划	7.1 初期雨水回收利用方案可行性分析 7.1.1 技术可行性分析 7.1.2 环境可行性分析 7.1.3 经济可行性分析 7.2 推荐可实施中/高费方案 7.3 小结

实训 7-4 金属冶炼企业实训考评

实训目的

1. 能够进行企业清洁生产方案环境评估。
2. 能够进行企业污染物减排量和环境保护税计算。
3. 能够进行企业清洁生产方案经济评估。

实训准备

1. 地点：理实一体化教室。
2. 材料：某金属冶炼企业相关资料。

实训流程

以某金属冶炼企业为例。

（1）技术评估　企业烧结机头废气采用旋风除尘+袋式除尘+碱洗喷淋处理，随着使用年限的增加，除尘效率下降，碱洗喷淋二氧化硫的处理效率也下降。随着排放标准趋严，企业不能稳定达标排放，因此，需要对烧结机废气处理系统进行改造。

① 增加布袋数量。本轮清洁生产对烧结机头袋式除尘器进行改造，布袋数量由原来的200条增加到400条，由75kW的风机更换为100kW的风机，同时高炉废气的布袋除尘设施由8个布袋增加到10个布袋，以满足除尘要求。

② 碱洗喷淋增加水洗喷淋。本轮清洁生产对烧结废气增加碱洗+水洗喷淋，以满足二氧化硫处理效率的要求；对高炉废气增加水洗喷淋，以满足二氧化硫处理效率的要求。

袋式除尘和水洗喷淋均为成熟技术，因此本方案技术可行。

（2）环境评估　本方案的实施能减少粉尘和二氧化硫的排放。

① 原烧结机废气排放总量约70000m^3/h，经旋风除尘+袋式除尘+碱洗喷淋处理后由30m高的烟囱排入大气，碱洗喷淋系统脱硫效率约80%，除尘器除尘效率约99%；烧结机废气处理系统改造后，碱洗喷淋系统脱硫效率提高至85%，除尘器除尘效率提高至99.5%。

② 原高炉废气排放总量约60000m^3/h，经重力收尘+洗涤塔+两级文丘里管处理后由35m高的烟囱排入大气，碱洗喷淋系统脱硫效率约80%，除尘器除尘效率约99%；高炉废气处理系统改造后，碱洗喷淋系统脱硫效率提高至83%，除尘器除尘效率提高至99.4%。

根据改造前后处理效率的变化，计算原排放量和预计排放浓度及排放量，将相关数据填入表7-8。

表7-8　本轮清洁生产审核后废气预计产排情况一览表

污染源	污染物	原排放浓度/（mg/m^3）	原排放量/（t/a）	处理措施	预计排放浓度/（mg/m^3）	预计排放量/（t/a）
烧结废气	二氧化硫	38.1		旋风除尘+袋式除尘+碱洗喷淋+水洗喷淋+30m烟囱		
	氮氧化物	74				
	烟尘	20				
	铅	0.24				
高炉系统	二氧化硫	27.2		重力收尘+洗涤塔+两级文丘里管+35m烟囱		
	氮氧化物	36.94				
	烟尘	4.84				
	铅	0.02				
合计减排量	二氧化硫：		烟尘：		铅：	

注：1. 铅附着在烟尘中

2. 计算结果保留小数点后4位。

（3）经济评估

① 总投资费用（*I*）。袋式除尘投资15万元，水洗喷淋15万元，项目总投资费用为30万元。

② 年运行费用总节省金额（P）。根据《中华人民共和国环境保护税法》以下简称《环境保护税法》，试计算SO_2、烟尘、铅这三类污染物的污染当量数，填入表7-9中。按项目所在地湖南省、江西省、河北省（二档）、广东省分别计算减少的环境保护税缴纳金额，填入表7-10中。假设其他效益约为12万元。

表7-9 本轮清洁生产审核应税大气污染物污染当量一览表

污染物	合计减排量	查询《环境保护税法》得到污染当量值	根据污染当量值计算应税大气污染物的污染当量
二氧化硫			
烟尘			
铅			
合计			

注：计算结果保留小数点后4位。

表7-10 本轮清洁生产审核年运行费用总节省金额一览表

产生效益	应税大气污染物适用税额（单位污染当量）			
	湖南省	江西省	河北省（二档）	广东省
税额标准				
减少环保税额				
其他效益	12万元	12万元	12万元	12万元
合计				

注：效益单位为万元，计算结果保留小数点后2位。

③ 判断方案的经济可行性。已知方案折旧期n=5年，贴现率$i=5\%$，税率30%，行业基准收益率为31%。参考相关公式，试计算年净现金流量（F）、投资偿还期（N）、净现值（NPV）、净现值率（NPVR）、内部收益率（IRR）等指标，填入表7-11中，并判断方案的经济可行性。

表7-11 不同地区清洁生产方案的经济评估数据

指标	湖南省	江西省	河北省（二档）	广东省
总投资费用（I）/万元				
年运行费用总节省金额（P）/万元				
年净现金流量（F）/万元				
折旧期（n）/年				
综合税率/%				
贴现率（i）/%				
投资偿还期（N）/年				
净现值（NPV）/万元				
按NPV判断4个省的方案经济可行性				

续表

指标	湖南省	江西省	河北省（二档）	广东省
净现值率（NPVR）/ %				
按NPVR判断哪个省的方案经济最可行				
内部收益率（IRR）/ %				
按IRR判断哪个省的方案经济最可行				
行业基准收益率（i_c）/ %				
按IRR与i_c判断四个省的方案经济可行性				

注：计算结果保留小数点后2位。

实训评价

1. 学生自评

班级：　　学生：　　学号：			
评价类型	评价内容	配分	得分
过程（50分）	单一方案技术可行性评估	10	
	单一方案环境可行性评估	10	
	单一方案经济可行性评估	15	
	多方案可行性分析	15	
成果（30分）	判定了单一清洁生产方案的可行性	15	
	选出了最优的清洁生产方案	15	
增值（20分）	技能水平（清洁化评估+绿色化改造）	10	
	职业素养（激浊扬清+绿色低碳）	10	
总分		100	

2. 专业教师或技术人员评价

教师：　　技术人员：			
评价类型	评价内容	配分	得分
知识与技能（80分）	面向企业清洁生产方案的技术评估能力	20	
	面向企业清洁生产方案的环境评估能力	20	
	面向企业清洁生产方案的经济评估能力	30	
	面向企业环境保护税的计算能力	10	
审核素养（20分）	激浊扬清：岗位意识、创新思维	10	
	绿色低碳：推行最优降碳技术、践行亲环境行为	10	
总分		100	

实训总结

存在主要问题：	收获与总结：	改进与提高：

实训思考

1. 简述清洁生产方案经济评估的指标类型。

2. 简述净现值和内部收益率用于清洁生产方案判别的准则和特点。

实训拓展

1. 填空题

（1）清洁生产经济效益包括______和______两个方面。

（2）建设项目投资汇总包括______、______、______三个方面。

（3）经济评估指标主要采用______和______两类方法。

（4）净现值（NPV）的判别准则：单一方案，______，方案可接受；______，方案被拒绝。

（5）内部收益率（IRR）的判别准则：单一方案，______，方案可接受；______，方案被拒绝。

课后拓展－企业审核实训

2. 判断题

（1）环境评估是方案可行性分析的核心。（　　）

（2）技术评估和环境评估未通过，但经济评估仍需进行。（　　）

（3）运行费用减少为正值，费用增加为负值，总运行费用减少额为其代数和。（　　）

（4）投资偿还期反映方案投资回收能力，偿还期越短，经济效果越好。（　　）

（5）在多个投资方案供选择时，应选择 IRR 最小的方案。（　　）

笔记

模块 4

绿水青山——审核成效

项目 8

方案实施与成效汇总

教学导航

【项目8　方案实施与成效汇总】是实施可行的清洁生产中/高费方案，使企业实现技术进步，获得显著的经济和环境效益。同时，通过评估已实施的清洁生产方案成果，激励企业持续开展清洁生产。该阶段的工作重点是总结已实施清洁生产方案的效果，统筹规划中/高费方案的实施。

电子教案

项目三维目标导图

激浊——清洁化评估	扬清——绿色化改造		
模块1—模块2—中期考核	模块3 绿色低碳——审核方案	模块4 绿水青山——审核成效	终期考核

项目8　方案实施与成效汇总	知识目标	能力目标	素质目标
任务8-1　组织清洁生产方案实施 步骤8-1-1　做好方案实施前准备 步骤8-1-2　分析实施方案影响因素	（影响因素） 掌握影响企业清洁生产方案实施的主要因素	（实施方案） 具备组织并监督清洁生产方案实施的能力	（激浊扬清） 增强责任意识，提升诚信观念 抵制弄虚作假、粗制滥造、不负责任的审核行为 （绿水青山） 树立和践行“绿水青山就是金山银山”理念 规范职业行为，提高职业道德水平 做绿水青山坚定的守护者和捍卫者
任务8-2　评价清洁生产方案实施成效 步骤8-2-1　汇总已实施方案成效 步骤8-2-2　总结已实施方案对企业的影响	（成效类型） 掌握清洁生产方案实施成效的主要类型	（评价成效） 具备汇总和评价清洁生产方案实施成效的能力	（激浊扬清） 增强责任意识，提升诚信观念 抵制弄虚作假、粗制滥造、不负责任的审核行为 （绿水青山） 树立和践行“绿水青山就是金山银山”理念 规范职业行为，提高职业道德水平 做绿水青山坚定的守护者和捍卫者
案例8-3　钢铁企业案例解析			
实训8-4　铁合金冶炼企业实训考评			

项目内容思维导图

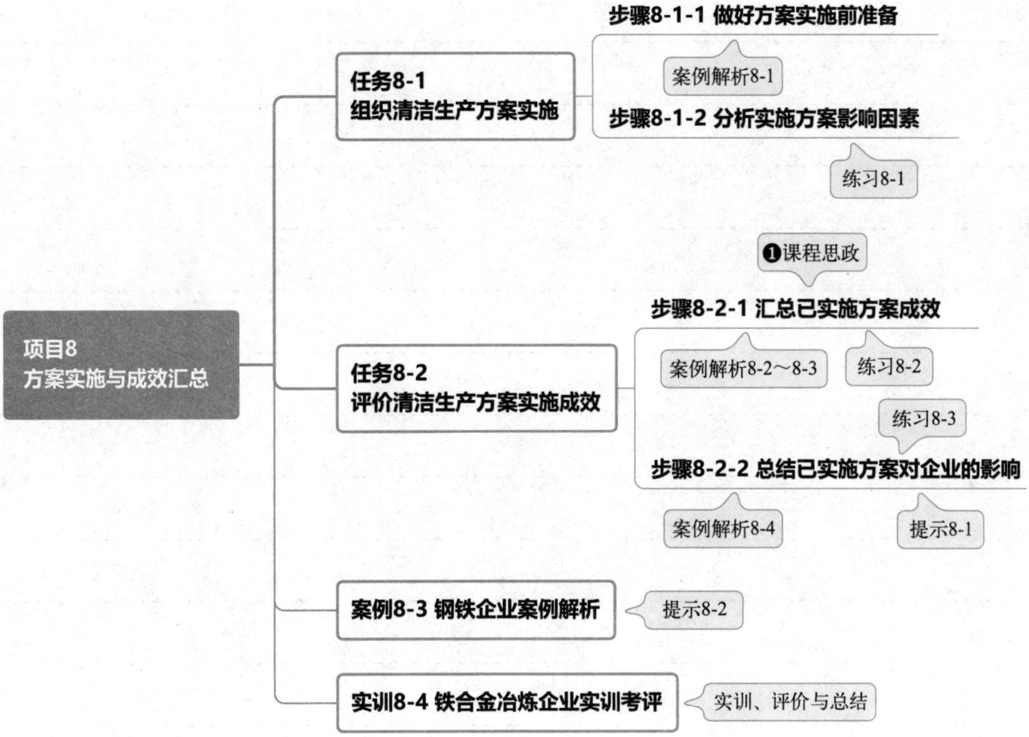
项目8
方案实施与成效汇总
任务8-1
组织清洁生产方案实施
步骤8-1-1 做好方案实施前准备
案例解析8-1
步骤8-1-2 分析实施方案影响因素
练习8-1
任务8-2
评价清洁生产方案实施成效
❶课程思政
步骤8-2-1 汇总已实施方案成效
案例解析8-2～8-3
练习8-2
练习8-3
步骤8-2-2 总结已实施方案对企业的影响
案例解析8-4
提示8-1
案例8-3 钢铁企业案例解析
提示8-2
实训8-4 铁合金冶炼企业实训考评
实训、评价与总结

笔记

任务8-1

组织清洁生产方案实施

情景设定

小清审核的企业正要组织实施清洁生产中/高费方案，小清该如何指导企业组织实施？需要注意哪些事项？

小洁审核的企业，清洁生产无/低费方案、中/高费方案都已实施，根据“边审核、边实施、边见效”原则，小洁应及时汇总已实施清洁生产方案的成效，她该如何处理？

任务目标

✓知识目标

（影响因素）掌握影响企业清洁生产方案实施的主要因素。

✓能力目标

（实施方案）具备组织并监督清洁生产方案实施的能力。

✓素质目标

（激浊扬清）增强责任意识，提升诚信观念，抵制弄虚作假、粗制滥造、不负责任的审核行为。

（绿水青山）树立和践行“绿水青山就是金山银山”理念，规范职业行为，提高职业道德水平，做绿水青山坚定的守护者和捍卫者。

任务实施

任务步骤8-1-1　做好方案实施前准备

1. 制订实施计划

课前导学-准备实施

方案可行性分析完成之后，从筹措方案实施所需的资金开始，直至正常运行与生产，这是一个非常繁杂的过程，因此有必要统筹规划，以利于该阶段工作的顺利进行。首先应制订一个比较详细的实施计划和时间进度表。

（1）实施计划　主要内容包括资金筹措，方案设计，设备选型、订货、安装等，完善配套设施服务，制定各项规程，落实操作、维修、管理班子，进行人员培训，等等。上述各项内容中，落实资金和落实施工力量是比较关键的内容。

（2）时间进度表　建议采取甘特图的形式，列出具体的负责单位，以利于责任分明。

案例解析8-1

以某空调生产企业为例，制订方案实施进度表

某空调生产企业自愿开展清洁生产审核，拟实施方案应于本轮清洁生产验收前全部实施完成，审核小组对未实施的1个中/高费方案制订了实施计划，实施计划进度表见表8-1。

表8-1 新增基地能源管理系统方案实施进度表

序号	内容	2023年						负责单位
		7月	8月	9月	10月	11月	12月	
1	问题分析							运营管理部
2	方案制订							生产计划部
3	方案论证（含试验）							项目拓展部
4	方案实施							装备保障部
5	验收							综合管理部
6	正常运行							控制器分厂

2. 筹措改造资金

企业资金来源包括内部自筹资金和外部自筹资金。

① 内部自筹资金。主要包括现有资金和通过实施清洁生产无/低费方案逐步积累的资金。

② 外部自筹资金。主要包括：国内借贷资金，如国内银行贷款等；国外借贷资金，如世界银行贷款等；其他资金来源，如环保资金返回款、政府财政专项拨款、发行股票和债券融资等。

3. 落实施工力量

落实施工力量主要是落实土建施工和设备的安装与运行。

① 土建施工的落实。主要包括施工设计、土地征用、施工现场准备、施工队伍落实、施工进度安排、施工质量验收等。

② 设备的安装与运行。主要包括设备选型、订货、安装、调试、验收等。

任务步骤8-1-2 分析实施方案影响因素

实施前准备工作不完善会影响方案的实施，主要有以下三个方面。

1. 资金因素

主要包括：内部资金配套不完善，如资金不足或资金被挪用；外部资金不能按时到位，如汇率变动造成资金短缺；方案筹划不当，原计划可行的方案随时间变为不可行，相反一些新发现的更为可行的方案需要投资，造成资金矛盾；方案实施次序计划不当，造成资金短缺。

例如，某企业计划实施方案A、B后再实施方案C，后因发现先实施A、C再实施B更优，但“A+C”方案的投资大于“A+B”方案，从而造成资金短缺。

随堂练习 8-1　（难度：★）

资金因素往往是影响清洁生产方案实施的最大因素，通过网络检索，分享一个因资金问题导致方案无法实施的案例。

2. 土建施工因素

主要包括：客观条件，例如施工现场需要大型地下管道挪位等，影响施工进度；主观条件，例如施工队伍技术不过关，影响施工进度。

3. 运行管理不当

主要包括：设备土建施工完成后，缺少调试与运行人员，没有相应的维护管理人员，缺乏必要的分析测试仪表、设备，造成设备难以正常运转。

对于以上问题，在制订方案实施计划时都应详细分析，并在方案实施过程中不断调整、不断完善，以便清洁生产方案的顺利实施。

笔记

任务 8-2
评价清洁生产方案实施成效

情景设定

小清审核的企业，清洁生产无/低费方案已全部实施完成，但中/高费方案都还没开始实施，此时，他该如何评价无/低费方案的成效？是否需要评价中/高费方案的成效？

小洁审核的企业，清洁生产中/高费方案正在实施中，此时，她该如何评价清洁生产中/高费方案的成效？

任务目标

✓知识目标

（成效类型）掌握清洁生产方案实施成效的主要类型。

✓能力目标

（评价成效）具备汇总和评价清洁生产方案实施成效的能力。

✓素质目标

（激浊扬清）增强责任意识，提升诚信观念，抵制弄虚作假、粗制滥造、不负责任的审核行为。

（绿水青山）树立和践行“绿水青山就是金山银山”理念，规范职业行为，提高职业道德水平，做绿水青山坚定的守护者和捍卫者。

任务实施

任务步骤 8-2-1　汇总已实施方案成效

1. 汇总已实施无/低费清洁生产方案成效

已实施无/低费方案的成果包括环境效益和经济效益两个方面。

（1）环境效益　对比方案实施前后环境指标的变化，包括物耗、水耗、电耗等资源消耗指标和废水、废气、固体废物等废物产生量指标，从而获得无/低费方案实施后的环境效益。

（2）经济效益　对比方案实施前后经济指标的变化，包括产值、原材料费用、能源费用、公共设施费用、水费、污染控制费用、维修费及税金、净利润等，从而获得无/低费方案实施后的经济效益。

课前导学-汇总成效

最后对本轮清洁生产审核中无/低费方案的实施情况做阶段性总结。

激浊扬清　绿水青山

课程思政材料：《中华人民共和国环境保护法》第六十五条规定：“……，在有关环境服务活动中弄虚作假，对造成的环境污染和生态破坏负有责任的，除依照有关法律法规规定予以处罚外，还应当与造成环境污染和生态破坏的其他责任者承担连带责任。”生态环境部公布的第三方环保服务机构弄虚作假典型案例表明，国家坚持以“零容忍”态度打击突出生态环境违法犯罪行为，忠告企业（第三方环保服务机构）敬畏法律、合规经营、依法排污，以查处一起、震慑一批、教育一片的高压态势，不断压实企业污染治理主体责任，改善自身环境行为。作为清洁生产审核从业人员，在方案实施效果评估环节中，必须如实反映企业实施清洁生产前后的真实绩效，更好地守护绿水青山，切不可弄虚作假，违规协助企业通过审核，否则将受到法律的严惩。

课程思政要点：将生态环境领域弄虚作假的严重后果与清洁生产方案实施效果的真实评估融合，牢固树立“绿水青山就是金山银山”理念，树牢底线思维，树立诚信观念，自觉践行诚信行为。

案例解析8-2

以某空调生产企业为例，汇总已实施无/低费方案的效果

（1）无费方案实施效果汇总　本轮清洁生产审核已实施2个无费方案，现已全部完成，每年可为公司产生经济效益约0.7万元，也带来了一定的环境效益，具体见表8-2。部分无费清洁生产方案实施前后对照图片见图8-1。

表8-2　无费方案实施效果情况表

编号	方案名称	投资/万元	环境效益	经济效益
F2	及时清扫和收集边角料	0	减少边角料浪费，保持车间地面清洁	节约边角料费用0.5万元/a
F7	废品及时入库或回收	0	避免环境污染	产生效益0.2万元/a

(a) 散落的边角料(F2方案实施前)

(b) 及时清理散落的边角料(F2方案实施后)

图8-1　部分无费清洁生产方案实施前后对照图

（2）低费方案实施情况汇总　本轮清洁生产审核已实施6个低费方案，投入资金6万元，现已全部完成，每年可为公司产生经济效益约12万元，节约用电约21.89×10^4kW·h/a，具体见表8-3。部分低费清洁生产方案实施前后对照图片见图8-2。

表8-3　低费方案实施效果情况表

编号	方案名称	投资/万元	环境效益	经济效益
F1	机型结构调整	1.2	减少螺钉滑丝等问题，减少资源浪费	提高产品一次合格率，提高工作效率，增加效益2万元/a
F3	设计焊接工装	1.8	保证和提高焊接产品的质量	提高焊接效率，增加效益2.4万元/a
F4	佩戴安全防护用具	0.1	提高员工的安全意识，减少安全事故	提高生产效率，减少安全事故，产生经济效益0.5万元/a
F5	规范管理记录	0.8	提高管理水平，规范存档	规范管理，产生经济效益0.5万元/a
F6	制定商用二次灌注扫描防错防漏系统	1.5	提高产品合格率，减少人工劳动	提高产品一次合格率，减少人工劳动，产生经济效益4.8万元/a
F8	关联连接管防错扫描系统与下道工序型号标记系统	0.6	避免人为过失，导致不合格产品流入下一道工序	避免人为过失，提高产品一次合格率，产生效益1.8万元/a

(a) 工人劳保用品佩戴不全(F4方案实施前)　(b) 工人劳保用品佩戴齐全(F4方案实施后)

图8-2　部分低费清洁生产方案实施前后对照图

2. 评价已实施中/高费清洁生产方案成效

对已实施中/高费方案进行环境、技术、经济评价。

（1）环境评价　对方案实施前后各项环境指标进行追踪并与方案的设计值相比，考察方案的环境效益。主要包括：①方案实施后，废物排放是否达到审核重点要求达到的污染预防目标，废水、废气、废渣、噪声实际削减量如何；②方案实施后，内部回用/循环利用程度如何，还应如何改进；③方案实施后，单位产品产量和产值的能耗、物耗、水耗降低的程度；④方案实施后，单位产品产量和产值的废物排放量、排放浓度的变化情况，有无新的污染物产生等；⑤方案实施后，产品使用和报废回收过程中还有哪些环境风险因素存在；⑥方案实施后，生产过程中有害健康、生态、环境的各种因素是否得到消除以及应进一步改善的条件和问题。

对比“方案实施前”与“方案实施后”的数值，找出究竟产生了多少环境效益；对比“设计的方案”与“方案实施后”的数值（对比理论值与实际值），分析两者的差距，并对方案进行完善，详见表8-4。

表8-4　清洁生产方案环境效果对比一览表

对比项目	方案实施前	设计的方案	方案实施后
废水量			
水污染物量			
废气量			
大气污染物量			
固体废物量			
单位能耗			
单位物耗			
单位水耗			
…			

（2）技术评价　评价各项技术指标是否达到原设计要求，主要包括：①生产流程是否合理；②生产程序和操作规程有无问题；③设备容量是否满足生产要求；④对生产能力与产品影响如何；⑤仪表管线布置是否需要调整；⑥生产管理方面是否需要修改或补充；⑦自动化程度和自动分析测试及监测指示方面还需进行哪些改进；⑧设备实际运行水平与国内、国际同行业水平有何差距；⑨设备技术管理、维修、保养人员是否齐备。

（3）经济评价　经济评价是评价方案实施效果的重要手段，主要包括：①废料的处理和处置费用，环境税费降低多少，事故赔偿费减少多少；②原材料的费用、能源和公共设施费如何；③设施设备维修费是否减少；④产品的成本、利润和效益如何，包括产量是否增加、质量有无提高、使用寿命能否延长、市场竞争能力是否加强、是否享受到环境政策或其他政策的优惠。

对比方案实施前后的经济效果，进行经济评价，详见表8-5。

表8-5　清洁生产方案实施前后经济效果对比表

对比项目	方案实施前（A）	设计的方案（B）	方案实施后（C）	$A-C$	$B-C$
产值					
原材料费用					
能源费用					
污染防治费用					
环境保护税费用					
其他支出					
…					
净收益					

随堂练习8-2　（难度：★★）

小组讨论本阶段的“经济评价”与项目7中的“经济评估”之间的区别。

案例解析8-3

以某空调生产企业为例，汇总已实施中/高费方案的效果

本轮清洁生产审核提出的4个中/高费方案全部实施完成。经公司审核小组初步统计，4个中/高费方案总投入504万元，每年可为公司产生经济效益约232.67万元，节约用水$4.2\times10^4m^3$，节约电量$125\times10^4kW\cdot h$。已实施中/高费方案如表8-6所示，清洁生产方案实施后的现场照片见图8-3。

表8-6　已实施中/高费方案实施效果情况表

编号	方案名称	投资/万元	环境效益	经济效益
F9	新增长沙基地能源管理系统	220	提高产能，减少公用车间和设施的浪费	节约电量$125\times10^4kW\cdot h/a$，按0.8024元/（kW·h）计算，产生经济效益100.3万元/a
F10	新增污水处理站中水回收提升系统	32	实现节能减排，合理利用资源，节约成本	绿化系统、冲厕系统节水$4.2\times10^4m^3/a$，按4.1元/m^3计算，产生经济效益17.22万元/a
F11	增设围堰	12	减少环境风险事故对环境的影响	氟化物容许浓度限值$2mg/m^3$，敏感点计算结果为$1.8606mg/m^3$，小于$2mg/m^3$，减少环境风险造成的间接经济损失约7.15万元/a
F12	光伏发电	240	节约电量，减少污染物产生	经济效益108万元/a

(a) F9新增水表　(b) F9新增控制系统

(c) F10新增提升泵　(d) F11新增围堰

图8-3　部分中/高费清洁生产方案实施后现场照片

任务步骤8-2-2　总结已实施方案对企业的影响

清洁生产无/低费和中/高费方案经过征集、设计、实施等环节，使企业面貌有所改观，为巩固清洁生产成果，有必要进行阶段性总结。

1. 汇总环境效益和经济效益

将已实施的清洁生产无/低费和中/高费方案成果汇总成表，内容包括实施时间、投资运行费、经济效益和环境效益，并进行分析。

2. 对比各项单位产品指标

从技术工艺水平、过程控制水平、企业管理水平、员工素质等方面进行定性分析，从审核前后企业各项单位产品指标变化等方面进行定量分析。通过定性和定量分析，企业可以从中体会清洁生产的优势，总结经验，以利于在企业内推行清洁生产；通过与国内外同行业先进水平进行对比，寻找差距，分析原因以利改进，从而在深层次上寻求清洁生产机会。

3. 宣传清洁生产成果

在总结已实施的清洁生产无/低费和中/高费方案成果的基础上，组织宣传材料，在企业内广为宣传，为继续推行清洁生产打好基础。

案例解析 8-4

以某空调生产企业为例，分析总结已实施方案对企业的影响

（1）全部清洁生产方案实施成果综述　本轮清洁生产审核确定12个清洁生产方案，其中无/低费方案8个，中/高费方案4个，现已全部实施完成，实施效果见表8-7。

表8-7　已实施方案效果一览表

项目		无/低费方案	中/高费方案	合计
实施方案数/个		8	4	12
投资/万元		6	504	510
经济效益/（万元/a）		12.7	263.9	276.6
环境效益	节约用电/（10^4kW·h/a）	21.89	303.10	324.99
	节约用水/（t/a）	2036.7	42000.0	44036.7
	节约钢材/（t/a）	23.75	—	23.75
	减少固废产生/（t/a）	3.7	—	3.7

（2）方案实施后对企业的影响　企业自全面开展清洁生产以来，得到公司全体员工的配合，先后实施了一系列无/低费方案和中/高费方案，公司的生产水平、管理水平、员工素质、厂容厂貌等诸多方面有了显著变化，取得了良好的经济和环境效益。

在所有方案实施完成后，审核小组成员统计了当前企业实际生产情况，并与审核前数据进行比较，具体见表8-8。

随堂练习 8-3　（难度：★★★）

根据审核前后企业的主要生产指标变化情况，试计算万元工业增加值钢耗、综合能耗以及变化率，填入表8-8中。

表8-8　审核前后主要生产指标变化

项目	单位	审核前	审核后	变化率
产量	台/月	83413	148379	
工业增加值	万元/月	50000	75000	
电耗	10^4kW·h/月	216	185.7	
钢耗	t/月	1587	2075	
万元工业增加值钢耗	t/万元			
万元工业增加值综合能耗（以电耗计）	kgce/万元			

由表可知，审核后，公司的产量、工业增加值都有不同程度的提升，而万元工业增加值钢耗和综合能耗则有所下降，得益于清洁生产方案实施所产生的经济效益和环境效益。

（3）清洁生产目标可达性分析　将方案实施前后的现状与本轮清洁生产的目标进行对比，详见表8-9。通过分析所有的实施方案，本轮清洁生产目标值可达。

表8-9　清洁生产目标完成可行性分析表

清洁生产指标	审核前现状	设置的目标	审核后现状	可行性分析
一、资源与能源消耗指标				
万元工业增加值钢耗/（t/万元）		0.03		目标可达
万元工业增加值综合能耗/（kgce/万元）		4.0		目标可达
二、生产技术特征指标				
荣获清洁生产领域先进称号情况	未开展“两型企业”申报工作	可荣获“清洁生产审核标识”证书	可荣获“清洁生产审核标识”证书	目标可达
开展清洁生产审核	正在进行清洁生产审核	通过清洁生产审核	通过清洁生产审核	目标可达

小提示8-1

本项目工作开展时，部分清洁生产中/高费方案还未实施或正在实施中，此时，除汇总和评估已实施方案的成效和对企业的影响外，还需评估拟（正）实施方案对企业的影响，可参考【实训8-4】。

案例8-3　钢铁企业案例解析

课中解析－企业案例解析

课中解析－编写项目章节

小提示8-2

不同咨询机构按照不同的方式开展方案实施与成效汇总工作，并编写方案实施与成效汇总章节，详见表8-10。

表8-10　清洁生产审核报告方案实施与成效汇总章节目录

8　方案实施与成效（企业1）	8　方案实施与成效（企业2）	8　方案实施与成效（企业3）
8.1 方案实施情况简述 8.2 资金筹措 8.3 已实施方案成果汇总 8.4 清洁生产目标指标完成情况	8.1 方案实施过程 8.2 清洁生产方案实施效果汇总 8.3 方案实施结果汇总 8.4 清洁生产方案实施对企业的影响 8.5 总结清洁生产审核成果 8.6 成果宣传 8.7 清洁生产审核所产生效益汇总	8.1 已实施方案评估 8.1.1 汇总已实施无/低费方案成果 8.1.2 评价汇总已实施中/高费方案成果 8.2 拟实施方案评估 8.2.1 拟实施方案计划汇总 8.2.2 拟实施方案资金筹措 8.3 全部方案实施后评估 8.3.1 汇总全部方案实施后成果 8.3.2 分析总结全部方案实施后对企业的影响 8.3.3 方案实施后清洁生产目标完成情况预测

实训8-4　铁合金冶炼企业实训考评

实训目的

1. 掌握清洁生产方案实施与效果汇总阶段的工作流程。
2. 能够进行企业清洁生产方案实施成果评估。
3. 能够进行企业清洁生产方案实施效益分析。

实训准备

1. 地点：理实一体化教室。
2. 材料：某铁合金冶炼企业相关资料。

实训流程

1. 汇总已实施无/低费方案的成效

本轮清洁生产审核实施完成12个无/低费方案，投入资金12.4万元，年经济效益16.5万元，已实施无/低费方案效益汇总见表8-11。

表8-11　已实施无/低费清洁生产方案效益汇总表

项目	类别	编号	方案名称	实施时间	实施情况说明	效益说明	年经济效益/（万元/a）
原辅材料	低费	F1	稳定锰矿石质量	2023年4月	稳定供应商渠道，做好取制样及化验工作	保障锰含量，提高产品质量	1.2
设备维护、工艺技术改进和过程控制	低费	F2	更换行车电机和电缆线	2023年5月	行车电缆线老化滑线，电机小轮烧坏，更换电机和电源电缆线	保障系统正常运行	1.8
	无费	F3	维护电容器清洁	2023年6月	及时清理电容器柜和电容器上的污染物，并拧紧松动的螺丝	减少电路短路事故发生，保证系统正常运行	0.5
	低费	F4	更换热风炉温控线路	2023年7月	热风炉温控线路老化，更换温控线路，并定期检修	保证系统正常运行	1.5
	低费	F5	更换卷扬机油泵和钢丝绳	2023年7月	卷扬机油泵和钢丝绳破损，更换新的油泵和钢丝绳，调试行程，以满足生产需要	保证系统正常运行	3
	无费	F6	维护热风阀	2023年8月	热风阀关不严，打开阀盖，及时清理热风阀上的粉尘	减少热量损失	0.5

续表

项目	类别	编号	方案名称	实施时间	实施情况说明	效益说明	年经济效益/（万元/a）
设备维护、工艺技术改进和过程控制	低费	F9	整修烧结系统地面、排水沟和循环池	2023年11月	硬化烧结系统周围地面，疏通和整修排水沟，将烧结冷却水、引风机冷却水等引进循环水池	降低环境风险，提高水循环利用率	1.2
	无费	F13	清理自动给料机振动筛	2023年8月	自动给料机振动筛堵塞，停机清理堵塞料石	保证原辅料给料符合生产要求	0.8
	低费	F14	设置渣场喷雾抑尘系统	2023年9月	渣场生产过程中无组织粉尘逸散较多	减少粉尘排放	4.8
员工和管理	无费	F7	清理给料系统散落原料	2023年10月	高炉给料系统原料散落较多，加强原料在给料机生产环节的管理，及时处理散落的原料	减少原料的浪费和原料进入环境的风险	0.2
	无费	F8	及时清空事故池	2023年10月	事故池装满水，没有及时清空	降低环境风险	0.4
	低费	F15	完善环境管理机构和制度	2023年9月	完善环境管理制度，设置专门的环境管理机构和台账，记录清晰，档案保存三年	达到排污许可证申请与核发的基本要求	0.6
年经济效益合计/（万元/a）							16.5

2. 汇总已实施的中/高费方案的成效

本轮清洁生产审核实施完成2个中/高费方案，投入资金34万元，年经济效益13.7万元，已实施中/高费方案效益汇总见表8-12。

表8-12　已实施中/高费清洁生产方案效益汇总表

项目	类别	编号	方案名称	实施时间	实施情况说明	效益说明	年经济效益/（万元/a）
工艺技术改进、过程控制和污染物管理等	高费	F10	完善雨水收集系统	2023年10月	雨水收集系统不完整，对厂区雨污分流系统进行全面改造，收集烧结系统、屋檐等初期雨水进入沉淀池循环利用	降低环境风险，减少新鲜用水量	8.1

续表

项目	类别	编号	方案名称	实施时间	实施情况说明	效益说明	年经济效益/(万元/a)
工艺技术改进、过程控制和污染物管理等	中费	F11	烧结机循环水池防酸扩容	2023年11月	烧结机脱酸水池含酸性物质，对池子的腐蚀比较严重，脱酸水池容积较小（$120m^3$），不能满足要求。增加脱酸水池的容积，增加$120m^3$；并对池子四周和底部进行改造，增加防酸膜，防酸防渗	减少腐蚀，增加容积	5.6
年经济效益合计/(万元/a)							13.7

3. 分析近期清洁生产目标的可达性

将本轮清洁生产审核已实施方案的效果与预审核阶段设置的8项近期目标进行对比，由表8-13可知已实施方案的效果中2项指标达到了近期目标值。

表8-13　已实施方案的效果与设置的近期目标对比表

类别	目标项	单位	审核前现状	近期目标值（2023年12月）	评估前部分方案实施后		结论
					效果	变化量	
烧结系统							
资源综合利用指标	工业用水重复利用率	%	86.875	≥89	90.560	−3.685	实现
高炉系统							
资源与能源消耗指标	水重复利用率	%	95.1	95.8	95.8	−0.7	实现

4. 评估拟实施方案的成效

（1）拟实施方案计划　本轮清洁生产审核拟实施方案为“F12烧结机废气处理系统改造”，改造资金约30万元，采用自筹的方式进行资金筹措，方案实施计划略。

（2）拟实施的中/高费方案的成果　拟实施的中/高费清洁生产方案预计成果见表8-14。

表8-14　拟实施的中/高费清洁生产方案预计成果汇总表

编号	方案名称	预计实施时间	实施情况说明	预计效益说明	预计年经济效益/（万元/a）
F12	烧结机废气处理系统改造	2024年5月至2024年12月	烧结机头袋式除尘器增加布袋数量，由原来的200条增加到400条，同时增加风机的功率，由75kW更换为100kW，以满足除尘器的要求；烧结废气增加碱洗+水洗喷淋，以满足二氧化硫处理效率的要求；高炉废气的布袋除尘设施由8个布袋增加到10个布袋，并增加水洗喷淋，以满足去除粉尘和提高二氧化硫处理效率的要求	提高污染物的去除效率，减少粉尘和二氧化硫的排放	14.3

（3）拟实施方案对企业的影响　拟实施方案具有明显地减少污染物排放的效果，预计能减少粉尘排放量2.01t/a、减少SO_2排放量2.14t/a、减少铅排放0.02t/a。

5. 评估全部方案实施后的成效

（1）清洁生产审核目标达成情况　本轮清洁生产审核产生方案共15个，包括12个无/低费方案和3个中/高费方案，总投资76.4万元，全部方案实施完成后，可创造经济效益44.5万元/a。审核小组将预计全部方案实施后的效果与本轮审核设置的清洁生产目标进行对比，试计算8项指标的变化量，并判断是否能达到目标值，将结果填入表8-15中。

表8-15　清洁生产方案实施效果与设置目标对比表

类别	目标项	单位	审核前现状	远期目标值（2024年12月）	评估前部分方案实施后		
					效果	变化量	是否达成
烧结系统							
资源和能源消耗指标	工业用水重复利用率	%	86.87	89	90.56		
污染物控制指标	颗粒物排放量	kg/t	0.096	0.09	0.089		
	二氧化硫排放量	kg/t	0.16	0.14	0.128		
	氮氧化物（以二氧化氮计）排放量	kg/t	0.31	0.28	—	—	
高炉系统							
资源能源消耗指标	水重复利用率	%	95.1	95.8	95.8		
污染物控制指标	颗粒物排放量	kg/t	0.212	0.2	0.1922		
	二氧化硫排放量	kg/t	0.68	0.65	0.629		
	氮氧化物（以二氧化氮计）排放量	kg/t	0.92	0.9	—	—	

（2）节能降耗总效益计算　本轮清洁生产审核方案全部实施后，可以实现“节能、降耗、减污、增效”的总目标，试根据节能、降耗、减污的成效计算增加的经济效益，将结果填入表8-16中。

表8-16　本轮清洁生产审核节能、降耗、减污、增效汇总表

效益类别	减少量或增加额	备注
节能	节电3.65×10^4kW·h/a	—
降耗	节水4200m^3/a	—
	节省矿粉175.04 t/a	—
	节省焦炭41.64 t/a	—
	节省粉煤28.7 t/a	—
减污	减少粉尘排放2.01t/a	—
	减少SO_2排放2.14t/a	—
	减少铅排放0.02t/a	—

续表

效益类别	减少量或增加额	备注
增效		节电费用
		节水费用
		节省矿粉费用
		节省焦炭费用
		节省粉煤费用
		减少环境保护税费用

注：按公司财务部门提供的统一价格计算，即电0.65元/（kW·h）、水3.28元/m^3、粉矿180元/t、焦炭800元/t、粉煤600元/t。

实训评价

1. 学生自评

班级：　　学生：　　学号：			
评价类型	评价内容	配分	得分
过程（50分）	制订方案实施计划	10	
	指导和追踪方案实施	10	
	汇总方案实施成效	15	
	评估方案实施影响	15	
成果（30分）	汇总了企业清洁生产方案的实施成效	20	
	评估了企业清洁生产目标的可达性	10	
增值（20分）	技能水平（清洁化评估+绿色化改造）	10	
	职业素养（激浊扬清+绿水青山）	10	
总分		100	

2. 专业教师或技术人员评价

教师：　　技术人员：			
评价类型	评价内容	配分	得分
知识与技能（80分）	面向企业清洁生产中/高费方案实施的组织协调能力	15	
	面向企业清洁生产已实施方案的成效评估能力	30	
	面向企业清洁生产待实施方案的成效预估能力	15	
	面向企业清洁生产目标的可达性分析能力	20	
审核素养（20分）	激浊扬清：责任意识、诚信观念	10	
	绿水青山：实现节能、降耗、减污、增效	10	
总分		100	

实训总结

存在主要问题：	收获与总结：	改进与提高：

实训思考

1. 简述清洁生产方案实施后环境评估的主要内容。

2. 清洁生产方案实施对企业有哪些方面的影响?

实训拓展

课后拓展－企业审核实训

1. 填空题

（1）企业资金来源包括____和____，前者包括____和__________。

（2）已实施无/低费方案的成果包括____和____两个方面。

（3）对已实施中/高费方案进行_____、_____和_____三个方面的评价。

2. 判断题

（1）资金因素往往是影响清洁生产方案实施的最大因素。(　　)

（2）本阶段应该对无/低费清洁生产方案的实施情况做阶段性总结。(　　)

（3）本阶段应该对清洁生产方案实施的成效进行宣传。(　　)

笔记

项目 9

持续清洁生产

教学导航

【项目9　持续清洁生产】使清洁生产工作能够在企业内长期、持续地推行下去。该阶段的工作重点是继续完善清洁生产的组织机构，建立促进实施清洁生产的管理制度，制订持续清洁生产的计划，并编写本轮清洁生产审核报告。

电子教案

项目三维目标导图

激浊——清洁化评估	扬清——绿色化改造		
模块1—模块2—中期考核	模块3 绿色低碳——审核方案	模块4 绿水青山——审核成效	终期考核

项目9　持续清洁生产	知识目标	能力目标	素质目标
任务9-1　完善组织机构和管理制度 步骤9-1-1　组建清洁生产组织机构 步骤9-1-2　完善清洁生产管理制度	（机构制度） 掌握企业持续清洁生产所需的组织机构和管理制度	（完善制度） 具备将审核成果转化为企业清洁生产管理制度的能力	（激浊扬清） 增强责任意识，提升法治观念 约束环境失信行为 （绿水青山） 树立和践行“绿水青山就是金山银山”理念 培育坚守企业清洁环保一线的职业担当
任务9-2　开展持续清洁生产和审核验收 步骤9-2-1　实施持续清洁生产计划 步骤9-2-2　准备清洁生产审核验收	（持续清洁生产） 掌握企业持续清洁生产阶段的主要内容	（制订计划） 具备制订持续清洁生产计划的能力	（激浊扬清） 增强责任意识，提升法治观念 约束环境失信行为 （绿水青山） 树立和践行“绿水青山就是金山银山”理念 培育坚守企业清洁环保一线的职业担当
案例9-3　钢铁企业案例解析			
实训9-4　汽车制造企业实训考评			

项目内容思维导图

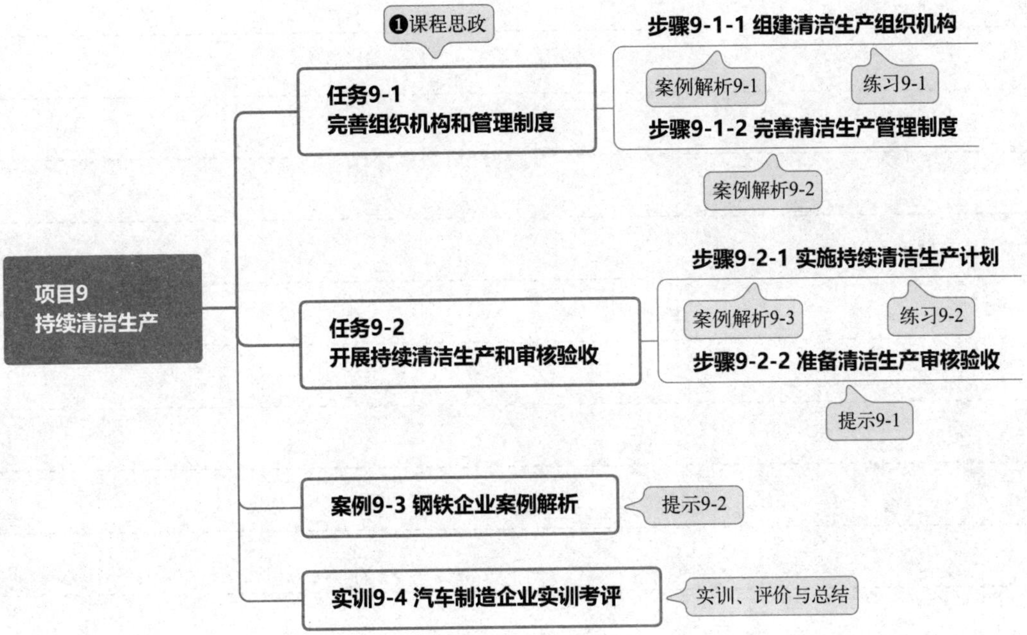

项目9
持续清洁生产
❶课程思政
任务9-1
完善组织机构和管理制度
步骤9-1-1 组建清洁生产组织机构
案例解析9-1
练习9-1
步骤9-1-2 完善清洁生产管理制度
案例解析9-2
任务9-2
开展持续清洁生产和审核验收
步骤9-2-1 实施持续清洁生产计划
案例解析9-3
练习9-2
步骤9-2-2 准备清洁生产审核验收
提示9-1
案例9-3 钢铁企业案例解析
提示9-2
实训9-4 汽车制造企业实训考评
实训、评价与总结

笔记

任务9-1
完善组织机构和管理制度

情景设定

小清审核的企业在清洁生产审核小组的领导下，基本完成了本轮审核工作。在持续清洁生产阶段，企业该如何组建强有力的组织机构？如何完善相关制度持续开展清洁生产？

小洁审核的企业通过实施一系列清洁生产方案，取得了较好的审核绩效。在持续清洁生产阶段，企业又该如何将本轮审核提出的措施或成果纳入日常管理轨道？

任务目标

✓知识目标

（机构制度）掌握企业持续清洁生产所需的组织机构和管理制度。

✓能力目标

（完善制度）具备将审核成果转化为企业清洁生产管理制度的能力。

✓素质目标

（激浊扬清）增强责任意识，提升法治观念，约束环境失信行为。

（绿水青山）树立和践行“绿水青山就是金山银山”理念，培育坚守企业清洁环保一线的职业担当。

任务实施

激浊扬清　绿水青山

课程思政材料：新冠肺炎疫情防控期间，环保从业人员坚守医疗废物、医疗废水处理第一线，克服与新冠病毒近距离接触的恐惧，当记者问：“你知道它有多危险吗？”工作人员说：“危险怎么办呢？总要有人干！”感染性医疗废物处理人员是抗击新冠肺炎疫情的战役中，除了一线医务工作者之外，离传染源最近的群体之一，在抗击疫情的战场上，还有很多这样坚守一线、默默奉献的环保从业人员。作为清洁生产审核从业人员，同样需要坚守在企业节能、降耗、减污、增效第一线，为实现绿色、低碳、循环、可持续发展贡献力量，成为绿水青山最坚定的守护者。

课程思政要点：将环保逆行者的无私奉献与清洁生产组织机构的责任担当融合，强化持续开展清洁生产的责任意识，培育爱岗敬业、坚守生态环保第一线的奉献精神。

任务步骤9-1-1　组建清洁生产组织机构

课前导学 - 完善机构制度

清洁生产是一个相对的概念，它是动态的、发展的，随着社会的进步、科技的发展而不断上升到新的水平。为保持清洁生产的持续开展，企业应将清洁生产工作纳入各部门的工作职能中，组建由专人负责、各职能部门负责人参与的清洁生产审核工作小组（常设机构），以巩固已取得的清洁生产成果，督促未实施完的清洁生产方案继续实施，确保清洁生产的理念在企业的发展过程中得以延续并不断引向深入。

随堂练习9-1 （难度：★）

在【项目2　筹划与组织】阶段，企业已经正式发文确定清洁生产审核领导小组和工作小组，该组织机构（或工作小组）是否可以优化延续？还是必须重新组建常设机构？

1. 明确任务

企业清洁生产组织机构的任务主要有以下四个方面。

① 组织协调并监督实施本轮审核提出的清洁生产方案。企业清洁生产无/低费方案继续执行“边审核、边实施、边见效”的原则；某些中/高费方案，由于资金、时间和管理等原因不能在本轮审核时间内全部完成的，后续还需要继续对这些已实施的方案成果进行监督，确保其正常实施和发挥作用。

② 经常性地组织员工进行清洁生产教育和培训。企业应有长期针对员工开展清洁生产方面的培训，使全体员工进一步增强节能、降耗、减污、增效的意识，自觉参与这些活动，为持续开展清洁生产工作及全公司的各项工作打下良好基础。

③ 选择下一轮清洁生产审核重点，并准备启动新一轮的清洁生产审核工作。在本轮清洁生产审核工作结束后，应发动全体员工，找出下一轮清洁生产审核重点，制订计划和目标，为启动新一轮清洁生产审核工作做好准备。

④ 负责清洁生产活动的日常管理。定期组织清洁生产审核小组会议，并充分调动员工的积极性，使其做好日常检查、收集、汇总等工作，使企业的清洁生产组织更完善。

2. 落实归属

清洁生产机构要想起到应有的作用、及时完成任务，必须落实其归属问题，各企业可根据自身的实际情况具体掌握，可考虑以下三种形式：

① 单独设立清洁生产办公室，直接归属厂长领导。

② 在环保部门增设清洁生产机构。

③ 在管理部门或技术部门设立清洁生产机构。

无论何种形式设立的清洁生产机构，企业高层领导都要有专人直接领导该机构的工作，因为清洁生产涉及生产、环保、技术、管理等各个部门，必须有高层领导的协调才能有效地开展工作。

3. 确定专人负责

为避免清洁生产机构流于形式，确定专人负责是很有必要的，该职员需具备以下能力：

① 熟练掌握清洁生产审核知识。

② 熟悉企业的环保情况。

③ 熟悉企业的生产和技术情况。

④ 较强的工作协调能力。

⑤ 较强的工作责任心和敬业精神。

案例解析9-1

以某建材生产企业为例，建立持续清洁生产领导机构

某建材生产企业建立和完善了持续清洁生产组织，将清洁生产领导小组及部分工作小组成员转为长期推进清洁生产工作的领导机构，并对清洁生产领导机构成员及其职责进行进一步明确，详见表9-1。

表9-1 企业持续清洁生产领导机构一览表

姓名	职务	职责说明
A	主任	全面领导清洁生产工作；负责企业清洁生产实施中重大问题的决策和组织协调；决定中/高费清洁生产方案的资金安排和实施，召集清洁生产会议，对清洁生产工作有突出贡献的单位或个人作出奖励决定
B、C、D	副主任	协助主任进行清洁生产工作，主管清洁生产工作，组织协调各阶段的工作，组织清洁生产方案的产生、筛选、评估及方案的研制、推荐等全过程，负责协调清洁生产实施车间与其他车间之间的配合问题
E、F	成员	负责对全场职工干部进行清洁生产培训；负责全场的清洁生产宣传教育；现场指导各车间进行清洁生产审核，并负责监督统计各车间的清洁生产绩效，以便考核；负责清洁生产活动的日常管理；选择推荐下一轮清洁生产审核重点及下一轮清洁生产审核小组成员
G、H、I及各部门车间负责人	成员	负责本车间/部门清洁生产的组织与协调工作，审核有关技术资料，组织制订清洁生产方案，参与方案的筛选、评估、分析、推荐，组织方案的实施

任务步骤9-1-2 完善清洁生产管理制度

1. 审核成果纳入日常管理

把清洁生产的审核结果及时纳入企业的日常管理轨道并形成制度，是巩固清洁生产成效、防止走过场的重要手段，步骤如下：

① 把清洁生产审核提出的加强管理的措施文件化，形成制度。

② 把清洁生产审核提出的岗位操作改进措施，写入岗位的操作规程，并要求严格遵照执行。

③ 把清洁生产审核提出的工艺过程控制的改进措施，写入企业的技术规程。

2. 建立清洁生产激励机制

在奖金、工资待遇、提级、上下岗、表彰与批评等方面，充分与清洁生产挂钩，建立清洁生产激励机制，以调动全体职工参与清洁生产的积极性。

3. 保障清洁生产资金来源

清洁生产的资金来源可以有多种渠道，例如贷款、集资等。清洁生产管理制度的一项重要作用是，保证实施清洁生产所产生的经济效益全部或部分用于清洁生产和清洁生产审核中，以持续滚动地推进清洁生产。建议企业财务对清洁生产的投资和效益单独建账。

案例解析9-2

以某铁合金冶炼企业为例，说明排污口和监测孔规范化管理制度

某铁合金冶炼企业根据清洁生产审核的成果和生态环境管理的要求，建立了排污口和监测孔规范化管理制度。

1. 排污口和监测孔规范化内容

企业需规范排污口和监测孔，主要有废气排气筒、废水排放口、固体废物临时堆放点、固定噪声排放源等。

① 废气排放口：项目排气筒都应在其排放口和预留监测口设立明显标志，废气采样口设置必须符合《固定污染源烟气（SO_2、NO_x、颗粒物）排放连续监测技术规范》（HJ 75—2017）规定的高度和要求，烧结机废气排气筒、高炉排气筒均设置标识标牌和采样检测孔。

② 废水排放口：生产废水不外排，生活污水进入地埋式生活污水处理设施，处理达《污水综合排放标准》（GB 8978）表4中一级标准后外排。

③ 固体废物：对各种固体废物应分类收集暂存，设置的暂存点应有防扬尘、防流失、防渗漏等措施，暂存场应设置规范化标志牌；危险废物贮存间按照《危险废物贮存污染控制标准》（GB 18597）建设。

④ 固定噪声排放源：对固定噪声进行治理，并在边界噪声敏感点且对外界影响最大处设置标志牌。

2. 排污口规范化管理要求

排污口是企业污染物进入环境、污染环境的通道，强化排污口的管理是实施污染物总量控制的基础工作，也是区域环境管理逐步实现污染物排放科学化、定量化的重要手段。企业排污口应实行规范化设置与管理，具体管理原则如下。

① 排污口立标管理：必须设置生态环境部统一制作的环境保护图形标志牌，排污口的环境保护图形标志牌应设置在靠近采样点的醒目处，以警示周围群众，并保持清晰、完整。危险废物识别标志按照《危险废物识别标志设置技术规范》（HJ 1276—2022）设置。部分环境保护图形标志牌见图9-1。

② 排污口规范化设置：排污口应规范设置采样平台，便于采样与计量监测；为便于日常监督检查，应有观测、取样、维修通道。

③ 如实向生态环境主管部门申报排污口数量、位置及所排放的主要污染物种类、数量、浓度、排放去向等情况。

3. 排污口建档管理

① 应在全国排污许可证管理信息平台如实填报《排污许可证申请表》的有关内

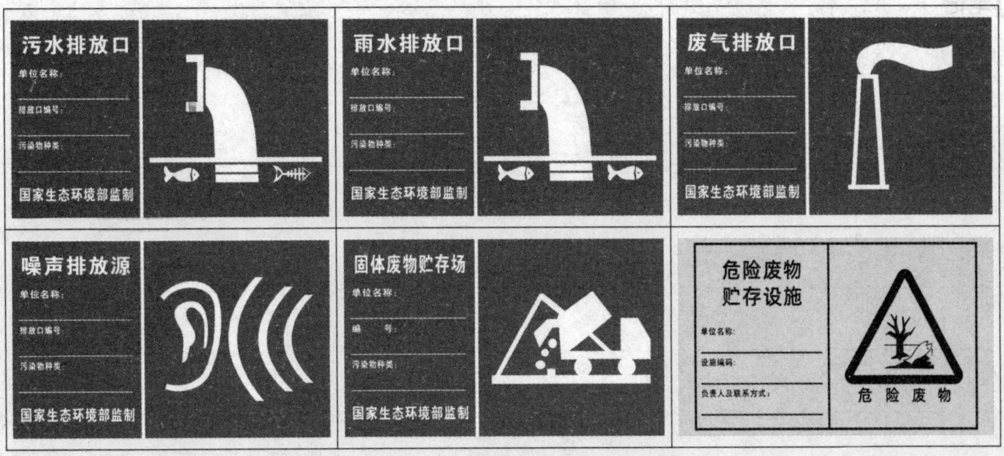

图9-1　环境保护图形标志牌

容，由当地生态环境主管部门审核、签发排污许可证。

② 建立排污口档案，对排污单位的名称，排污口的性质、编号、位置，主要排放污染物的来源、种类、数量、浓度、排放规律、排放去向以及污染治理设施的运行情况等进行建档管理，报送有关主管部门备案并接受监督、检查与指导。

笔记

任务 9-2 开展持续清洁生产和审核验收

情景设定

小清审核的企业在持续清洁生产阶段，还需完成哪些具体工作？

小洁审核的企业需要组织开展清洁生产审核验收工作，她该如何申请清洁生产审核验收？又需要准备哪些验收材料？

任务目标

✓知识目标

（持续清洁生产）掌握企业持续清洁生产阶段的主要内容。

✓能力目标

（制订计划）具备制订持续清洁生产计划的能力。

✓素质目标

（激浊扬清）增强责任意识，提升法治观念，约束环境失信行为。

（绿水青山）树立和践行“绿水青山就是金山银山”理念，培育坚守企业清洁环保一线的职业担当。

任务实施

任务步骤 9-2-1　实施持续清洁生产计划

1. 持续宣传和培训计划

持续清洁生产阶段应继续利用各种宣传方式宣传清洁生产成效，使清洁生产理念深入职工工作意识，总结和检查清洁生产的效果、经验和方法，并在企业推行。

2. 本轮清洁生产方案实施计划

本轮清洁生产中提出的方案中绝大部分无/低费方案和部分中/高费方案已经实施完毕，但仍有部分方案未实施，对于未实施方案应确定实施时间、资金筹措方式、负责部门等内容，制订实施计划。

3. 下轮清洁生产审核工作计划

新一轮清洁生产审核的启动并非一定要等到本轮审核的所有方案都实施后才进行，只要大部分可行的无/低费方案得到实施，取得初步的清洁生产成效，并在总结已取得的清洁生产经验的基础上，即可开始新一轮清洁生产审核工作。

4. 清洁生产新技术的研究和开发计划

清洁生产审核过程中发现的一些问题和现象可以促使企业发展新技术，应针对新技术研发制订开发计划。

随堂练习9-2 （难度：★★）

关于新一轮清洁生产审核的启动时间，较早发布的文件中有两年、三年或不超过五年的规定，通过网络检索，查找地方相关部门最新公布的关于开展新一轮审核工作的时间要求。

案例解析9-3

以某金属加工企业为例，制订持续清洁生产计划

清洁生产并非一朝一夕就可完成，因而需要制订持续清洁生产计划，使清洁生产有组织、有计划地进行下去，公司特制定了持续清洁生产计划，详见表9-2。

表9-2 持续清洁生产计划一览表

计划分类	主要内容	开始时间	结束时间	负责部门
本轮清洁生产审核工作	① 完成未完成方案的实施计划； ② 对已完成方案进行验收，统计方案成效	2023.8	2024.2	清洁生产领导小组
下一轮清洁生产审核工作	① 第二轮清洁生产审核； ② 持续实施第二轮清洁审核方案	2025.6	2025.12	清洁生产领导小组
企业职工培训计划	① 通过内部培训班、板报、手册进行清洁生产知识的宣传和培训 ② 定期进行清洁生产培训讲座，培养职工的清洁生产意识	至少每年两次		清洁生产办公室

任务步骤9-2-2 准备清洁生产审核验收

根据《清洁生产审核评估与验收指南》，清洁生产审核验收是指按照一定程序，在企业实施完成清洁生产中/高费方案后，对已实施清洁生产方案的绩效、清洁生产目标的实现情况及企业清洁生产水平进行综合性评定，并做出结论性意见的过程。

开展清洁生产审核验收的企业需准备包括但不限于以下材料：

①《清洁生产审核评估技术审查意见》。

②《清洁生产审核验收报告》。

③ 清洁生产方案实施前、后涉及污染物排放、能源消耗等监测报告。

小提示9-1

持续清洁生产阶段还需编制完成本轮清洁生产审核报告，整理本轮企业清洁生产审核成果，提交相关职能部门审核。清洁生产审核报告编制要求详见【项目10 终期审核验收】。

案例9-3　钢铁企业案例解析

课中解析-企业案例解析

课中解析-编写项目章节

小提示9-2

不同咨询机构按照不同的方式开展持续清洁生产工作，并编写持续清洁生产章节，详见表9-3。

表9-3　清洁生产审核报告持续清洁生产章节目录

9持续清洁生产（企业1）	9持续清洁生产（企业2）	9持续清洁生产（企业3）
9.1建立和完善清洁生产组织 9.2人力配备 9.3建立和完善清洁生产制度 9.4持续清洁生产计划 9.5保证持续清洁生产资金来源 9.6继续清洁生产宣传与培训	9.1建立和完善清洁生产组织 9.2建立和完善清洁生产管理体制 9.2.1把审核成果纳入企业的日常管理 9.2.2建立和完善清洁生产激励机制 9.2.3保证稳定的清洁生产资金来源 9.3制订持续清洁生产计划 9.4持续清洁生产培训	9.1建立和完善清洁生产组织 9.1.1设立清洁生产工作组织 9.1.2设立清洁生产办公室 9.1.3清洁生产办公室职责 9.2建立和完善清洁生产制度 9.2.1将清洁生产审核成果纳入日常管理 9.2.2制订员工培训计划 9.3建立和完善清洁生产激励机制 9.4持续清洁生产计划

实训9-4　汽车制造企业实训考评

实训目的

1. 掌握持续清洁生产阶段的工作流程。
2. 能够制定并推行企业清洁生产管理制度。
3. 能够制定并推行企业清洁生产奖励与处罚制度。

实训准备

1. 地点：理实一体化教室。

2. 材料：某汽车制造企业相关资料。

实训流程

1. 制定清洁生产管理制度

某汽车制造企业持续清洁生产管理制度

为了加强公司清洁生产的管理，提高资源利用率和经济效益，根据《中华人民共和国清洁生产促进法》《清洁生产审核办法》及公司现有管理制度，特制定本制度。

一、适用范围

（一）公司内各部门、单位。

（二）本制度所称清洁生产，是指不断采取改进设计、使用清洁的能源和原料、采用先进的工艺技术与设备、改善管理、综合利用等措施，从源头削减污染，提高资源利用效率，减少或避免生产、服务和产品使用过程中污染物的产生和排放，以减轻或者消除对人类健康和环境的危害。

二、清洁生产管理机构

公司建立清洁生产管理机构，由总经理担任组长，总经理助理担任副组长，各部门负责人及技术骨干担任组员。

三、职责

（一）公司清洁生产审核工作小组负责贯彻执行上级有关部门的清洁生产方针、政策、法规、标准和规定，制订公司清洁生产规划和公司清洁生产技术措施，布置、检查各车间对清洁生产管理、资源利用、物质消耗、污染物的治理与排放等计量、统计定额的完成情况，及时进行总结和考核。

（二）清洁生产负责人执行清洁生产审核工作小组的决定和公司清洁生产管理的日常工作。

（三）清洁生产办公室负责各种产品和半成品的能耗指标制订，并建立能源消耗统计台账和考核制度。

（四）设备部设立清洁生产管理人员，负责能源计量和能源计量监督工作、设备的配置和国家强制淘汰设备的更新改造计划的制订、执行、监督工作。

（五）各部门清洁生产审核工作小组负责执行公司的清洁生产管理规定和节能降耗计划的实施，并根据本单位的生产情况按公司技措项目规定程序，提出节能降耗技措项目，报公司批准后实施。

（六）班组清洁生产管理小组负责生产操作上的各种资源的利用和管理工作，并做好记录。

四、工作程序

（一）每年10月份由清洁生产办公室拟订各部门的各种产品（包括半成品）的物耗、能耗和环保指标，并会同财务部共同制订明年物耗、能耗和环保指标预算目标，物耗、能耗和环保规划，以及物耗、能耗和环保技措计划，报公司清洁生产审核工作小组审批。

（二）各部门以公司下达的物耗、能耗和环保指标定额指标为基础，分解落实到班组，作为班组生产指标之一；并建立健全物耗、能耗和环保指标消耗原始记录和统计台账，每月根据上月物耗、能耗和环保指标完成情况，于20日前制订出节能降耗的改进措施。

（三）各部门要按现行的供电、供水网络状况运行，不得随意改动；如果生产上有新技术、新工艺需要改变现行供电、供水状况运行时，必须书面报告生产部和设备部审批，并经公司领导同意，方能进行改造。

（四）设备部按生产运行需要组织配备公司一级、二级的计量仪表，并设专人负责公司能源计量数据的统计，以日报、月报报表等形式上报给公司有关领导和部门。

（五）生产部建立各种产品（半成品）物耗、能耗和环保指标台账，每月分析升降原因，并根据原因分析提出节能降耗的建议。

（六）生产部每月进行各种消耗情况统计分析，每月考核一次各种产品（半成品）的消耗指标完成情况，上报公司领导。

（七）技术部门在新建、改建和扩建项目时应当推广和应用新材料、新技术、新设备。

（八）禁止选用已公布淘汰的耗能设备，在用的淘汰耗能设备由设备部逐步安排淘汰。

（九）任何人都有义务节约能源，防止“跑、冒、滴、漏”，严禁故意浪费能源，一旦发现浪费现象，任何人均可立即制止或举报。

五、能源计量

（一）设备部是能源计量主管单位，负责相关计量技术器具的管理。

（二）所有生产用能源进出公司、二级分配必须经有效计量，并有专人负责记录。

（三）新建、改建、大修项目必须考虑配置合适的能源计量设备，重点用能设备应配备适合的计量器具。

（四）配套的能源计量设备应与工程项目同时设计、同时施工、同时投运。

（五）设备部负责制定并更新能源计量器具网络图。

（六）进出公司的能源计量器具必须经过法定计量检验机构校验合格。

（七）能源计量设备应检定或校准合格，并在有效期内使用。

六、奖惩

（一）公司对不断采取改进设计、使用清洁的能源和原料、采用先进的工艺技术与设备、改善管理、综合利用等措施，从源头削减污染，提高资源利用率以及为减少或避免生产、服务和产品使用过程中污染物的产生和排放，减轻或者消除对人类健康和环境的危害提出合理化建议、取得显著成绩的有功人员给予奖励。具体奖惩措施参照公司印发的《清洁生产方案奖惩制度》。

（二）对违反《清洁生产管理制度》，造成资源严重浪费、污染环境的生产单位或个人，清洁生产办公室要予以及时调查，弄清事实，并报请公司总经理追究单位负责人或其他直接责任人的责任，并给予相应的警告和处罚。

某汽车制造企业

2023年8月1日

2. 制定清洁生产方案激励制度

某汽车制造企业清洁生产方案激励制度

为启发全体员工积极创新和深入思考，发掘智慧和技能，解放思想，广开言路，提高工作热诚，积极性、主动性，为清洁生产、防止污染和浪费，献计献策，促进公司清洁生产工作持续开展，实现“节能、降耗、减污、增效”，建设资源节约型、环境友好型企业，特制定本制度。

一、主题内容与适用范围

（一）本制度规范了清洁生产方案的提出、审查、鉴定、奖励等。

（二）本制度适用本公司各部门。

二、方案范围

（一）原辅材料和能源的替代。

（二）生产技术工艺改进、操作方法改进、安全的改善等。

（三）物料设备等保管、运输、管理等简化或减少浪费方法。

（四）设备维护和更新。

（五）减少和预防污染物排放的生产过程工艺、技术改进及优化、指标控制等方法。

（六）提高工作效率的改进或革新方法。

（七）提高业绩或减少费用的方法。

（八）精简人力提高劳动生产率方法。

（九）账务处理与成本结算革新方法。

（十）提高员工素质和积极性的激励方法。

（十一）废物的回收利用和循环使用等。

三、方案征集

清洁生产备选方案可由各单位征集后报清洁生产审核办公室，也可由广大员工直接递交清洁生产审核办公室，方案不必获得各级领导的许可。

四、审查程序

（一）清洁生产审核领导小组具体负责方案的组织、审查、筛选、落实、解释等工作。

（二）每月20—30日综合分析、调查方案内容、汇总、评价并作结论。

（三）审查从思考程度、价值程度、适用程度、性质范围、需用经费程度五个方面考虑。

五、奖励

（一）原则上按方案项目经济效益的大小予以奖励，也可根据项目创造性大小、水平高低、难易程度和生产发展贡献大小给予客观、公正的奖励。

（二）清洁生产审核小组每月对各部门方案管理情况进行考评，提出奖励意见，经清洁生产审核领导小组评议后奖励。

（三）奖励标准分为采用奖、共同方案奖、效益奖、鼓励奖四种。

（请结合所学，从奖项解释和奖金额度两个方面分别细化上述四种奖励的实施标准。）

六、处罚

（请结合所学，从执行不力、拒绝执行和虚假执行三个方面分别细化处罚条款和处罚额度。）

某汽车制造企业

2023年8月1日

实训评价

1. 学生自评

班级：　　　　学生：　　　　学号：			
评价类型	评价内容	配分	得分
过程（50分）	组建清洁生产组织机构	10	
	完善清洁生产管理制度	15	
	建立持续清洁生产激励机制	15	
	制订持续清洁生产计划	10	
成果（30分）	完善了企业清洁生产的组织机构和管理制度	15	
	制订了企业持续清洁生产的激励机制和计划	15	
增值（20分）	技能水平（清洁化评估+绿色化改造）	10	
	职业素养（激浊扬清+绿水青山）	10	
总分		100	

2. 专业教师或技术人员评价

教师：　　　　技术人员：			
评价类型	评价内容	配分	得分
知识与技能（80分）	面向企业持续清洁生产的组织构建能力	15	
	面向企业持续清洁生产的制度完善能力	25	
	面向企业全体员工的持续清洁生产激励能力	25	
	面向企业持续清洁生产的计划制订能力	15	
审核素养（20分）	激浊扬清：责任意识、诚信观念	10	
	绿水青山：实现节能、降耗、减污、增效	10	
总分		100	

实训总结

存在主要问题：	收获与总结：	改进与提高：

实训思考

1. 简述企业持续清洁生产负责人应具备哪些能力。
2. 简述持续清洁生产计划包括哪些内容。

实训拓展

1. 填空题

（1）企业清洁生产无/低费方案继续执行______、______、______的原则。

（2）完善清洁生产管理制度包括_____、_____和_____三个方面。

（5）清洁生产审核工作一般_____年进行一次。

2. 判断题

（1）企业应将清洁生产工作纳入到各部门的工作职能中。(　　)

（2）为避免清洁生产机构流于形式，确定专人负责是很有必要的。(　　)

（3）持续清洁生产阶段应继续利用各种宣传方式，宣传清洁生产成效。(　　)

★终期考核

项目 10

终期审核验收

教学导航

【项目10　终期审核验收】是对【激浊——清洁化评估】和【扬清——绿色化改造】阶段的考核。该阶段的工作重点是编制清洁生产审核报告，验收企业清洁生产审核报告的规范性、清洁生产审核过程的真实性、清洁生产方案实施的绩效情况。

项目三维目标导图

激浊——清洁化评估	扬清——绿色化改造		
模块1—模块2—中期考核	模块3 绿色低碳——审核方案	模块4 绿水青山——审核成效	终期考核

项目10　终期审核验收	知识目标	能力目标	素质目标
任务10-1　编制清洁生产审核报告和验收报告 步骤10-1-1　编制强制性清洁生产审核报告 步骤10-1-2　编制清洁生产审核验收报告	（审核报告） 掌握强制性/重点行业清洁生产审核报告和验收报告的结构框架	（编制报告） 具备编制强制性/重点行业清洁生产审核报告和验收报告的能力	（激浊扬清） 增强质量意识，规范职业行为，强化廉洁意识 坚决抵制（微）贪污（微）腐败，树立时代新风
任务10-2　开展清洁生产审核验收 步骤10-2-1　明确清洁生产审核验收要求 步骤10-2-2　开展清洁生产审核验收	（验收要点） 掌握企业清洁生产审核验收工作的要点	（验收成果） 具备合理验收企业清洁生产审核报告与审核过程的能力	（激浊扬清） 增强质量意识，规范职业行为，强化廉洁意识 坚决抵制（微）贪污（微）腐败，树立时代新风

项目内容思维导图

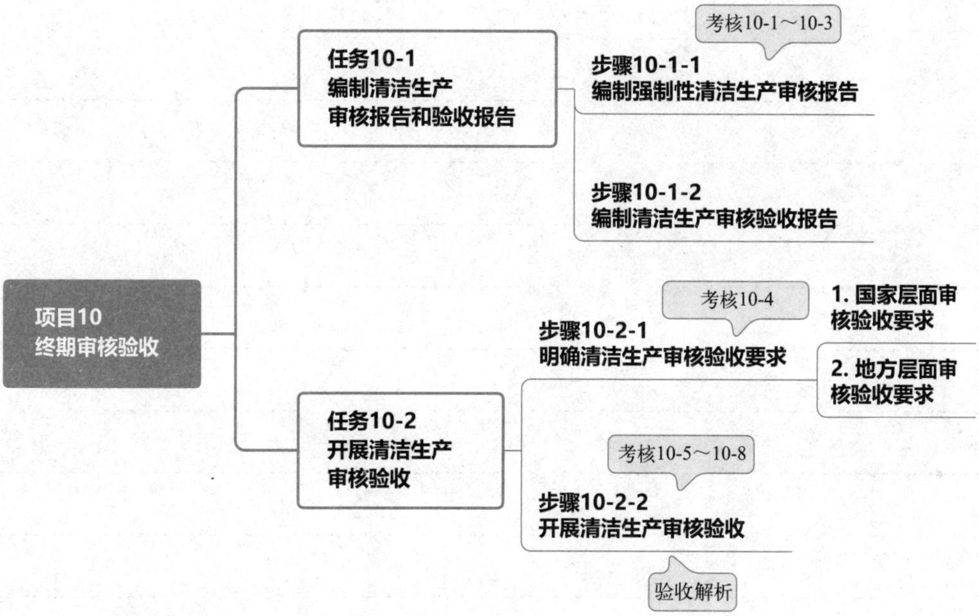
项目10
终期审核验收
任务10-1
编制清洁生产
审核报告和验收报告
考核10-1～10-3
步骤10-1-1
编制强制性清洁生产审核报告
步骤10-1-2
编制清洁生产审核验收报告
任务10-2
开展清洁生产
审核验收
考核10-4
步骤10-2-1
明确清洁生产审核验收要求
1. 国家层面审
核验收要求
2. 地方层面审
核验收要求
考核10-5～10-8
步骤10-2-2
开展清洁生产审核验收
验收解析

笔记

任务10-1

编制清洁生产审核报告和验收报告

情景设定

小清审核的企业属于强制性/重点行业清洁生产审核类型，该类型比自愿性清洁生产审核类型的工作难度大一些，他该如何编写强制性/重点行业清洁生产审核报告？

小洁审核的企业已完成强制性/重点行业清洁生产审核报告的编制，验收时还需提供清洁生产审核验收报告，她又该如何编写清洁生产审核验收报告？

任务目标

✓知识目标

（审核报告）掌握强制性/重点行业清洁生产审核报告和验收报告的结构框架。

✓能力目标

（编制报告）具备编制强制性/重点行业清洁生产审核报告和验收报告的能力。

✓素质目标

（激浊扬清）增强质量意识，规范职业行为，强化廉洁意识，坚决抵制（微）贪污（微）腐败，树立时代新风。

任务实施

任务步骤10-1-1 编制强制性清洁生产审核报告

考核项目10-1 （难度：★★）

讨论中期审核报告与终期审核报告、自愿性审核与强制性审核之间的区别。

考核项目10-2 （难度：★★★）

编制自愿性审核报告（项目5中期审核报告后续部分）。根据提供的企业清洁生产原始资料5-2，通过分析和整理，将相关信息填入自愿性清洁生产审核报告范本中，形成某企业清洁生产审核报告（终期），为后续清洁生产审核验收提供材料。

考核项目10-3 （难度：★★★★）

编制强制性审核报告。根据提供的企业清洁生产原始资料10-1，通过分析和整理，将相关信息填入【强制性/重点行业清洁生产审核报告提纲】中，形成某企业清洁生产审核报告（终期），为后续清洁生产审核验收提供材料。

下面所列的提纲供参考使用，使用时可根据企业实际内容有所调整，但需要符合编制要求所规定的内容。

强制性清洁生产审核报告提纲

1. 前言

①项目背景；②上一轮审核情况（适用时）；③审核依据；④审核范围。

2. 企业概况

①企业基本情况；②组织机构。

3. 审核准备

①审核小组；②审核工作计划；③宣传和教育；④克服障碍。

4. 预审核

①企业生产概况，包括企业发展与周边情况、产品生产与销售情况、生产工艺概况、原辅材料种类与消耗情况、能源资源消耗情况、主要生产设施与设备；②企业环境管理状况，包括环境管理概况、环保法规的执行情况、环境风险与应急预案、产排污环保设施情况、重金属情况；③企业清洁生产水平评价；④审核重点的分析与确定；⑤清洁生产目标；⑥提出和实施显而易行的方案。

5. 审核

①审核重点概况，包括审核重点基本情况和审核重点工艺流程；②物料平衡；③进行物质（能源、资源）流分析；④问题产生原因及清洁生产潜力分析。

6. 方案的产生和筛选

①方案汇总；②方案筛选；③无/低费方案实施情况汇总。

7. 方案确定

①调研确定方案的基本内容；②技术评估；③环境评估；④经济评估；⑤确定推荐最佳可行方案。

8. 方案实施

①方案实施情况概述；②已实施无/低费方案的成果汇总；③已实施的中/高费方案的成果验证；④已实施方案对企业的影响分析，包括汇总环境效益和经济效益、清洁生产目标的达成情况、综合对比评价清洁生产水平。

9. 持续清洁生产

①建立和完善清洁生产组织；②建立和完善清洁生产制度；③持续清洁生产计划。

10. 结论

结论应言简意赅且真实可信。数据统计口径应与报告正文保持一致。

11. 附件

①企业营业执照；②验收申请表；③清洁生产审核绩效表；④自我申明；⑤方案实施财务发票、明细表或其他形式的投资金额证明材料；⑥环境监测报告（验收申请前三个月内的）；⑦环境影响评价及竣工验收批复、自主验收公示、排污许可、排水许可等相关证明；⑧其他必要的证明材料。

任务步骤10-1-2 编制清洁生产审核验收报告

《清洁生产审核验收报告》内容应当包括但不限于以下方面：

① 企业基本情况；

②《清洁生产审核评估技术审查意见》的落实情况；
③ 清洁生产中/高费方案完成情况及环境、经济效益汇总；
④ 清洁生产目标实现情况及所达到的清洁生产水平；
⑤ 持续开展清洁生产工作机制建设及运行情况。

清洁生产审核验收报告提纲

笔记

任务10-2
开展清洁生产审核验收

情景设定

小清作为评估专家或行政管理人员，参与某企业清洁生产审核的验收工作，根据《清洁生产审核验收评分表》，他该如何进行打分并界定验收结果？

小清作为评估专家或行政管理人员，也参与某企业清洁生产审核的验收工作，根据《清洁生产审核验收评分表》和《清洁生产审核验收意见表》，她又该如何出具验收结果和验收意见？

任务目标

✓知识目标

（验收要点）掌握企业清洁生产审核验收工作的要点。

✓能力目标

（验收成果）具备合理验收企业清洁生产审核报告与审核过程的能力。

✓素质目标

（激浊扬清）增强质量意识，规范职业行为，强化廉洁意识，坚决抵制（微）贪污（微）腐败，树立时代新风。

任务实施

任务步骤10-2-1 明确清洁生产审核验收要求

考核项目10-4 （难度：★★）

讨论清洁生产审核评估与清洁生产审核验收之间的区别。

1. 国家层面审核验收要求

2018年4月，生态环境部等印发了《清洁生产审核评估与验收指南》（环办科技［2018］5号），明确了清洁生产审核验收的定义、程序和工作要点。

（1）定义　清洁生产审核验收是指按照一定程序，在企业实施完成清洁生产中/高费方案后，对已实施清洁生产方案的绩效、清洁生产目标的实现情况及企业清洁生产水平进行综合性评定，并做出结论性意见的过程。

（2）材料要求　需开展清洁生产审核验收的企业应将验收材料提交至负责验收的生态环境主管部门或节能主管部门，主要包括以下材料：

①《清洁生产审核评估技术审查意见》；

②《清洁生产审核验收报告》;

③ 清洁生产方案实施前、后企业自行监测或委托有相关资质的监测机构提供的污染物排放、能源消耗等监测报告。

（3）验收内容　清洁生产审核验收内容包括但不限于以下内容:

① 核实清洁生产绩效：企业实施清洁生产方案后，对是否实现清洁生产审核时设定的预期污染物减排目标和节能目标，是否落实有毒有害物质减量、减排指标进行评估；查证清洁生产中／高费方案的实际运行效果及对企业实施清洁生产方案前后的环境、经济效益进行评估;

② 确定清洁生产水平：已经发布清洁生产评价指标体系的行业，利用评价指标体系评定企业在行业内的清洁生产水平；未发布清洁生产评价指标体系的行业，可以参照行业统计数据评定企业在行业内的清洁生产水平定位，或根据企业近三年历史数据进行纵向对比，说明企业清洁生产水平改进情况。

（4）验收结果　负责清洁生产审核验收的生态环境主管部门或节能主管部门组织专家或委托相关单位成立验收专家组，开展现场验收。现场验收程序包括听取汇报、材料审查、现场核实、质询交流、形成验收意见等。

清洁生产审核验收结果分为“合格”和“不合格”两种。依据《清洁生产审核验收评分表》，综合得分达到60分及以上的企业，其验收结果为“合格”。存在但不限于下列情况之一的，清洁生产审核验收不合格:

① 企业在方案实施过程中存在弄虚作假行为;

② 企业污染物排放未达标或污染物排放总量、单位产品能耗超过规定限额的;

③ 企业不符合国家或地方制定的生产工艺、设备以及产品的产业政策要求;

④ 达不到相关行业清洁生产评价指标体系三级水平（国内清洁生产一般水平）或同行业基本水平的;

⑤ 企业在清洁生产审核开始至验收期间，发生节能环保违法违规行为或未完成限期整改任务;

⑥ 其他地方规定的相关否定内容。

2. 地方层面审核验收要求

以河北省《清洁生产审核评估和验收技术导则》（DB13/T 1579—2021）为例。

（1）验收内容

① 核实清洁生产方案实施：验证无/低费方案和中/高费方案的落实情况和真实性;

② 核实清洁生产绩效：复核清洁生产方案绩效计算的合理性；企业实施清洁生产方案后，对是否实现清洁生产审核时设定的预期污染物减排目标和节能目标进行评估；查证清洁生产中/高费方案的实际运行效果；对企业实施清洁生产方案前后的环境效益、经济效益进行评估;

③ 确定清洁生产水平：确定清洁生产目标实现情况，对企业整体清洁生产水平进行评定；对照清洁生产审核目标任务要求,确认企业清洁生产审核目标任务的完成情况。已经发布清洁生产评价指标体系的行业，利用评价指标体系评定企业在行业内的清洁生产水平；未发布清洁生产评价指标体系的行业，可以参照行业统计数据评定企业在行业内的清洁生产水平定位或根据企业近三年历史数据进行纵向对比说明企业清洁生产水平改进情况;

④ 持续开展清洁生产工作机制建设情况。

（2）验收要求

① 已通过评估的企业，由负责组织验收的清洁生产主管部门或委托相关单位成立验收专家组，组织验收。验收专家组原则上应由清洁生产审核、节能、环保及行业专家组成，且不少于3人。验收程序包括现场核实、听取汇报、材料审查、质询交流、形成验收意见等。

② 对于生产工艺简单、能耗和环境影响较小的企业，且清洁生产方案实施过程中无/低费方案和中/高费方案无变化的，负责组织验收的清洁生产主管部门可根据实际情况实行简化验收流程，简化验收程序包括材料审查、质询交流、形成验收意见，验收组成员原则上应与评估组成员保持一致。

③ 根据清洁生产审核验收意见，企业应将修改后的《清洁生产审核验收报告》（加盖企业和咨询服务机构公章）及其他所需材料上传至“河北省强制性清洁生产审核管理系统”。

④ 清洁生产审核验收结果分为“合格”和“不合格”两种。验收不合格的或未按规定时限要求完成验收的企业，应重新开展清洁生产审核工作。

（3）验收结果　验收结果由省清洁生产主管部门在官方网站向社会公示。同时，验收结果由负责组织验收的清洁生产主管部门录入“河北省强制性清洁生产审核管理系统”。

任务步骤10-2-2　开展清洁生产审核验收

考核项目10-5　（难度：★★）

评估自愿性审核项目（项目5中期评估后续部分）（按国家标准评估）。根据《清洁生产审核评估评分表》，针对提交的清洁生产审核评估材料5-3，结合审核人员的现场汇报，进行审核报告的规范性、审核过程的真实性和清洁生产方案的可行性评估，打分界定评估结果。同时，根据《清洁生产审核评估技术审查意见表》，出具完整的技术审查意见。

考核项目10-6　（难度：★★★）

验收自愿性审核项目（按国家标准验收）。根据《清洁生产审核验收评分表》，针对提交的清洁生产审核验收材料10-1，结合审核人员的现场汇报，进行清洁生产审核验收关键指标、清洁生产审核与实施方案评价，打分界定验收结果。

考核项目10-7　（难度：★★★★）

验收强制性审核项目（按国家标准验收）。根据《清洁生产审核验收评分表》，针对提交的清洁生产审核验收材料10-2，结合审核人员的现场汇报，进行清洁生产审核验收关键指标、清洁生产审核与实施方案评价，打分界定验收结果。同时，根据《清洁生产审核验收意见表》，出具验收意见。

考核项目10-8（选做）（难度：★★★★★）

验收强制性审核项目（按地方标准验收）。根据《清洁生产审核验收评分表》，针对提交的清洁生产审核验收材料10-3，结合审核人员的现场汇报，进行清洁生产审核验收关键指标、清洁生产审核与实施方案评价，打分界定验收结果。同时，根据《清洁生产审核验收意见表》，出具验收意见。

验收解析

以某机械加工企业为例，开展企业清洁生产审核验收工作

1. 打分界定验收结果

2022年5月5日，审核企业通过了某生态环境局组织的清洁生产审核评估，取得了清洁生产审核评估意见表。目前，该公司第一轮清洁生产审核提出的清洁生产方案已全部实施完成，按照要求，组织开展清洁生产审核验收工作，2023年7月30日，现场验收邀请了3位专家，参照《清洁生产审核验收评分表》进行打分，最终得分为82分，详见表10-1。该企业的验收结果为合格。

表10-1　清洁生产审核验收评分表

清洁生产审核验收关键指标			
序号	内容	是	否
1	企业在方案实施过程中无弄虚作假行为	√	
2	企业稳定达到国家或地方要求的污染物排放标准，实现核定的主要污染物总量控制指标或污染物减排指标要求	√	
3	企业单位产品能源消耗符合限额标准要求	√	
4	已达到相关行业清洁生产评价指标体系三级水平（国内清洁生产一般水平）或同行业基本水平	√	
5	符合国家或地方制定的生产工艺、设备以及产品的产业政策要求	√	
6	清洁生产审核开始至验收期间，未发生节能环保违法违规行为或已完成限期整改任务	√	
7	无其他地方规定的相关否定内容	√	
注：关键指标7条否决指标中任何1条为“否”时，则验收不合格。			
清洁生产审核与实施方案评价		分值	得分
清洁生产验收报告	提交的验收资料齐全、真实	3	3
	报告编制规范，内容全面，附件齐全	3	3
	如实反映审核评估后企业推进清洁生产和中/高费方案实施情况	4	3

续表

清洁生产审核与实施方案评价		分值	得分
方案实施及相关证明材料	本轮清洁生产方案基本实施	5	4
	清洁生产无/低费方案已纳入企业正常的生产过程和管理过程	4	3
	中/高费方案实施绩效达到预期目标	4	3
	中/高费方案未达到预期目标时，进行了原因分析，并采取了相应对策	4	3
	未实施的中/高费方案理由充足，或有相应的替代方案	5	4
	方案实施前后企业物料消耗、能源消耗变化等资料符合企业生产实际	4	4
	方案实施后特征污染物环境监测数据或能耗监测数据达标	4	3
	设备购销合同、财务台账或设备领用单等信息与企业实施方案一致	4	4
	生产记录、财务数据、环境监测结果支持方案实施的绩效结果	5	3
	经济和环境绩效进行了翔实统计和测算，绩效的统计有可靠充足的依据	8	6
企业清洁生产水平评估	方案实施后能耗、物耗、污染因子等指标认定和等级定位（与国内外同行业先进指标对比），以及企业清洁生产水平评估正确	6	6
清洁生产绩效	按照行业清洁生产评价指标要求对生产工艺与装备、资源能源利用、产品、污染物产生、废物回收利用、环境管理等指标进行清洁生产审核前后的测算、对比，评估绩效	10	7
现场考察	企业生产现场不存在明显的跑冒滴漏现象	3	3
	中/高费方案实施现场与提供资料内容相符	6	5
	中/高费方案运行正常	6	4
	无/低费方案持续运行	6	4
持续清洁生产情况	企业审核临时工作机构转化为企业长期持续推进清洁生产的常设机构，并有企业相关文件给予证明	2	2
	健全了企业清洁生产管理制度，相关方案落实到管理规程、操作规程、作业文件、工艺卡片中，融入企业现有管理体系	2	1
	制订了持续清洁生产计划，有针对性，并切实可行	2	1
总分		100	82
验收结论：合格（ √ ）　不合格（　）			

专家（签名）：刘 × ×　　　　　　　　2023年7月30日

2. 出具验收意见

验收组参照《清洁生产审核验收意见样表》，给出了本轮清洁生产审核验收的总体评价，并提出持续清洁生产的管理建议，详见表10-2。

表10-2 清洁生产审核验收意见表

<table>
<tr><td>企业名称</td><td colspan="3">××有限公司</td></tr>
<tr><td>企业联系人</td><td>×××</td><td>联系电话</td><td>139××××××××</td></tr>
<tr><td>验收时间</td><td colspan="3">2023年7月30日</td></tr>
<tr><td>组织单位</td><td colspan="3">××生态环境局</td></tr>
<tr><td colspan="4">验收意见</td></tr>
<tr><td colspan="4">一、清洁生产审核验收总体评价
1.企业概况
公司是一家专门从事废旧包装桶翻新生产的民营企业，拥有一条废包装桶循环再制造生产线和一支专业的运输车队。公司于2021年11月—2022年5月开展了第一轮清洁生产审核工作，2022年5月9日获得了某省生态环境厅的清洁生产审核批复（编号为2022-014），第一轮清洁生产审核共产生清洁生产方案11个，其中无/低费方案8个，中/高费方案3个，至验收时，全部清洁生产方案实施完成。
2.对企业提交审核验收资料规范性评价
企业提交的审核验收资料符合相关技术规范要求，内容全面、翔实。
3.对审核评估后进行的清洁生产完善工作的核查结果
第一轮清洁生产审核评估后的相应工作也得到基本完成，已达到了清洁生产审核的指标和目标。
4.现场核查情况
第一轮清洁生产方案中的工作已得到实施，设施设备运转正常，并取得了较好的清洁生产效益。
5.无/低费方案是否纳入正常生产管理
按照“边审核、边实施、边见效”的要求，共完成投资5.7万元，全部8个无/低费方案，创经济效益3.53万元/a。节水80m^3/a，节约天然气266.5m^3/a，节约电耗0.11×10^4kW·h/a；降低了企业环境风险，提高了企业环境管理水平。
6.中/高费方案实施情况及绩效（已实施的方案数，企业投入以及产生环境效益、经济效益以及其他方面的成效等）
第一轮清洁生产方案中3个中/高费方案均已实施完成，实际投入资金42. 2万元，创经济效益14.75万元/a。节约电耗11.52×10^4kW·h/a，节约天然气消耗2900m^3/a，减少粉尘排放28kg/a。
7.对照清洁生产评价指标体系评价企业达到清洁生产的等级和水平
企业清洁生产水平属于国内清洁生产同行业基本水平。
8.对企业本次审核的验收结论
经过验收评议，专家评估评分82.0分，建议通过验收。
二、强化企业清洁生产监督，持续清洁生产的管理意见
1.加强生产中相关清洁生产制度的落实；
2.建议在第二轮清洁生产审核落实后达到国内清洁生产同行业先进水平。

专家组组长（签名）：潘×× 曾×× 王××
2023年7月30日</td></tr>
</table>

参考文献

[1] 胡迪君，邵喆. 化工安全与清洁生产[M]. 2版. 北京：化学工业出版社，2022.

[2] 赵薇，周国保. HSEQ与清洁生产[M]. 3版. 北京：化学工业出版社，2021.

[3] 杨永杰，涂郑禹. 环境保护与清洁生产[M]. 4版. 北京：化学工业出版社，2021.

[4] 雷兆武，张俊安. 清洁生产与应用[M]. 3版. 北京：化学工业出版社，2020.

[5] 苏荣军，郭鸿亮，夏至，等. 清洁生产理论与审核实践[M]. 北京：化学工业出版社，2019.

[6] 环境保护部清洁生产中心. 清洁生产审核手册[M]. 北京：中国环境出版社，2015.

[7] 陈啸天, 王宁. 清洁生产中外研究时空演进脉络分析[J]. 河北环境工程学院学报，2023,33(4): 38-44.

[8] 朱邦辉，陈冉妮，潘琼. 产教融合背景下《清洁生产审核》教材编写与实践[J]. 绿色科技，2021, 23(9): 276-277, 280.

[9] 马武生，蒋建国，于智勇，等. 清洁生产审核中的物质流与实例分析[J]. 安全与环境工程，2016, 23(1): 5-10.